清华大学材料加工系列教材

材料加工原理

Principle of Materials Processing

主　编　李言祥

副主编　吴爱萍

清华大学出版社
北　京

内 容 简 介

　　本书讨论加工过程中材料的结构、性能、形状随外加工条件而变化的规律。在材料的加工过程中往往发生多种物理化学现象,涉及物质和能量的转移和变化,本书就是要阐述这些现象的本质,揭示变化的规律,使学习者掌握材料加工的实质,为理解和解决材料加工过程中所发现的问题,发展新的加工技术奠定理论基础。

　　本书是为材料加工工程(或材料成形和控制工程)专业本科高年级学生编写的教材。除作教材外,还可供从事冶金、铸造、锻压、焊接等专业的工程技术人员参考。

图书在版编目(CIP)数据

材料加工原理/李言祥主编. —北京:清华大学出版社,2005.10(2023.6重印)
(清华大学材料加工系列教材)
ISBN 978-7-302-11596-0

Ⅰ. 材…　Ⅱ. 李…　Ⅲ. 工程材料-加工-理论-高等学校-教材　Ⅳ. TB3

中国版本图书馆 CIP 数据核字(2005)第 095809 号

责任编辑:宋成斌　赵从棉
责任印制:刘海龙

出版发行:清华大学出版社
　　　　网　　　址:http://www.tup.com.cn, http://www.wqbook.com
　　　　地　　　址:北京清华大学学研大厦 A 座　　　邮　　编:100084
　　　　社 总 机:010-83470000　　　邮　　购:010-62786544
　　　　投稿与读者服务:010-62776969, c-service@tup.tsinghua.edu.cn
　　　　质量反馈:010-62772015, zhiliang@tup.tsinghua.edu.cn
印 装 者:北京九州迅驰传媒文化有限公司
经　　销:全国新华书店
开　　本:175mm×245mm　　　印　张:18　　　字　数:363 千字
版　　次:2005 年 10 月第 1 版　　　印　次:2023 年 6 月第 11 次印刷
定　　价:52.00 元

产品编号:009407-04

序言

　　材料加工技术是制造业的关键共性技术之一,也是生产高质量产品的基础。材料加工技术在制造业及国民经济中具有十分重要的作用和地位,从普通机械到重大装备,从交通运输到航空航天,从日常生活到军事国防,几乎任何产品的制造都离不开材料加工技术。

　　将材料制造成产品的加工方法种类繁多,如铸造、压力加工、焊接、粉末冶金、热处理等。但它们有一个共同的特点,即在制造过程中,不仅材料的外部形状和表面状态发生改变,而且材料的内部组织和性能也发生巨大变化。材料加工的目的不仅是赋予材料一定的形状、尺寸和表面状态,而且决定材料变成产品后的内部组织和性能。

　　我国在学科分类中,把材料科学与工程学科分为材料物理与化学、材料学及材料加工工程等三个二级学科。清华大学是全国高校中最早按"材料加工工程"二级学科对原有的铸造、焊接、锻压等几个专业的课程设置、教学内容进行合并与重组的学校之一。经多位教师几年的努力,通过对几届学生的教学实践,形成了目前的《材料加工原理》、《材料加工工艺》和《材料加工系列实验》系列课程与教材。

　　《材料加工原理》是多位在教学一线工作的教师多年辛勤努力的成果。编者从科学原理出发,阐述材料加工过程中材料的组成、结构与性能的变化规律,探讨材料加工过程中减少和消除缺陷、改善材料组织与性能的途径和方法。既形成了铸造、压力加工、焊接等传统材料加工方法的共性基础,也提供了发展材料加工新方法、新工艺的技术基础,较好地体现了融合拓宽专业、加强共性基础、注重学科交叉、培养通用人才的教学改革思想。希望本教材在今后的教学实践中,不断得到改进和完善,成为精品教材。

中国工程院院士

清华大学教授

2005 年 2 月

前言

　　材料是可以直接制造成产品的物质，是人类赖以生存和发展的物质基础。通过改变和控制材料的外部形状和内部组织结构，将材料制造成为人类社会所需要的各种零部件和产品的过程叫材料加工。

　　现代材料加工的方法种类繁多，如铸造、压力加工、焊接、粉末冶金、喷射成形、表面处理、相变热处理，等等。有些方法已经有几千年的历史，如铸造、锻压、热处理等。但在20世纪以前，这些材料加工技术一直停留在技艺的水平。随着物理学、化学、冶金学、材料学、弹塑性力学以及传热、扩散、流体力学等传输科学的发展和在材料加工技术中的应用，人们才逐渐认识了材料加工过程中材料的成分、组织、形状、性能、使用效能等变化的规律。现代材料加工不仅要赋予材料一定的形状、尺寸和表面状态，而且决定和控制材料变成产品后的内部组织和性能。材料本身的结构与性能对材料加工过程也有十分重要的影响，如塑性加工对材料在固态时的变形能力有较高的要求，高强度材料尤其是脆性材料就不适于塑性成形。采用液态成形方法要求合金熔体有很好的流动性，因而共晶成分或接近共晶成分的合金，由于熔点低，流动性好，最适合于铸造成形。同时，铸造、塑性成形、焊接等材料加工过程反过来对材料的结构与性能有直接的，有时甚至是决定性的影响。本书从物理、化学、力学、冶金和材料学的基本原理出发，阐述材料加工过程中材料的组成、结构与性能的变化规律，探讨在材料加工过程中改善材料组织与性能的途径和方法。材料加工过程中的组织转变、温度场和应力场的变化以及缺陷的形成与控制是本书要讨论的主要内容。

在我国的高等学校中，从 20 世纪 50 年代开始，仿照前苏联的模式，将材料加工分为铸造、锻压、焊接等单一的专业，相应分别开设铸造原理、塑性成形原理、焊接冶金原理等专业课程。随着社会的发展和技术的进步，过窄的专业设置已经不能适应当今注重学科交叉、培养通用人才的教学改革思想。为了更好地融合拓宽专业，加强共性基础，1989 年，清华大学机械工程系将原来的铸造、锻压、焊接、金属材料与热处理四个专业合并为"机械工程及自动化"专业，同时开设材料加工原理课程，并编写出版了《近代材料加工原理》一书（清华大学出版社，1997 年 3 月）。1999 年教育部对专业设置目录进行了调整，把原来的铸造、锻压、焊接、金属材料与热处理四个专业合并为"材料成形与控制"专业。从 1999 年秋开始，清华大学机械工程系在本科开设了"材料加工原理"和"材料加工工艺"两门主干必修课。2001年根据加强教学实践环节的需要又加设了"材料加工系列实验"课，形成目前的材料加工系列课程。

本书是在多年教学实践的基础上，根据材料加工系列课程的总体要求和课程分工重新编写的。其中第 1,2 章及第 3 章的 3.1,3.2 节由李言祥教授编写，第 4章由朱跃峰副教授编写，第 5 章及第 3 章的 3.3,3.4 节由李文珍副教授编写，第 6章由邹贵生副教授编写，第 7 章由吴爱萍教授编写。本书初稿完成后，2004 年曾在清华大学机械工程系进行了试用，然后在初稿基础上由李言祥教授（第 1～4 章）和吴爱萍教授（第 5～7 章）统一修改定稿。本书在编写过程中得到了材料加工系列课程负责人黄天佑教授的指导和帮助，助教博士生张华伟同学在文稿编排过程中做了许多工作，一并致谢。

本书的编辑出版得到了清华大学"985"教材建设项目和清华大学百门精品课程建设项目的资助。

李言祥

2005 年 2 月于清华园

目录

6　材料加工过程中的化学冶金 ………………………… 176

1 绪 论

1.1 什么是材料加工

材料是可以直接制造成产品的物质,是人类赖以生存和发展的物质基础。通过改变和控制材料的外部形状和内部组织结构,将材料制造成为人类社会所需要的各种零部件和产品的过程称为材料加工,也称为材料成形制造。

把材料加工制造成产品的方法可分为两大类。第一类方法,如液态浇铸成形加工(铸造)、塑性变形加工、连接加工、粉体加工、热处理改性、表面加工等,在加工制造过程中,不仅材料的外部形状和表面状态发生改变,而且材料的内部组织和性能也发生巨大变化。加工制造的目的不只是赋予材料一定的形状、尺寸和表面状态,而且决定材料变成产品后的内部组织和性能。这一类加工制造方法称为材料加工或材料成形。又因为这类加工制造一般都需要将材料加热到一定的温度下才能进行,因而通常又称这类加工制造方法为热加工。另一类加工制造方法,如传统的车、铣、镗、刨、磨等切削加工,以及直接利用电能、化学能、声能、光能等进行的特殊加工,如电火花加工、电解加工、超声波加工、激光加工等,在加工制造过程中通过去除一部分材料来使材料成形。加工制造的目的主要是赋予材料一定的形状、尺寸和表面状态,尤其是尺寸精度和表面光洁度,而一般不改变材料的内部组织与性能。这类加工方法称为切削加工或去除加工。由于这种加工一般在常温下甚至往往是强制冷却到常温下进行,所以习惯上称为冷加工。

在人类社会发展的历史长河中,逐步发展了各种各样的材料加工方法。材料加工工艺千变万化,不同的材料需要不同的适宜加工方法,同样的材料制造不同的工件也要采用不同的加工方法。就热加工而言,对金属材料,常用的加工方法有液态成形加工、固态变形加工、连接加工、粉体成形加工、表面加工等;对陶瓷材料,可以用液态成形加工、变形加工、烧结成形加工等方法;对高分子材料,则常用液态成形加工、挤塑成形加工等方法;对复合材料则需要采用专门开发的液态浸渗、热扩散粘结等成形加工方法。在各种材料的加工方法中,金属的加工方法最多,发展也最完善。

金属的液态成形加工(铸造)是发展最早,也是最基本的金属加工方法。几乎一切金属制品均经历过熔化和铸造成形的过程,无论是作为铸件(最终产品或毛坯)还是铸锭(进一步成形加工的原材料)。铸造加工方法的适用范围极广,几乎可以用它制造任何大小尺寸和复杂程度的产品:从为牙科医生制造的重仅几克的金属假牙,到重达几百吨的大型水轮机叶轮、轧钢机机架,到其他任何方法都不能胜任的复杂零件(如汽车发动机汽缸体)制备,到几乎没有塑性、不宜用任何其他方法制造的灰铸铁材料的成形加工。液态成形加工方法现在已经从金属成形加工发展到适用于各种材料,金字旁的铸字已经不只限于铸造金属,还可以铸造陶瓷、有机高分子、复合材料等几乎所有工程材料。铸造成形加工方法的另一个特点是,它是一种材料制备和成形一体化技术。不仅可以通过合金成分的选择、熔体的改性处理和铸造方法以及工艺的优化来改进铸件的性能,还是新材料开发的重要手段。单晶材料、非晶材料等新材料的获得均离不开铸造方法。

塑性成形也是金属的重要加工方法。材料塑性成形是利用材料的塑性,在外力作用下使材料发生塑性变形,从而获得所需形状和性能的产品的一种加工方法。金属塑性成形也称压力加工,通常分为轧制和锻压两大类。前者主要用于生产型材、板材和管材,后者则主要用于生产零件或毛坯。塑性成形加工的适用范围也非常广,从绣花针到重达上百吨的大型发电机主轴,从汽车覆盖件到飞机、卫星的壳体。只要塑性良好的材料都可以进行塑性加工。材料在特定条件下所表现出来的超塑性(拉伸延伸率达百分之几百到百分之几千),更使许多正常条件下难以塑性变形的金属材料可以方便地成形。从金属成形加工发展起来的塑性成形方法,现在也是塑料成形的主要方法。同时,塑性变形还是消除材料内部气孔、裂纹等缺陷,改善组织结构,提高材料性能的重要手段。要求高性能、高可靠性的零件往往要求采用塑性成形加工。

金属的连接可以采用机械的方法(栓接、铆接等)、化学粘结的方法和焊接方法。其中金属的焊接在现代工业中具有最为重要的意义。它是采用适当的手段使两个分离的固态物体产生原子(分子)间结合而连接在一起的加工方法。飞机、船舶、钢铁大桥、电站锅炉、石化储罐、输油管线等大型工业产品离不开焊接。塔形齿轮的制造、汽车的组装、微电子线路的连接也离不开焊接。现代焊接工艺方法的种类之多、发展之快使得需要用分"族系"的方法进行分类。焊接技术发展的需求还直接推动了工业机器人、激光加工等先进技术的发展。对焊接件性能的要求,对焊缝区组织性能的研究,也直接推动了材料疲劳、断裂等学科的发展。

从以上几个例子可以看到,材料加工的方法不仅种类繁多,特点各异,工艺更多,而且在不断发展。想用列举的方法来介绍什么是材料加工将是无穷尽的。但是,如果分析各种加工方法的本质就会发现,所有加工方法均是成形与控性的结合。抓住了这个本质,就可以在统一的框架下讨论材料加工的原理。

1.2　材料加工的意义和作用

　　人类加工并使用材料是人类社会文明发展的标志。人们习惯于用石器时代、青铜时代和铁器时代来代表古代人类文明史的不同阶段,而我们现在正亲身经历着从加工使用钢铁向加工使用以硅芯片为代表的电子材料,以碳纳米管为代表的纳米材料,以单晶叶片为代表的高温材料,以 Si_3N_4,SiC,TiO_2 等为代表的先进陶瓷,以纤维增强树脂、金属和陶瓷为代表的复合材料……这样一个加工和使用新材料的时代转变的重要时期。20 世纪 70 年代,人们把信息、材料和能源誉为当代文明的三大支柱。80 年代以高技术群为代表的新技术革命,又把新材料、信息技术和生物技术并列为新技术革命的主要标志。90 年代,包括材料加工、成形新技术等内容的先进制造技术被列入美国"国家关键技术计划"。任何新材料必得经合适的加工制造方能应用。最先进的信息技术、生物技术只有与加工制造过程结合而转化成商品才能服务于社会。一个世界性的先进加工制造技术复兴的时代正在来临。

　　材料加工在人类历史进程中起着重要的作用。材料加工技术的进步,是人类社会文明发展的标志,是强盛国力和现代国防的保证,是提高人民生活水平的技术基础。

1.2.1　材料加工技术与人类社会文明发展的关系

　　人类最早使用的工具也许是树枝和石头,采用的方法是折和捡,不存在加工。大约一万年以前,人类开始对石头进行加工,使之成为精致的器皿或工具。这可能是材料加工技术的发源和第一次进步。人类社会随之从旧石器时代进化到新石器时代。大约在八千至九千年以前,处于新石器时代的人类发明了用粘土成形、用火烧固化而成为陶器的技术。历史上虽无陶器时代的名称,但制陶技术和陶瓷的应用,对人类文明进步的贡献是不可估量的。在烧制陶器的过程中,偶然发现了金属铜和锡,随之就出现了青铜铸造技术,人类社会也进入了一个新的时代——青铜时代。公元前 3 世纪,青铜时代已进入鼎盛时期。从那时到 18 世纪工业革命的开始,人类社会的文明进步缓慢,尽管早已开始使用铁器,人类社会也可以说进入了铁器时代,但加工水平低,使用量也不大,对社会进步不足以产生革命性的推动。根本的原因是当时的材料加工技术一直停留在技艺的发展水平,缺乏科学的理论指导,也不能广泛传播,靠的是师傅传徒弟的技艺传递方式。不仅不能保证一代比一代不断进步,而且好的技艺非常容易失传。19 世纪转炉和平炉炼钢的发明,相应的钢铁加工技术与应用飞速发展,导致人类社会进入了一个前所未有的高速发展新时代。也是在这个时代,材料加工才可能从技艺发展成为建立在科学基础上的现代技术。19世纪60年代金相技术的发明,使人类可以从内部组织的角度来认识材料,了解组织结构决定材料性能的科学知识,让材料加工不仅改变材料的外部形状,同时控制内部组织与性能。金相原理也是现代金属学乃至整个材料科学的发源地。材料科学研究材料的组织、结构与性能的关系。建立在材料科学基础上的材料加工技术就是现代材料加工。它已不仅仅是一种技艺,而是包括有科学的原理。它属于材料工程。材料科学与工程研究材料的组成、结构、加工过程、材料性能与使用效能以及它们之间的关系。因而把组织与成分(composition-structure)、制备与加工(synthesis-processing)、

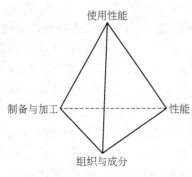

图 1-1   材料科学与工程四要素

性能(properties)及使用性能(performance)称为材料科学与工程的四个基本要素。把四要素连接在一起,便形成了一个四面体(见图1-1)。因此,材料加工技术的发展不仅推动了人类社会文明的进步,也直接推动了科学技术,尤其是材料科学的产生和发展。

1.2.2   材料加工技术与国防实力的关系

越王勾践,卧薪尝胆,三千越甲吞吴雪恨的故事流芳百世。除胆略、意志、计谋等方面的因素之外,高超的材料加工技术所制造的兵器也是帮助勾践复仇的重要保证。图1-2所示为1968年出土的越王勾践剑,其优美的剑身和优良的性能,令在现代技术背景下的人们也叹为观止。历史上著名的"大马士革剑"制造技术的发明(以高碳锋钢为剑锋,以低碳软钢为剑背复合锻造而成),是中东会出现一个叙利亚帝国的重要原因。从1840年鸦片战争开始的一百多年中,帝国主义列强的坚船利炮,让中国人民蒙受了巨大牺牲和屈辱。用定向凝固方法制造的单晶高温合金叶片(见图1-3),使美国的战机可以用3马赫以上的速度巡航,成为美国军事实力傲视全球的重要资本。2003年10月15日,中国"神舟"五号载人飞船成功发射和返回,圆了中华民族千年已久的飞天梦。观看返回舱降落的人,即使外行也能发现,没有先进的材料加工制造技术作保证,人类美好的飞天愿望永远只能是梦。和平与发展是人类社会当前面临的主题,没有先进加工制造技术打造的现代化装备武装的国防力量作保证,和平与发展只能是美好的愿望。

图 1-2　越王勾践剑　　　　　　　图 1-3　等轴晶、柱状晶和单晶叶片

1.2.3　材料加工技术与人民生活水平的关系

坐在家中观看大屏幕电视的人们,也许不会在意大屏平面直角显像管是怎样加工制造的。当你埋怨圆珠笔漏油的时候,不会知道珠与笔尖配合加工制造技术的难度。全世界每年消耗易拉罐饮料 100 亿听以上,很少有人知道是生产易拉罐的深拉延技术给我们的生活带来了巨大的方便。现代喷气式飞机可以在 1～2 天内带我们到世界上的任何地方。越来越普及的小汽车让我们生活得更方便和舒适。我们希望飞机飞得更快,小汽车造得更轻、更省油、少污染。现代汽车制造和飞机制造集中体现了材料加工的技术水平,也直接决定着当代社会的发展水平和人们的生活质量。

一些仿真产品给人们带来的方便和生活水平的提高,其使用者确是可以实实在在感受得到的。如带陶瓷涂层的金属假牙(牙套),不仅可以与真牙同色,而且其使用效果也可以与真牙一样。用钛合金制造的人工骨(见图 1-4)与人体组织有很好的相容性,为成千上万的肢残者带来了福音。生物材料的加工技术正在发展成为现代材料加工技术的一个重要分支。

高温超导自 1986 年发现到现在已有近 20 年的历史,但仍不能普遍应用于电力输送,主要的原因就是因为没有找出廉价而稳定的加工制造线材的技术路线。C_{60} 在发现之初被认为用途十分广泛,研发工作热极一时,但

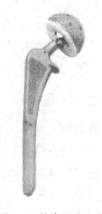

图 1-4　钛合金人工骨

至今仍处于科研阶段。新材料也好,新技术、新发明也好,要真正能够服务于提高人民的生活水平,有赖于把它们用于生产产品的加工制造技术的发展。材料加工是新材料应用的技术基础。

1.3 材料加工原理的课程内容

1.3.1 课程定位

材料加工原理课程的定位决定于对材料加工学科的认识。从前面关于材料科学与工程四要素的介绍中,我们已经知道材料加工是材料科学与工程的重要组成部分。我国在学科分类中,把材料科学与工程学科(一级)分为材料物理与化学、材料学及材料加工工程等三个二级学科。因此,材料加工就属于材料工程研究的范畴。材料加工与材料学以及材料物理与化学的关系极为密切。材料的结构与性能对材料加工过程有十分重要的影响。如塑性变形加工对材料在固态时的变形能力有较高的要求,高强度材料尤其是脆性材料就不适于塑性变形加工;采用液态成形加工要求合金熔体有很好的流动性,因而共晶成分或接近共晶成分的合金,由于熔点低、流动性好,最适合于液态成形加工。同时,铸造、塑性加工、焊接等材料加工过程反过来对材料的结构与性能有直接的,有时甚至是决定性的影响。从材料科学的原理出发,材料加工原理主要阐述材料加工过程中材料的组成、结构与性能的变化规律,探讨在材料加工过程中改善材料组织与性能的途径和方法。另一方面,材料加工的目的是把材料制造成可供使用的产品,它是制造技术的一部分。有人把先进材料加工技术、机电一体化技术和网络信息技术看成是先进制造技术的三大支柱。因此,讨论材料加工原理,必须与制造技术或者说具体的加工方法相联系,不能脱离加工方法谈原理,否则就是无的放矢。材料加工是材料学科与机械制造学科的结合部,是一个典型的交叉学科。材料加工原理讨论在加工制造过程中的内在变化规律(原理)。与具体的材料加工工艺不同的是,材料加工原理注重材料加工过程中的组织与性能变化,而不是外形和尺寸的变化。本课程是材料加工工程学科的主干课程。

1.3.2 课程内容

材料加工的工艺方法千变万化,不同的材料要用不同的加工方法,同样的材料制造不同的产品也要用不同的加工方法。本课程不针对具体的加工工艺,而根据加工过程中材料所处或经历的状态,分为液态加工(材料处于液态)、凝固加工(加工过程中发生液态→固态转变)、半固态加工(成形过程中材料处于半固半液状态)、固态变形加工、连接加工、表面加工等几类,讨论加工过程中材料的结构、性能、形状随外加工条件而变化的规律。由于金属材料仍是目前人类使用的主要材料，本书的内容以金属材料加工为主线展开，兼顾其他种类材料的加工，内容涉及物理冶金、化学冶金、力学冶金以及热量传输、动量传输、质量传输等基础理论和专门知识。在材料的加工过程中往往发生多种物理化学现象，涉及物质和能量的转移和变化。本书的内容就是要阐释这些现象的本质，揭示变化的规律，使学习者掌握材料加工的实质，为理解和解决材料加工过程中发现的新问题，发展新的加工技术奠定理论基础。

本书是为材料加工工程（或材料成形和控制工程）专业本科三年级学生编写的教材。学习本课程要求有物理化学、工程材料、传输原理、工程力学等先修课的知识基础。与本课程配合的还有《材料加工系列实验》课程和后续课程《材料加工工艺》，它们一起构成材料加工工程专业本科教学的主干课程系列。

习 题

1. 请分析材料加工的内容范围与学科定位。
2. 材料加工在现代社会中起什么作用？

参 考 文 献

1 冯端,师昌绪,刘国治. 材料科学导论. 北京：化学工业出版社,2002
2 田长浒. 中国铸造技术史（古代卷）. 北京：航空工业出版社,1995
3 Schey J A. Introduction to Manufacturing Processes (3rd Edition). McGraw-Hill,2000
4 Smith W F. Principles of Materials Science and Engineering (3rd Edition). McGraw-Hill, International Edition,1996

2 液态金属及其加工

几乎所有金属制品在其生产制造过程中都要经历一次或多次熔化和凝固过程。金属处于液态时的性状对后续的加工过程和制成品的内部组织与性能会有重要的影响。通过对液态金属进行适当的加工处理,如晶粒细化处理、孕育、球化处理、变质处理、过热处理、微合金化处理等,会对金属液的状态产生重要的影响,显著改变金属液凝固时的热力学和动力学,从而实现大幅度改善和控制金属制品性能的目的。如不经液态加工处理的铸铁液,其凝固制品的强度只有约 100MPa,且没有任何塑性(延伸率为 0),而若在液态下进行适当的孕育和球化处理加工,其制品的强度就可以提高到 400~900MPa,同时还可以使铸铁的延伸率从近乎零增加到 20% 以上。金属液态加工技术的发明和发展,是 20 世纪材料加工技术的重大成就。本章首先讨论液态金属的结构与性质,分析和比较金属从固态熔化为液态时的体积和结构变化,液态金属的粘度与表面张力及其影响因素;然后讨论金属从液态向固态转变的热力学和动力学条件,主要是凝固结晶过程中形核与长大的规律及固液界面的结构与形态;在此基础上,阐述两类金属液态加工处理,即影响金属结晶过程形核的加工处理和影响结晶过程晶体长大的加工处理的原理和方法,在产品成形制造之前就实现对最终组织和性能的预先控制。

2.1　液态金属的结构和性质

液态是物质处于固态和气态之间的中间状态。目前人类对液态物质的认识远没有对气态和固态的认识深入。气态是组成物质的原子或分子充满整个空间或容器的无序态。绝大多数固态物质是晶体,其组成物质的原子或分子在空间呈周期性规则排列,是一种高度有序的状态。那么液态呢? 是有序的还是无序的? 这是本节要讨论的主要内容。

材料加工过程中遇到的液态金属都是从固态熔化而不是从气态液化得到

的。另外,从温度上看,材料加工过程中遇到的液态金属的温度不会超过其熔点 T_m 200～300℃。表 2-1 列出了几种常用金属的熔点与沸点。从表 2-1 可以看出,除 Mg,Zn 等少数金属外,液态金属的温度总是接近熔点而远离沸点的。因此,有理由相信,液态金属应该接近固态而不是气态。

表 2-1　几种常用金属的熔点与沸点　　　　　　　　℃

金属	Sn	Zn	Mg	Al	Ag	Cu	Mn	Ni	Fe	Ti
熔点 T_m	231	419	649	660	960	1084	1224	1455	1536	1660
沸点 T_b	2750	911	1105	2500	2164	2570	2050	2890	2876	3260

2.1.1　金属从固态熔化为液态时的变化

首先让我们来看一看金属熔化时的体积变化。表 2-2 是常用金属熔化时的相对体积变化 $\dfrac{V_L - V_S}{V_S}$,其中 V_L 和 V_S 分别为液态和固态时的比体积 $\left(\text{比体积}=\dfrac{1}{\text{密度}}\right)$。

表 2-2　几种常用金属熔化时的体积变化　　　　　　　%

金属	Sn	Zn	Mg	Al	Ag	Cu	Fe	Ti
$(V_L - V_S)/V_S$	2.6	6.9	4.2	6.6	4.99	4.2	4.4	3.2

从表 2-2 可以看到,金属熔化时的体积增大量在 $3\%\sim7\%$ 的范围内。而金属从绝对零度到熔点温度的固态体积膨胀量几乎都是约 7%。图 2-1 是金属的热膨胀系数与熔点温度的关系。若按体积膨胀 7% 计算,则有

$$\alpha_V T_m = 0.07 \tag{2-1}$$

$$\alpha_l T_m = 0.0228 \tag{2-2}$$

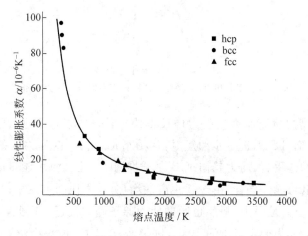

图 2-1　金属的热膨胀系数与熔点温度的关系

式中，α_V 和 α_l 分别为金属的平均体膨胀系数和平均线膨胀系数。

图中实线就是按 $\alpha_l T_m = 0.0228$ 作出的，可见大多数金属的 α_l 均在该线附近。因此，金属熔化时的体积膨胀一般不超过固态时的体积变化总量。固态金属的结构可以看作由理想的晶体结构加上缺陷（空穴、间隙原子、位错、晶界等）组成。随着温度的升高，固态金属中缺陷的数量增加，活动性增大。当超过熔点温度时，缺陷的巨大数量和活动性终于使固体结构溃散。但由于体积变化不大，液态金属的结构不可能变为完全无序。

从金属键的本质可知，金属原子的结合主要靠带正电荷的离子和在正离子之间迅速运动着的公有电子之间的静电引力。同时，由于存在正离子之间以及电子之间的静电斥力，原子间存在着一定的作用力之间和能量之间的平衡关系。在一定的温度下，这些作用力和能量的大小与原子之间的距离有关，可用图 2-2 所示的双原子模型来表示。当 B 原子与 A 原子的距离为 R_0 时，引力与斥力相等，B 原子所受合力为零，势能 W 最小，B 原子处于最稳定的状态。

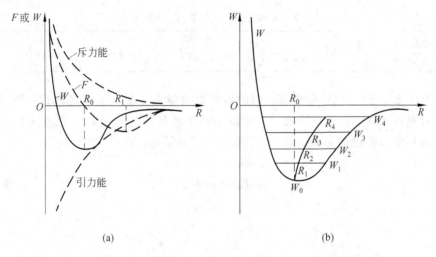

图 2-2　双原子作用模型

（a）原子间的作用力；（b）加热时原子间距和原子势垒的变化

由于随距离的缩短斥力比引力增长得快，当 $R < R_0$ 时，B 原子受到的合力是 A 原子的斥力，而且距离进一步缩短时，斥力增加很快。受斥力场的作用，势能随之增加。从力的作用看，斥力趋向把 B 原子推回 R_0 处。而用能量的观点，则是 B 原子趋向于降低势能。同样，由于随距离的增加，斥力比引力减小得快。当 $R > R_0$ 时，B 原子受的合力是引力，势能也倾向使两原子趋向接近。因此，R_0 是两原子之间的平衡距离。如果假定 A 原子固定，则 B 原子以 R_0 为平衡位置。任何偏离平衡位置都引起原子所受引力和斥力的不平衡，势能升高，最后仍趋向势能最低的平衡位置。

原子在平衡位置上不停地振动着。当温度升高时,振动频率增加,同时振幅也加大。在双原子模型中(图 2-2(b)),假定位于坐标原点的 A 原子固定,而右边的 B 原子可自由振动。当温度升高时,B 原子的自由振幅加大。此时,如果 B 原子以 R_0 为中心向左与向右加大的尺度一样,则其平衡位置仍然是 R_0,这样就不会出现膨胀。但实际上,原子之间的势能与原子间距的关系是极不对称的,向右是水平渐近线,向左是垂直渐近线。这就意味着当温度升高使能量从 W_0 升高到 W_1,W_2,W_3 时,原子之间的距离也将由 R_0 增大到 R_1,R_2,R_3。也就是说,原子之间的距离随温度升高而增大。从图 2-2(b)可以看出,造成这种情况的原因是,当原子发生振动,相互靠近时,产生的斥力比远离时产生的引力大,从而使原子间势能增大,上述原子之间作用力的不对称也表现得愈突出。因此,随着温度的升高,金属就会膨胀,但这种膨胀只改变原子间的距离,而不改变原子间排列的相对位置(晶格结构)。

除了原子间距离的加大造成金属的膨胀之外,自由点阵——空穴的产生也是造成金属膨胀的重要原因。在实际金属中,原子间的相互作用将产生一定大小的势垒。由于势垒的存在,限制了原子的活动范围,使其在一定的阵点位置附近以振动的形式运动。随着温度的升高,会有越来越多的原子的能量高于势垒。这部分原子就可以克服周围原子的束缚,跑到金属表面或原子之间的间隙中去。原子离开其点阵位置之后,留下来的自由点阵位置称为空穴。空穴产生后,造成局部势垒下降,使得邻近原子进入空穴位置,这样就造成空穴的移动。温度越高,原子的能量越高,产生的空穴越多,金属的体积膨胀量也越大。在熔点附近,空穴的数目可以达到原子总数的 1%。

当把金属的温度加热到熔点时,会使金属的体积突然膨胀 3%～7%。这种突变反映在熔化潜热上,即金属在此时吸收大量的热量,温度却不升高。从前面的分析可知,这种突变不可能完全是由于原子间距的增大或空穴数量的增多造成的,因为它们不可能突变,而只能理解为原子间结合键的突然破坏。关于金属从固态向熔体转变的机制,可以由两种途径来实现。第一种途径,通过单个原子的分离来实现。即

$$a_n <=> a_{n-1} + a_1 \qquad\qquad (2-3)$$

第二种途径,熔化过程由原子集团的逐渐分裂来实现,即

$$a_n <=> a_i + a_{n-i} \qquad\qquad (2-4)$$

其中,a——原子或原子集团,下标 1,i,$n-1$,n 分别表示原子集团中的原子数。

在实际的熔化过程中,不排除两种方式并存的可能性,但是从能量最小原则可以判断,应优先采取第二种途径。

2.1.2 液态金属的结构

如上所述,金属熔化是由于金属键的破坏,金属原子可以摆脱周围原子的束缚而自由运动。对于纯金属的理想单晶体,熔化过程将在熔点温度下恒温进行。实际金属一般都是多晶体,同时晶体内存在大量的缺陷,熔化过程在晶界和晶体缺陷处首先发生。由于晶界和晶体缺陷处原子的能量较高,无需加热到熔点,这些地方的原子就能越过势垒而运动,熔化过程随即发生。因此,熔化过程在熔点以下就已经开始。晶粒尺寸越细,晶内缺陷越多,熔化开始温度越低。熔点温度实际上是熔化结束温度。液态金属可以过冷到熔点以下不发生凝固,但固态金属不可能过热到熔点以上不熔化。

由于表面上原子排列的不完整性,使得表面上原子的能量较内部原子的能量高,表面原子摆脱键能束缚就比较容易,熔化也可以在熔点以下的较低温度发生。如果固态金属的尺寸很小,达到纳米量级,这种表面易熔化的效应就可以从宏观上表现出来,金属微粒的熔点随其尺寸减小而下降(如图2-3所示)。因此,通常所说的熔点温度,不光是指熔化过程的上限温度,而且还有一个只针对大块固体而言的限制条件。在当今的纳米技术、纳米材料的时代,更应该对熔点温度与材料颗粒尺寸的关系有清楚的认识。

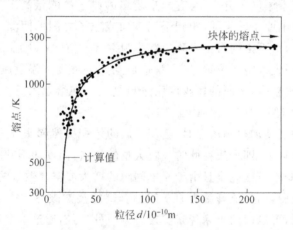

图 2-3　Au 微粒的熔点与粒径的关系

按式(2-4)的模型,实际金属的熔化过程可描述为:金属加热,温度升高,晶格尺寸增大(膨胀),缺陷增加 ⇒ 晶界原子大量脱离晶格束缚,晶粒分离,晶内缺陷进一步增多、加大 ⇒ 晶粒内部缺陷处的原子大量脱离晶格束缚,晶粒解体为小颗粒直至原子集团。当晶粒解体到小颗粒的尺寸达到图2-3所示纳米量级以下时,由于表面效应将引起熔点的显著下降,熔化过程将在"过热"条件下迅速发生,这时固体将不复存在。

由上面的分析可知,若纯金属熔化成熔体,其结构将由原子集团、游离原子和空穴组成。其中原子集团由数量不等的原子组成,其大小为亚纳米(10^{-10} m)量级。在原子集团内部,原子排布仍具有一定的规律性,称为"近程有序"。而在更大的尺寸范围内,原子排布将没有规律性。若在纳米量级尺度仍保持有序排布,金属将呈固态特性。液态金属中的结构是不稳定的,它处于瞬息万变的状态之中。即原子集团、空穴等的大小、形态、分布及热运动都时刻处于变化的状态,这种原子集团与空穴的变化现象成为"结构起伏"。在结构起伏的同时,液态金属中也必然存在大量的能量起伏。

纯金属在工程中的应用极少,特别是作为结构材料,主要应用的是含有一种或多种其他元素的合金材料。即使通常所说的纯金属,其中也包含着一定数目的其他杂质元素。因此,在材料加工过程中碰到的液态金属,实际上是含两种或两种以上元素的合金熔体。其他元素的加入,除了影响原子之间的结合力之外,还会发生各种物理化学反应。这些物理化学反应往往导致合金熔体中形成各种高熔点的夹杂物。因此,实际液态金属(合金熔体)的结构是极其复杂的,其中包括各种成分的原子集团、游离原子、空穴、夹杂物、气泡等,是一种"混浊"液体。所以,实际的液态金属中存在成分和结构(或称相)起伏。液态金属中存在温度(或能量)起伏、成分(或浓度)起伏以及结构(或相)起伏,三种起伏影响液态金属的结晶凝固过程,从而对产品的质量产生重要的影响。对液态金属进行加工处理,就是要改变这三种起伏的状态,达到控制和改善液态金属的性状以及后续凝固过程和最终组织与性能的目的。

以上对液态金属结构的定性描述和分析,可从热力学理论和 X 射线结构分析的实验结果中得到证实。

1. 液态金属结构的热力学分析

表 2-3 列出了一些金属在熔化和汽化时的热物理性质变化。从表中可以看出,金属的汽化潜热远大于其熔化潜热。以铝和铁为例,其熔化潜热分别只有汽化潜热的 3.6% 和 4.5%。对气态金属而言,原子间的结合键几乎全部被破坏,汽化潜热意味着固态金属的全部结合能。而当金属熔化时,原子间的结合键只破坏了很小一部分。统计而言,熔化潜热与汽化潜热的比值就是熔化时结合键中破坏部分的比例。熵值的变化是系统结构紊乱度变化的量度。金属由固态变为液态时的熵值增加比由液态转变为气态的熵值增加要小得多。已经知道金属在固态是原子规则排列的有序结构,而气态下则是原子完全混乱的无序结构,从熵变的比值 $\Delta S_m / \Delta S_b$ 可以看到,金属熔化时的有序度变化很小,液态金属中一定保留着大量原子规则排列的有序结构。只是由于熔化过程中固体结构的不断分裂,液态金属中的有序结构只可能保留在分裂后的小尺寸范围内,亦即"短程有序"。另外必须指出,液态金属中的短程有序结构不是一成不变的,而是始终处于起伏变化之中。

表 2-3 一些金属在熔化和汽化时的热物理性质变化

金属	晶体结构	熔点 T_m/K	沸点 T_b/K	熔化潜热 ΔH_m /(kJ/mol)	汽化潜热 ΔH_b /(kJ/mol)	$\dfrac{\Delta H_m}{\Delta H_b}$	熔化熵 ΔS_m /(J/(mol·K))	汽化熵 ΔS_b /(J/(mol·K))	$\dfrac{\Delta S_m}{\Delta S_b}$
Ag	fcc	1234	2436	11.30	250.62	0.045	9.15	102.88	0.089
Al	fcc	933	2753	10.45	290.93	0.036	11.20	105.68	0.106
Au	fcc	1336	3223	12.79	341.92	0.037	9.57	106.09	0.090
Ba	bcc	1002	2171	7.75	141.51	0.055	7.73	65.18	0.119
Be	hcp	1556	2757	11.72	297.64	0.039	7.53	107.96	0.070
Ca	fcc/hcp	1112	1757	8.54	153.64	0.056	7.68	87.44	0.088
Cd	hcp	594	1038	6.39	99.48	0.064	10.77	95.84	0.112
Co	fcc/hcp	1768	3201	16.19	376.60	0.043	9.16	117.65	0.078
Cr	bcc	2130	2945	16.93	344.26	0.049	7.95	116.90	0.068
Cu	fcc	1356	2848	13.00	304.30	0.043	9.59	106.85	0.090
Fe	fcc/bcc	1809	3343	15.17	339.83	0.045	8.39	101.65	0.083
Mg	hcp	923	1376	8.69	133.76	0.065	9.42	97.21	0.097
Mn	bcc/fcc	1517	2335	12.06	226.07	0.053	7.95	96.82	0.082
Ni	fcc	1726	3187	17.47	369.25	0.047	10.12	115.86	0.087
Pb	fcc	600	2060	4.77	177.95	0.027	7.96	86.38	0.092
W	bcc	3680	5936	35.40	806.78	0.044	9.62	135.91	0.071
Zn	hcp	693	1180	7.23	114.95	0.063	10.43	97.41	0.107

2. 液态金属结构的 X 射线衍射分析

如同研究固态金属的结构一样，X 射线衍射、中子射线衍射和电子衍射的方法可以用于液态金属的结构分析，证实液态金属中近程有序结构的存在并找出液态金属的原子间距和配位数。只是液态金属只能存在于熔点以上，大多数金属的熔点又远高于室温，再加上液态金属自身不能保持一定的形状而需放置在容器中，这就给液态金属结构的衍射实验研究带来了很大的困难。液态金属结构衍射分析的数据和成熟程度远没有固态金属高。

图 2-4 为根据衍射数据绘制的 $4\pi r^2 \rho dr$ 和 r 的关系图，表示某一个选定的原子周围的原子密度分布状态。r 为以选定原子为中心的球面半径；$4\pi r^2 \rho dr$ 表示围绕在选定原子周围半径为 r、厚度为 dr 的一层球壳中的原子数；$\rho(r)$ 为球面上的原子数密度；$4\pi r^2 \rho_0$ 为平均原子分布密度曲线，相当于原子排列完全无序的情况。

直线和曲线分别表示由衍射曲线计算得到的固态铝和 700℃的液态铝中原子的分布。固态铝中的原子位置是固定的,在平衡位置作热振动,故在选定原子一定距离处的原子数是某一固定值,呈现一条直线。每一条直线都有明确的位置(r)和峰值(原子数),如图中直线 3 所示。若 700℃ 液体铝是理想的均匀非晶质液体,其中原子排列完全无序,则其原子分布密度为 $4\pi r^2 \rho_0$,如曲线 2 所示。但实际 700℃ 液体铝的原子分布情况为图中曲线 1。这是一条由窄变宽的条带,是连续非间断的。条带的第一个峰值和第二个峰值接近固态的峰值,此后就接近于理想液体的原子平均密度分布曲线 2 了,说明原子已无固定的位置。液态铝原子的排列在几个原子间距的小范围内,与固态铝原子的排列方式基本一致,而远离选定原子后就完全不同于固态了。液态铝的这种结构称为"近程有序"、"远程无序"。而固态的原子结构为远程有序。

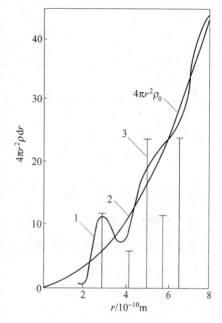

图 2-4　700℃时液态 Al 中
原子分布曲线

近程有序结构的配位数可由下式计算:

$$N = \int_0^{r_1} 4\pi r^2 \rho \mathrm{d}r \qquad (2\text{-}5)$$

式中 r_1 是原子分布曲线上靠近选定原子的第一个峰谷(极小值)的位置。

表 2-4 为一些固态和液态金属的原子结构参数。固态金属铝和液态铝的原子配位数分别为 12 和 10~11,而原子间距分别为 0.286nm 和 0.298nm。气态铝的配位数可认为是零,原子间距为无穷大。

表 2-4　X 射线衍射所得液态和固态金属结构参数

金　属	温度/℃	液　态		固　态	
		原子间距/nm	配位数	原子间距/nm	配位数
Li	400	0.324	10[①]	0.303	8
Na	100	0.383	8	0.372	8
Al	700	0.298	10~11	0.286	12
K	70	0.464	8	0.450	8
Zn	460	0.294	11	0.265,0.294	6+6[②]
Cd	350	0.306	8	0.297,0.330	6+6[②]

续表

金　属	温度/℃	液　态		固　态	
		原子间距/nm	配位数	原子间距/nm	配位数
Sn	280	0.320	11	0.302,0.315	4+2[②]
Au	1100	0.286	11	0.288	12
Bi	340	0.332	7~8[③]	0.309,0.346	3+3[②]

① 其配位数虽增大,但密度仍减小。

② 这些原子的第一、二层近邻原子非常相近,两层原子都算作配位数,但以"+"号表示区别,在液态金属中两层合一。

③ 固态结构较松散,熔化后密度增大。

2.1.3　液态金属的性质

液态金属有各种性质,在此仅阐述与材料成形加工过程关系特别密切的两个性质,即液态金属的粘度和液态金属的表面张力,以及它们在材料成形加工过程中的作用。

1. 液态金属的粘度

液态金属由于原子间作用力大为削弱,且其中存在大量空穴,其活动比固态金属要大得多。当外力 $F(x)$ 作用于液态表面时,并不能使液体整体一起运动,而只有表层液体发生运动,而后带下一层液体运动,以此逐层进步,因而其速度分布如图 2-5 所示,第一层的速度 v_1 最大,第二层速度 v_2、第三层速度 v_3 依次减小,最后速度 v 等于零。这说明层与层之间存在内摩擦阻力。

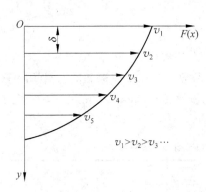

图 2-5　力作用于液面各层的速度

设 y 方向的速度梯度为 $\dfrac{\mathrm{d}v_x}{\mathrm{d}y}$,根据牛顿液体粘滞定律 $F(x)=\eta A\dfrac{\mathrm{d}v_x}{\mathrm{d}y}$ 得

$$\eta=\frac{F(x)}{A\dfrac{\mathrm{d}v_x}{\mathrm{d}y}} \qquad (2\text{-}6)$$

式中,η 为液体的动力粘度;A 为液层接触面积。

弗伦克尔在关于液体结构的理论中,对粘度作了数学处理,表达式为

$$\eta=\frac{2t_0 k_\mathrm{B}T}{\delta^3}\exp\left(\frac{U}{k_\mathrm{B}T}\right) \qquad (2\text{-}7)$$

式中,t_0 为原子在平衡位置的振动时间;k_B 为波尔兹曼常数;U 为原子离位激活能;δ 为相邻原子平衡位置的平均距离;T 为热力学温度。

由式(2-7)可知,粘度与原子离位激活能 U 成正比,与其平均距离的三次方 δ^3 成反比,这二者都与原子间的结合力有关,因此粘度本质上是原子间的结合力。

影响液态金属粘度的主要因素是温度、化学成分和夹杂物。

（1）温度　由式（2-7）可知，液态金属的粘度在温度不太高时，式中的指数项比乘数项的影响大，即温度升高，η 值下降。在温度很高时，指数项趋近于 1，乘数项将起主要作用，即温度升高，η 值增大，但这已是接近气态的情况了。

（2）化学成分　难熔化合物的粘度较高，而熔点低的共晶成分合金的粘度低。这是由于难熔化合物的结合力强，在冷却至熔点之前就已开始原子集聚。对于共晶成分合金，异类原子之间不发生结合，而同类原子聚合时，由于异类原子的存在所造成的障碍，使它的聚合缓慢，晶坯的形成拖后，故粘度较非共晶成分的低。图 2-6 示出了 Fe-C 和 Al-Si 合金熔体随含 C,Si 量和温度变化的等粘度线。

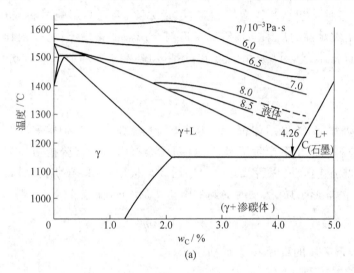

(a)

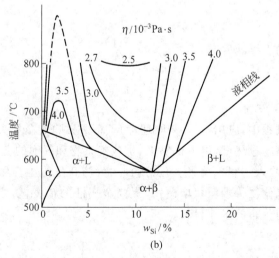

(b)

图 2-6　Fe-C 和 Al-Si 合金熔体粘度随含 C,Si 量和温度的变化

（a）Fe-Si 合金的粘度；（b）Al-Si 合金的粘度

（3）非金属夹杂物　液态金属中呈固态的非金属夹杂物使液态金属的粘度增加，如钢中的硫化锰、氧化铝、氧化硅等。这是因为，夹杂物的存在使液态金属成为不均匀的多相体系，液相流动时的内摩擦力增加，夹杂物越多，对粘度的影响越大。夹杂物的形态对粘度也有影响。

材料成形加工过程中的液态金属一般要进行各种冶金处理，如孕育、变质、晶粒细化、净化处理等，这些冶金处理对粘度也有显著影响。如铝硅合金进行变质处理后细化了初生硅或共晶硅，从而使粘度降低。

粘度在材料成形加工过程中的意义首先表现在对液态金属净化的影响。液态金属中存在各种夹杂物及气泡等，必须尽量去除，否则会影响材料或成形件的性能，甚至发生灾难性的后果。杂质及气泡与金属液的密度不同，一般比金属液低，故总是力图离开液体，以上浮的方式分离。脱离的动力是二者重量（$\gamma = \rho g$）之差，即

$$P = V(\gamma_1 - \gamma_2) \qquad (2\text{-}8)$$

式中，P 为动力；V 为杂质体积；γ_1 为液态金属重量；γ_2 为杂质重量。

杂质在 P 的作用下产生运动，一运动就会有阻力。试验指出，在最初很短的时间内，它以加速运动，以后就开始匀速运动。根据 Stokes（斯托克斯）原理，半径 0.1cm 以下的球形杂质，运动时受到的阻力 P_c 由下式确定：

$$P_c = 6\pi r v \eta \qquad (2\text{-}9)$$

式中，r 为球形杂质的半径，v 为运动速度。

当杂质匀速运动时，$P_c = P$，故

$$6\pi r v \eta = V(\gamma_1 - \gamma_2) \qquad (2\text{-}10)$$

由此可求得杂质的上浮速度

$$v = \frac{2r^2(\gamma_1 - \gamma_2)}{9\eta} \qquad (2\text{-}11)$$

此即著名的 Stokes 方程。

在材料加工过程中，应用 Stokes 原理，为了精炼去除非金属夹杂物和气泡，金属液需加热到较高的过热度，以降低粘度，加快夹杂物和气泡的上浮速度。另一方面，在用直接气泡吹入法制备金属多孔材料时，为防止气泡上浮脱离，需向液态金属中加入大量的氧化物等颗粒状增稠剂，提高金属液的粘度，防止气泡逸出，才能成功制取气孔均匀分布的多孔材料。

2. 表面张力

液体或固体同气体或真空接触的界面叫表面。表面具有特殊的性质，由此产生一些表面特有的现象——表面现象。如荷叶上晶莹的水珠呈球状，雨水总是以

滴状的形式从天空落下。总之,一小部分的液体单独在大气中出现时,力图保持球状形态,说明总有一个力的作用使其趋向球状,这个力称为表面张力。

液体内部的分子或原子处于力的平衡状态,而表面层上的分子或原子受力不均匀,结果产生指向液体内部的合力,这就是表面张力产生的根源。可见表面张力是质点(分子、原子等)间作用力不平衡引起的。

从物理化学原理知道,表面自由能是产生新的单位面积表面时系统自由能的增量。设恒温、恒压下表面自由能的增量为 ΔG_b,表面自由能为 σ,使表面增加 ΔS 面积时,外界对系统所做的功为 $\Delta W = \sigma \Delta S$。外界所做的功全部用于抵抗表面张力而使系统表面积增大所消耗的能量,该功的大小等于系统自由能的增量,故 $\Delta W = \sigma \Delta S = \Delta G_b$。由此可见,表面自由能即单位面积自由能。由于表面自由能可表达为力与位移的乘积,因此

$$\sigma = \frac{\Delta G_b}{\Delta S} \tag{2-12}$$

$$[\sigma] = \frac{J}{m^2} = \frac{Nm}{m^2} = \frac{N}{m}$$

这样,σ 又可理解为物体表面单位长度上作用的力即表面张力。因此表面张力和表面能大小相等,只是单位不同,体现为从不同角度来描述同一现象。

以下以晶体为例进一步说明表面张力的本质。面心立方金属,内部原子配位数为 12,如果表面为 (100) 界面,晶面上的原子配位数是 8。设一个结合键能为 U_0,平均到每个原子上的结合键能为 $\frac{1}{2}U_0$ (因一个结合键为两个原子所共有),则晶体内一个原子的结合键能为 $12 \times \left(\frac{1}{2}U_0\right) = 6U_0$;而表面上一个原子的结合键能为 $8 \times \left(\frac{1}{2}U_0\right) = 4U_0$,表面原子比内部原子的能量高出 $2U_0$,这就是表面内能。既然表面是个高能区,一个系统会自动地尽量减少其区域。

广义而言,任意两相(固—固、固—液、固—气、液—气、液—液)的交界面称为界面,就出现了界面张力、界面自由能之说。因此,表面能或表面张力是界面能或界面张力的一个特例。界面能或界面张力的表达式为

$$\sigma_{AB} = \sigma_A + \sigma_B - W_{AB} \tag{2-13}$$

式中的 σ_A,σ_B 分别是 A,B 两物体的表面张力;W_{AB} 为两个单位面积界面系向外做的功,或是将两个单位面积结合或拆开外界所做的功。因此当两相间的作用力大时,W_{AB} 越大,则界面张力越小。

润湿角是衡量界面张力的标志,图 2-7 中的 θ 即为润湿角。界面张力达到平衡时,存在下面的关系:

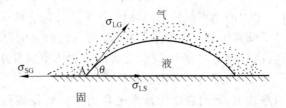

图 2-7　接触角与界面张力

$$
\left.\begin{array}{l}
\sigma_{SG} = \sigma_{LS} + \sigma_{LG}\cos\theta \\[2mm]
\cos\theta = \dfrac{\sigma_{SG} - \sigma_{LS}}{\sigma_{LG}}
\end{array}\right\} \tag{2-14}
$$

式中，σ_{SG} 为固—气界面张力；σ_{LS} 为液—固界面张力；σ_{LG} 为液—气界面张力。

可见润湿角 θ 是由界面张力 σ_{SG}，σ_{LS} 和 σ_{LG} 来决定的。当 $\sigma_{SG} > \sigma_{LS}$ 时，$\theta < 90°$，此时液体能润湿固体，$\theta = 0°$ 称绝对润湿；当 $\sigma_{SG} < \sigma_{LS}$ 时，$\theta > 90°$，此时液体不能润湿固体，$\theta = 180°$ 称绝对不润湿。润湿角是可测定的。

影响液态金属界面张力的因素主要有熔点、温度和溶质元素。

（1）熔点　界面张力的实质是质点间的作用力，故原子间的结合力大的物质，其熔点、沸点高，则表面张力往往就大。材料成形加工过程中常用的几种金属的表面张力与熔点的关系如表 2-5 所示。

表 2-5　几种金属的熔点和表面张力间的关系

金　属	熔点/℃	表面张力/$10^{-3}\mathrm{N \cdot m^{-1}}$	液态密度/$\mathrm{g \cdot cm^{-3}}$
Zn	420	782	6.57
Mg	650	559	1.59
Al	660	914	2.38
Cu	1083	1360	7.79
Ni	1453	1778	7.77
Fe	1537	1872	7.01

（2）温度　大多数金属和合金，如 Al，Mg，Zn 等，其表面张力随着温度的升高而降低。这是因温度升高而使液体质点间的结合力减弱所致。

（3）溶质元素　溶质元素对液态金属表面张力的影响分为两大类。使表面张力降低的溶质元素叫表面活性元素，"活性"之义为表面浓度大于内部浓度，如钢液和铸铁液中的 S 即为表面活性元素，也称正吸附元素。提高表面张力的元素叫非表面活性元素，其表面的含量少于内部含量，称负吸附元素。图 2-8～图 2-10 为各种溶质元素对 Al，Mg 和铸铁液表面张力的影响。

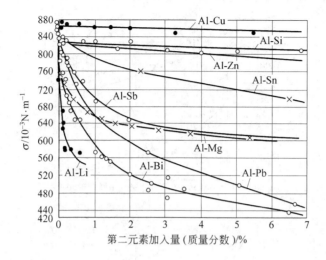

图 2-8 Al 中加入第二组元后表面张力的变化

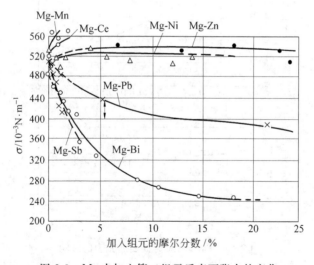

图 2-9 Mg 中加入第二组元后表面张力的变化

　　加入某些溶质后之所以能改变液态金属的表面张力,是因为加入溶质后改变了熔体表面层质点的力场分布不对称性程度。而它之所以具有正(或负)吸附作用,是因为自然界中系统总是向减少自由能的方向自发进行。表面活性物质跑向表面会使自由能降低,故它具有正吸附作用;而非表面活性物质跑向熔体内部会使自由能降低,故它具有负吸附作用。一种溶质对于某种液态金属来说,其表面活性或非表面活性的程度可用 Gibbs(吉布斯)吸附公式来描述:

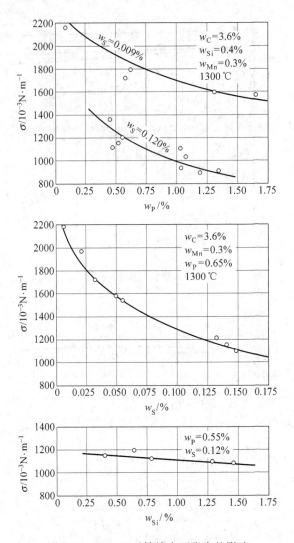

图 2-10   P，S，Si 对铸铁表面张力的影响

$$\Gamma = -\frac{C}{RT}\frac{d\sigma}{dC} \qquad (2-15)$$

式中 Γ 为单位面积液面较内部多吸附的溶质量，C 为溶质浓度，T 为绝对温度，R 为通用气体常数。

由 Gibbs 吸附公式可知，若 $\frac{d\sigma}{dC}<0$，则随溶质增加，表面张力降低，这时吸附为正（$\Gamma>0$），此溶质为表面活性物质。若 $\frac{d\sigma}{dC}>0$，则随溶质增加，表面张力增大，这时吸附为负（$\Gamma<0$），此溶质为非表面活性物质。

　　弗伦克尔提出了金属表面张力的双层电子理论,认为是正负电子构成的双电层产生了一个势垒,正负离子之间的作用力构成了对表面的压力,有缩小表面面积的倾向。表面张力的表达式为

$$\sigma = \frac{4\pi e^2}{a^3}$$ (2-16)

式中 e 为电子电荷,a 为原子间的距离。可见表面张力与电荷的平方成正比,与原子间距离的立方成反比。

　　当溶质元素的原子体积大于溶剂的原子体积时,将使溶剂的原子排布产生严重歪曲,势能增加。而体系总是自发地维持低能态,因此溶质原子将被排挤到表面,造成表面溶质元素的富集。体积比溶剂原子小的溶质原子容易扩散到溶剂原子团族的间隙中去,也会造成同样的后果。

　　从物理化学可知,由于表面张力的作用,液体在细管中将产生如图 2-11 所示的现象。A 处液体的质点受到气体质点的作用力 f_1、液体内部质点的作用力 f_2 和管壁固体质点的作用力 f_3。显然,f_1 是比较小的。当 $f_3 > f_2$ 时,产生指向固体内部且垂直于 A 点液面的合力 F,此液体对固体的亲和力大,此时产生的表面张力利于液体向固体表面展开,使 $\theta < 90°$,固—液是润湿的,如图 2-11(a)所示。当 $f_3 < f_2$ 时,产生指向液体内部且方向与液面垂直的合力 F',表面张力的作用使液体脱离固体表面,固—液是不润湿的,如图 2-11(b)所示。由于表面张力的作用产生了一个附加压力 p。当固—液互相润湿时,p 有利于液体的充填,否则反之。附加压力 p 的数学表达式为

$$p = \sigma\left(\frac{1}{r_1} + \frac{1}{r_2}\right)$$ (2-17)

式中 r_1 和 r_2 分别为曲面的曲率半径。此式称为 Laplace(拉普拉斯)公式。由表面张力产生的附加压力叫 Laplace 压力。

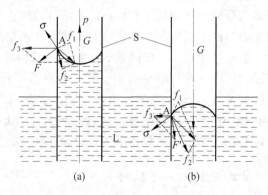

图 2-11　附加压力的形成过程

(a) 固—液润湿;(b) 固—液不润湿

因表面张力而产生的曲面为球面时,即 $r_1 = r_2 = r$,则附加压力 p 为

$$p = \frac{2\sigma}{r} \tag{2-18}$$

显然附加压力与管道半径成反比。当 r 很小时将产生很大的附加压力,这对液态成形加工过程中液态金属的充型性能和铸件表面质量产生很大影响。因此,浇注薄小铸件(不润湿的情况下)时必须提高浇注温度和压力,以克服附加压力的阻碍。

金属凝固后期,枝晶之间存在的液膜小至 10^{-6} m 时,表面张力对铸件的凝固过程的补缩状况将对是否出现热裂缺陷有重大的影响。

在熔焊过程中,熔渣与合金液这两相的界面作用对焊接质量产生重要影响。熔渣与合金液如果是润湿的,就不易将其从合金液中去除,导致焊缝处可能产生夹杂缺陷。

在近代新材料的研究和开发中,如复合材料,界面现象更是担当着重要的角色。凡是用液态金属浸渗、挤压铸造等在液态下进行的方法制备复合材料,浸润性的好坏(即表面张力的大小)就成为工艺成功与否的关键。常采用增强体表面涂覆、金属熔体用表面活性元素、合金化等方法来改变增强体和金属熔体的表面张力,以实现改善浸润性的目的。

总之,界面现象影响到液态成形加工的整个过程。晶体成核及生长、缩松、热裂、夹杂及气泡等铸造缺陷都与界面张力密切相关。

2.2   液态金属结晶凝固的热力学和动力学

液态金属的结构与性质决定其凝固特点,进而决定凝固后的组织与性能。了解液态金属的凝固特点及其影响因素是进行液态加工及其他改变组织性能加工的基础,因此,液态金属的凝固特点和规律是材料加工的基础知识。

凝固热力学和动力学的主要任务是研究液态金属由液态结晶凝固成固态的热力学和动力学条件。凝固是体系自由能降低的自发过程,如果仅是如此,问题就简单多了。而实际凝固过程中各种相的平衡产生了高能态的界面。这样,凝固过程中既有因相变引起的体系自由能降低,又有因产生新的界面而导致的体系自由能增加,前者为凝固的驱动力,而后者则是凝固过程的阻力。因此液态金属凝固时,必须克服热力学能障和动力学能障才能使凝固过程顺利完成。

2.2.1   金属液—固转变的热力学条件

液态金属的结晶凝固过程是一种相变,根据热力学分析,它是一个降低体系自由能的自发进行的过程。凝固过程中 1mol 物质自由能(焓)的变化为

$$\Delta G = G_L - G_S$$
$$= (H_L - TS_L) - (H_S - TS_S)$$
$$= (H_L - H_S) - T(S_L - S_S)$$
$$= \Delta H - T\Delta S$$

式中，G_S 为固相摩尔自由能；G_L 为液相摩尔自由能；H_S 为固相摩尔热焓；H_L 为液相摩尔热焓；S_S 为固态摩尔熵；S_L 为液态摩尔熵；T 为热力学温度。

一般金属的结晶凝固过程都发生在熔点附近，故焓与熵随温度的变化可以忽略不计，则有 $H_L - H_S = \Delta H_m$，$S_L - S_S = \Delta S_m$。ΔH_m 为摩尔结晶潜热，ΔS_m 为摩尔熔化熵。因此，有

$$\Delta G_m = \Delta H_m - T\Delta S_m$$

由于对形核问题的研究需要考虑晶核的体积，用体积自由能会更方便。考虑单位体积自由能变化，则有

$$\Delta G_v = \Delta H_v - T\Delta S_v = \frac{\Delta G_m}{V_m} \tag{2-19}$$

式中，ΔG_v 为单位体积自由能改变；V_m 为摩尔体积，ΔH_v 为单位体积结晶潜热；ΔS_v 为单位体积熔化熵。

固相自由能与液相自由能同温度的关系曲线如图 2-12 所示。由于结构混乱度高的液相具有较高的熵值，液相自由能 G_L 将以更快的速率随温度的升高而降低，而高度有序的晶体结构具有较低的内能，因此在熔点温度 T_m 以下 G_S 低于 G_L。故 $T < T_m$ 时液态金属进行凝固变成固态；$T > T_m$ 时固态金属的自由能高于液态金属，固态金属将发生熔化，金属由固态变成液态；当金属温度 $T = T_m$ 时，$\Delta G = 0$，液、固态处于平衡状态。

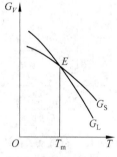

图 2-12　液—固两相自由能
　　　　与温度的关系

平衡状态时，由式(2-19)得

$$\Delta G_v = \Delta H_v - T_m\Delta S_v = 0$$

$$\Delta S_v = \frac{\Delta H_v}{T_m} \tag{2-20}$$

将式(2-20)代入式(2-19)得

$$\Delta G_v = \frac{\Delta H_v \Delta T}{T_m} = \frac{\Delta H_m \Delta T}{V_m T_m} \tag{2-21}$$

式中 $\Delta T = T_m - T$ 为过冷度。

对某一金属而言，结晶潜热 ΔH_v 和熔点 T_m 是定值，故 ΔG_v 只与 ΔT 有关。因此液态金属凝固的驱动力是由过冷度提供的，或者说过冷度 ΔT 就是凝固的驱

动力。

　　在相变驱动力 ΔG_v 或 ΔT 的作用下，液态金属开始凝固。凝固时，首先产生结晶核心，然后是核心的长大直至相互接触为止，这一过程不是在一瞬间完成的。但生核和核心的长大不是截然分开的，而是同时进行的，即在晶核长大的同时又会产生新的核心。新的核心又同老的核心一起长大，直至凝固结束。

　　凝固过程总的来说是由于体系自由能降低自发进行的。但在该过程中，一方面由于固相自由能低于液相自由能，凝固导致系统自由能降低；另一方面由于凝固产生固—液界面，界面具有自由能，从而又使系统自由能增加，金属要凝固就必须克服新增界面自由能所带来的热力学能障。当体积能量降低占的比例大时，凝固过程就进行；当界面能量增加占的份额为主时，就发生熔化现象。

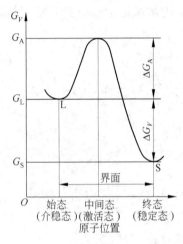

图 2-13　金属原子在结晶过程中的自由能变化

　　根据相变动力学理论，液态金属中的原子在结晶过程中的能量变化如图 2-13 所示，高能态的液相原子变成低能态的固相原子，必须越过能垒 ΔG_A，即固态晶粒与液相间的界面，而导致体系自由能增加。固相晶核的形成或晶体的长大，是液相原子不断地经过界面向固相堆积的过程，是固—液界面不断地向液相中推进的过程。这样，只有液态金属中那些具有高能态的原子，或者说被"激活"的原子才能越过高能态的界面变成固体中的原子，从而完成凝固过程。ΔG_A 称为动力学能障。之所以称为动力学是因为单纯从热力学考虑，此时液相自由能已高于固相自由能，固相为稳定态，相变应该没有障碍，但要使液相原子具有足够的能量越过高能界面，还需相应的动力学条件。因此，液态金属凝固过程中必须克服热力学和动力学两个能障。如前所述，液态金属在成分、温度、能量上是不均匀的，即存在成分、相结构和能量三个起伏，也正是这三个起伏才能克服凝固过程中的热力学能障和动力学能障，使凝固过程不断地进行下去。热力学能障和动力学能障皆与界面状态密切相关。热力学能障是由被迫处于高自由能过渡状态下的界面原子所产生的，它能直接影响到体系自由能的大小，界面自由能即属于这种情况。动力学能障是由金属原子穿越界面过程所引起的，它与驱动力的大小无关，而仅取决于界面的结构与性质，激活自由能即属于这种情况。

　　凝固过程中产生的固—液界面使体系自由能增加，导致凝固过程不可能瞬时完成，也不可能同时在很大的范围内进行，只能逐渐地形核生长，逐渐地克服两个能障，才能完成液体到固体的转变。同时，界面的特征及形态又影响着晶体的形核和生长。也正是由于这个原因,使高能态的界面范围尽量缩小,至凝固结束时成为范围很小的晶界。

2.2.2 均质形核

过冷液态金属通过起伏作用在某些微小区域内形成稳定存在的晶态小质点的过程称为形核。形核的首要条件是系统必须处于过冷状态以提供相变驱动力;其次,需要通过起伏作用克服动力学能障才能形成稳定存在的晶核。由于新相与界面相伴而生,因此界面自由能这一热力学能障就成为形核过程的主要阻力。根据构成能障的界面情况不同,液态金属凝固时的形核可以有两种不同的方式,一种是依靠液态金属内部自身的结构自发地形核,称为均质形核;另一种是依靠外来固相,如型壁、夹杂物等所提供的异质界面非自发地形核,称为异质形核,或非均质形核。

给定体积的液态金属在一定的过冷度 ΔT 下,其内部产生 1 个核心,并假设晶核为球形,则体系吉布斯自由能的变化为

$$\Delta G_{均} = -\frac{4}{3}\pi r^3 \Delta G_V + 4\pi r^2 \sigma_{CL} \qquad (2\text{-}22)$$

式中,r 为球形核心的平均半径;σ_{CL} 为界面自由能。由式(2-22)看出,形核时体系自由能的变化由两部分构成,第一项为体积自由能的降低,第二项为界面自由能的升高。当 r 很小时,第二项起支配作用,体系自由能总的倾向是增加的,此时形核过程不能发生;只有当 r 增大到某一临界值 r^* 后,第一项才能起主导作用,使体系自由能降低,形核过程才能发生,如图 2-14 所示。故 $r < r^*$ 的原子集团在液相中是不稳定的,还会溶解至消失。只有 $r > r^*$ 时的原子集团才是稳定的,可成为核心。r^* 称为晶核临界尺寸。也就

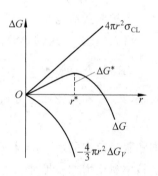

图 2-14 $\Delta G\text{-}r$ 曲线

是说只有大于 r^* 的原子集团,才能稳定地形核。r^* 可由式(2-22)求得,对其求导数并令其等于零,即 $\dfrac{\mathrm{d}\Delta G_{均}}{\mathrm{d}r} = 0$,则

$$-4\pi r_{均}^{*2}\,\Delta G_V + 8\pi r_{均}^*\,\sigma_{CL} = 0 \Rightarrow r_{均}^* = \frac{2\sigma_{CL}}{\Delta G_V} \qquad (2\text{-}23)$$

将式(2-21)代入式(2-23)可得

$$r_{均}^* = \frac{2\sigma_{CL}}{\Delta H_V}\frac{T_m}{\Delta T} \qquad (2\text{-}24)$$

将式(2-21)和式(2-24)代入式(2-22),得到相应于 $r_{均}^*$ 的临界形核功

$$\Delta G_{均}^* = \frac{16}{3}\pi\frac{\sigma_{CL}^3 T_m^2}{\Delta H_V^2 \Delta T^2} = \frac{1}{3}A^*\sigma_{CL} \qquad (2\text{-}25)$$

式中 $A^* = 4\pi r_{均}^{*2}$ 为临界晶核的表面积。

　　液态金属在一定的过冷度下,临界核心由相起伏提供,临界形核功由能量起伏提供。

　　单位时间、单位体积内生成固相核心的数目称为形核速率。具有临界尺寸 r^* 的晶核处于介稳定状态,既可溶解,也可长大。当 $r>r^*$ 时才能成为稳定核心,即在 r^* 的原子集团上附加一个或一个以上的原子就可以成为稳定核心。相应的形核速率 $I_{均}$ 为

$$I_{均} = f_0 N^* \tag{2-26}$$

式中,N^* 为单位体积内液相中 $r=r^*$ 的原子集团数目;f_0 为单位时间转移到一个晶核上去的原子数目。

$$N^* = N_{\mathrm{L}} \exp\left(-\frac{\Delta G_{均}^*}{k_{\mathrm{B}} T}\right) \tag{2-27}$$

$$f_0 = N_{\mathrm{S}} \nu p \exp\left(-\frac{\Delta G_{\mathrm{A}}}{k_{\mathrm{B}} T}\right) \tag{2-28}$$

式中,N_{L} 为单位体积液相中的原子数;N_{S} 为固—液界面紧邻固体核心的液体原子数;ν 为液体原子振动频率;p 为被固相接受的几率;$\Delta G_{均}^*$ 为形核功;ΔG_{A} 为液体原子扩散激活能。

　　将式(2-27)、式(2-28)代入式(2-26)得

$$I_{均} = \nu N_{\mathrm{S}} p N_{\mathrm{L}} \exp\left[-\left(\frac{\Delta G_{\mathrm{A}} + \Delta G_{均}^*}{k_{\mathrm{B}} T}\right)\right] = k_1 \exp\left[-\left(\frac{\Delta G_{\mathrm{A}} + \Delta G_{均}^*}{k_{\mathrm{B}} T}\right)\right] \tag{2-29}$$

由式(2-25)和式(2-29)可知:

$$I_{均} \propto e^{-\frac{1}{\Delta T^2}} \tag{2-30}$$

即随着过冷度的增大,形核率急剧增加,如图 2-15 所示。在非常窄的温度范围内,形核率急剧增加;同时也可看出均质成核的过冷度很大,约为 $0.2 T_{\mathrm{m}}$。同时,从式(2-29)可看到,形核率受 ΔG_{A} 和 $\Delta G_{均}^*$ 两个参数的影响,过冷度大,可使形核的临界尺寸减小,有利于形核,即 ΔT 增加,$\Delta G_{均}^*$ 减少。但是随着温度的下降,液体金

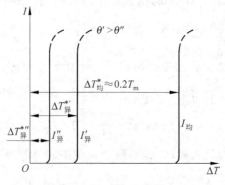

图 2-15　I-ΔT 曲线

属的原子集团聚集到临界尺寸发生困难,因为过冷使液体金属粘度增加。所以,形核率与过冷度的关系呈现为:随过冷度增加,形核率增加,达到最大值后,则不但不增加,反而下降。在实际生产条件下,过冷度不是很大,故形核率随过冷度增加而上升。

均质形核是对纯金属而言的,其过冷度很大,如纯液态铁的 $\Delta T = 0.2T_m = 318℃$。这比实际液态金属凝固时的过冷度大多了。实际上金属结晶时的过冷度一般为几分之一摄氏度到几十摄氏度,这说明了均质形核理论的局限性。因实际的液态金属都会含有多种夹杂物,同时其中还含有同质的原子集团,某些夹杂物和这些同质的原子集团即可作为凝固核心。固体夹杂物和固体原子集团对于液态金属而言为异质。因此,实际的液态金属(合金)在凝固过程中多为异质形核。

虽然实际生产中几乎不存在均质形核,但其原理仍是液态金属(合金)凝固过程中形核理论的基础,其他的形核理论也是在它的基础上发展起来的,因此必须学习和掌握它。

2.2.3　异质形核

实际的液态金属中存在着大量的高熔点既不熔化又不溶解的夹杂物(如氧化物、氮化物、碳化物等)可以作为形核的基底,晶核即依附于其中一些夹杂物的界面形成,其模型如图 2-16 所示。假设晶核在界面上形成球冠状,达到平衡时则存在以下关系:

$$\sigma_{LS} = \sigma_{CS} + \sigma_{CL}\cos\theta \tag{2-31}$$

式中,σ_{LS},σ_{CL},σ_{CS} 分别为液相和界面、液相和晶核、晶核和界面间的界面张力;θ 为润湿角。

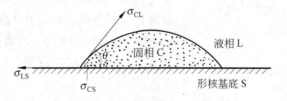

图 2-16　异质形核模型

该系统吉布斯自由能的变化为

$$\Delta G_{异} = -V_C\Delta G_V + A_{CS}(\sigma_{CS} - \sigma_{LS}) + A_{CL}\sigma_{CL} \tag{2-32}$$

式中,V_C 为球冠的体积,即固态核心的体积;A_{CS} 为晶核与夹杂物间的界面面积;A_{CL} 为晶核与液相的界面面积。

上式中各项参数的计算如下:

$$V_C = \int_0^\theta \pi(r\sin\theta)^2 \mathrm{d}(r - r\cos\theta) = \frac{\pi r^3}{3}(2 - 3\cos\theta + \cos^3\theta) \tag{2-33}$$

$$A_{CL} = \int_0^\theta 2\pi r\sin\theta \cdot r d\theta = 2\pi r^2 (1 - \cos\theta) \tag{2-34}$$

$$A_{CS} = \pi(r\sin\theta)^2 = \pi r^2 \sin^2\theta = \pi r^2 (1 - \cos^2\theta) \tag{2-35}$$

将式(2-33)~式(2-35)代入式(2-32)得

$$\Delta G_{异} = \left[-\frac{4}{3}\pi r^3 \Delta G_V + 4\pi r^2 \sigma_{CL} \right]\left[\frac{2 - 3\cos\theta + \cos^3\theta}{4} \right] \tag{2-36}$$

有趣的是,该式右边第一项是均质形核临界功 $\Delta G_{均}$,第二项为润湿角 θ 的函数,令

$$f(\theta) = \frac{2 - 3\cos\theta + \cos^3\theta}{4} = \frac{(2 + \cos\theta)(1 - \cos\theta)^2}{4} \tag{2-37}$$

$$\Delta G_{异} = \Delta G_{均} f(\theta) \tag{2-38}$$

对式(2-38)求导,并令 $\dfrac{d\Delta G_{异}}{dr} = 0$,可求出

$$r_{异}^* = \frac{2\sigma_{CL}}{\Delta G_V} = \frac{2\sigma_{CL}}{\Delta H_V \Delta T} T_m \tag{2-39}$$

$$\Delta G_{异}^* = \frac{16\pi\sigma_{CL}^3}{3\Delta G_V^2} f(\theta) = \Delta G_{均}^* f(\theta) = \frac{1}{3} A^* \sigma_{CL} f(\theta) \tag{2-40}$$

由上可知,均质形核和异质形核的临界晶核尺寸相同,但异质核心只是球体的一部

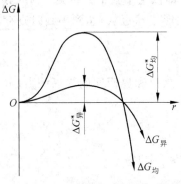

图 2-17　均质和异质形核功

分,它所包含的原子数比均质球体核心少得多,所以异质形核阻力小。异质形核的临界功与润湿角 θ 有关。当 $\theta = 0°$ 时,$f(\theta) = 0$,故 $\Delta G_{异}^* = 0$,此时界面与晶核完全润湿,新相能在界面上形核;当 $\theta = 180°$ 时,$f(\theta) = 1$,$\Delta G_{异}^* = \Delta G_{均}^*$,此时界面与晶核完全不润湿,新相不能依附界面而形核。实际上晶核与界面的润湿角一般在 $0°\sim180°$ 间变化,晶核与界面为部分润湿,$0 < f(\theta) < 1$,$\Delta G_{异}^*$ 总是小于 $\Delta G_{均}^*$,如图 2-17 所示。

根据均质形核规律,异质形核的形核速率为

$$I_{异} = f_1 N_1^* = f_1 N_L^* \exp\left(-\frac{\Delta G_{异}^*}{k_B T} \right)$$

$$= f_1 N_L^* \exp\left[-\frac{\Delta G_{均}^* f(\theta)}{k_B T} \right]$$

$$= f_1 N_L^* \exp\left[-\frac{B f(\theta)}{\Delta T^2} \right] \tag{2-41}$$

式中,f_1 为单位时间自液相转移到晶核上的原子数;N_L^* 为单位体积中液相与非

均质核心部位接触的原子数；$B=\dfrac{16\pi\sigma_{CL}^{3}T_{m}^{2}}{3\Delta H_{V}^{2}k_{B}T}$°

由式(2-41)可知,异质形核率与下列因素有关。

(1)过冷度(ΔT) 过冷度越大形核率越大,如图 2-18 所示。

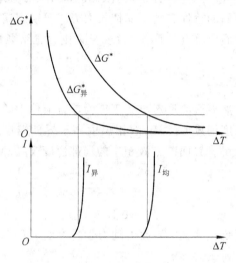

图 2-18 异质形核与过冷度关系曲线

(2)界面 界面由夹杂物的特性、形态和数量来决定。如夹杂物基底与晶核润湿,则形核率大。润湿角难以测定,因影响因素多,可根据夹杂物的晶体结构来确定。当界面两侧夹杂和晶核的原子排列方式相似,原子间距离相近,或在一定范围内成比例,就可能实现界面共格对应。共格对应关系可用点阵失配度来衡量,即

$$\delta=\frac{\mid a_{s}-a_{C}\mid}{a_{C}}\times100\%\qquad(2\text{-}42)$$

式中 a_{C} 和 a_{C} 分别为夹杂物、晶核原子间的距离。界面共格对应理论已被大量事实所证实。这是选择形核剂的理论依据。

夹杂物基底形态影响临界晶格的体积。如图 2-19 所示,凹形基底的夹杂物形成的临界晶核的原子数最少,形核率大。因此夹杂物或外界提供的界面愈多,形核率就愈大。

(3)液态金属的过热及持续时间的影响 异质核心的熔点比液态金属的熔点高。但当液态金属过热温度接近或超过异质核心的熔点时,异质核心将会熔化或是其表面的活性消失,失去了夹杂物的应有特性。从而减少了活性夹杂物数量,形核率则降低。

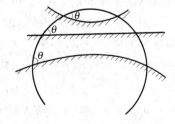

图 2-19 异质核心基底形态与核心容积的关系模型

2.2.4　晶体长大

形成稳定的晶核后,液相中的原子不断地向固相核心堆积,使固—液界面不断地向液相中推移,导致液态金属(合金)的凝固。液相原子堆积的方式及速率与凝固驱动力和固—液界面的特性有关。晶体长大方式可从宏观和微观来分析。宏观长大是讨论固—液界面所具有的形态,微观长大则讨论液相中的原子向固—液界面堆积的方式。

1. 晶体宏观长大方式

晶核长大中固—液界面的形态决定于界面前方液体中的温度分布。若固—液界面前方液体中的温度梯度 $G_L > 0$,液相温度高于界面温度 T_i,这称为正温度梯度分布,如图 2-20 所示。界面前方液相中的局部温度 $T_L(x)$ 为

$$T_L(x) = T_i + G_L x \tag{2-43}$$

过冷度

$$\Delta T = \Delta T_k - G_L x \tag{2-44}$$

式中 x 为液相离开界面的距离;界面上动力学过冷度 ΔT_k 很小,可忽略不计。

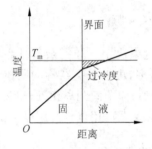 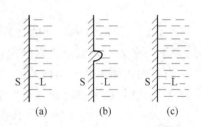

图 2-20　液体中的正温度梯度分布　　　　图 2-21　平面生长方式模型

可见固—液界面前方液体过冷区域及过冷度极小。晶体生长时凝固潜热的析出方向同晶体生长方向相反。一旦某一晶体生长伸入液相区就会被重新熔化,导致晶体以平面方式生长,如图 2-21 所示。

固—液界面前方液体中的温度梯度 $G_L < 0$,液体温度低于凝固温度 T_i,这称为负温度梯度分布,如图 2-22 所示。界面前方液相中的局部温度 $T_L(x)$ 为

$$T_L(x) = T_i + G_L x = T_m - (\Delta T_k - G_L x) \approx T_m + G_L x \tag{2-45}$$

$$\Delta T = \Delta T_k - G_L x \approx -G_L x \quad (\Delta T_k \text{ 很小,可以忽略}) \tag{2-46}$$

可见固—液界面前液体过冷区域较大,距界面越远的液体其过冷度越大。晶体生长时凝固潜热析出方向同晶体生长方向相同。晶体生长方式如图 2-23 所示,界面上凸起的晶体将快速伸入过冷液体中,成为枝晶生长方式。

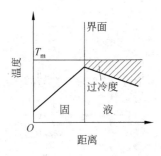

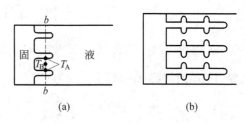

图 2-22 液体中的负温度梯度分布　　　　图 2-23 枝晶生长方式模型

2. 晶体微观长大方式

晶体的微观长大是液体原子向固—液界面不断堆积的过程,原子堆砌的方式取决于界面结构。而界面结构又是由界面热力学来决定的,稳定的界面结构具有最低的吉布斯自由能。

一般认为,固—液界面在微观上(原子尺度上)有粗糙和光滑之分,而这对晶体的长大有很大影响。K. A. Jackson 通过统计力学处理,得出了判断粗糙界面或光滑界面的数学模型,即 Jackson(杰克逊)因子。

假定液体原子在界面上堆砌呈无规则,由于这些原子的堆砌,自由能变化为

$$\Delta G_S = \Delta H - T\Delta S = (\Delta u + P\Delta V) - T\Delta S \approx \Delta u - T\Delta S \tag{2-47}$$

若固液界面上有 N 个位置供原子占据,表面配位数为 η,表面原子与下层固体原子的配位数为 B,晶体内部的配位数为 ν,ΔH_0 为单个原子结晶潜热,则表面层原子的结合能为

$$\frac{\Delta H_0}{\nu}(\eta + B)$$

如果界面上 N 个原子位置只被 N_A 原子所占据,界面原子实际的占据率为 $x = \dfrac{N_A}{N}$,则界面原子实际的结合能为

$$\frac{\Delta H_0}{\nu}(\eta x + B) \tag{2-48}$$

因此,由于界面上原子堆砌不满而产生的结合能之差为

$$N_A\left[\frac{\Delta H_0}{\nu}(\eta + B) - \frac{\Delta H_0}{\nu}(\eta x + B)\right] = \frac{\Delta H_0 N_A}{\nu}\eta(1 - x) = \Delta u \tag{2-49}$$

又由热力学得知

$$\Delta S = -N_A k_B [x\ln x + (1 - x)\ln(1 - x)] \tag{2-50}$$

将式(2-49)、式(2-50)代入式(2-47)并整理得

$$\frac{\Delta G_S}{N_A k_B T_m} = \alpha x(1 - x) + x\ln x + (1 - x)\ln(1 - x) \tag{2-51}$$

式中

$$\alpha = \frac{\Delta H_0}{k_B T_m} \frac{\eta}{\nu} \tag{2-52}$$

式(2-52)右边由两项组成：① $\frac{\Delta H_0}{k_B T_m}$，它取决于两相的热力学性质；② $\frac{\eta}{\nu}$，它与晶体结构及界面的晶面指数有关，其值最大为 0.5。

当 α 值从 $1\sim10$ 变化时，$\frac{\Delta G_S}{N_A k_B T_m}$ 与 x 的关系曲线如图 2-24 所示。计算表明：对于 $\alpha \leqslant 2$ 的物质，当 $x=0.5$ 时界面的自由能最低，处于热力学稳定状态；而对于 $\alpha > 2$ 的物质，只有当 $x<0.05$ 或 $x>0.95$ 时，界面的自由能才是最低，处于热力学稳定状态。因此呈现出两种不同结构的界面。

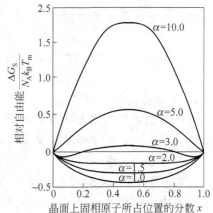

图 2-24 界面自由能变化与界面上原子所占位置分数的关系

（1）粗糙界面 当 $\alpha \leqslant 2$，$x=0.5$ 时，界面为最稳定的结构，这时界面上有一半位置被原子占据，另一半位置则空着。其微观上是粗糙的，高低不平，称为粗糙界面，如图 2-25(a)所示。大多数的金属界面属于这种结构。

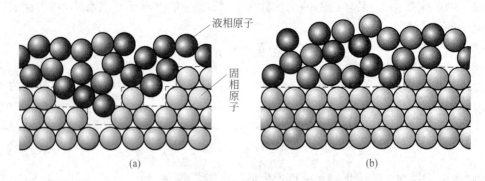

图 2-25 两种界面结构
(a) 粗糙界面模型；(b) 平整界面模型

（2）光滑或平整界面 当 $\alpha > 2$，$x<0.05$ 或 $x>0.95$ 时，界面为最稳定的热力学结构，这时界面上的位置几乎全被原子占满，或者说几乎全是空位，其微观上是光滑平整的，称为平整界面，如图 2-25(b)所示。非金属及化合物大多数属于这种结构。

晶体的微观生长方式和长大速率由固—液界面结构决定。对于粗糙的固—液界面，由于界面有 50% 的空位可接受原子，故液体中的原子可单个进入空位与晶体连接，界面沿其法线方向向前推进，这称为连续生长或垂直生长，二次枝晶与一次枝晶垂直。其平均长大速率最快，与过冷度 ΔT_k 有如下关系：

$$v_1 = K_1 \Delta T_k \tag{2-53}$$

式中 K_1 为动力学常数。绝大多数的金属采用这种方式生长，因此，也称其为正常生长方式。

对平整的固—液界面，因界面上没有多少位置供原子占据，单个的原子无法往界面上堆砌。此时如同均质形核那样，在平整界面上形成一个原子厚度的核心，叫二维晶核，如图 2-26 所示。由二维核心的形成，产生了台阶；液相中的原子即可源源不断地沿台阶堆砌，使晶体侧向生长。当台阶被完全填满后，又在新的平整界面上形成新的二维台阶，如此继续下去，完成凝固过程。其生长速率有以下关系：

$$v_2 = K_2 e^{-B/\Delta T_k} \tag{2-54}$$

式中 K_2，B 为该种生长机理的动力学常数。

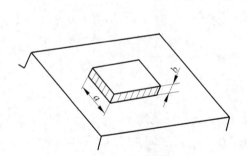

图 2-26　平整界面二维晶核长大模型

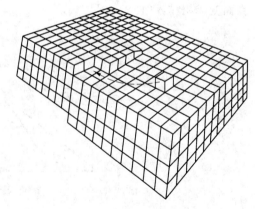

图 2-27　晶体螺旋位错生长模型

晶体从缺陷处生长实质上是平整界面的二维生长的另一种形式，它不是由形核来形成二维台阶，而是依靠晶体缺陷产生出台阶，如位错、孪晶等。

① 螺旋位错生长　当平整界面有螺旋位错出现时，界面就成为螺旋面，并且必然存在台阶，如图 2-27 所示，液相中的原子不断地向台阶处堆砌，于是一圈又一圈地堆砌直至完成凝固过程。其生长速率 v_3 与过冷度存在以下关系：

$$v_3 = K_3 \Delta T_k^2 \tag{2-55}$$

式中 K_3 为动力学常数。

② 旋转孪晶生长　孪晶旋转一定角度后产生台阶，液相中原子向台阶处堆砌

而侧向生长,如灰铸铁中的石墨,如图 2-28 所示。

③ 反射孪晶生长　由反射孪晶构成的凹角即为台阶,液相中的原子向凹角处堆砌而生长,如 Ge,Si,Bi 晶体的生长属这种方式,如图 2-29 所示。

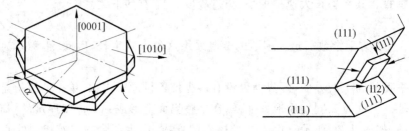

图 2-28　石墨的旋转孪晶生长模型　　　　图 2-29　反射孪晶生长模型

连续生长、二维生长和螺旋生长三种晶体生长方式的生长速度,其比较如图 2-30 所示。连续生长的速度最快,因粗糙界面上相当于有大量的现成的台阶,其次是螺旋生长。当 ΔT_k 很大时,三者的生长速度趋于一致。也就是说当过冷度 ΔT_k 很大时,平整界面上会产生大量的二维核心,或产生大量的螺旋台阶,使平整界面变成粗糙界面。

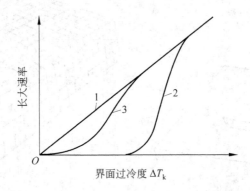

图 2-30　三种晶体生长方式的生长速率与过冷度的关系
1—连续生长;2—二维生长;3—螺旋生长

2.3　液态金属的冶金处理

材料成形加工过程中常常要对液态金属进行多种冶金处理,如孕育、变质、晶粒细化、球化处理等,以改变液态金属的状态及以后的凝固过程,实现对材料成形加工产品最终组织与性能的改善和控制。液态金属的这些冶金处理称为液态加工,其共同特点是:只需向液态金属中加入少量(0.1%～1%甚至更低)的添加剂,就可以对液态金属的状态及凝固过程产生显著的影响,从而使凝固产品的性能有显著改善(强度、韧性等提高几成甚至几倍)。不过这种冶金处理的效果往往是暂时性的、非稳态的,随处理后时间的延长会衰退和消失。其作用机制往往不能用合金化等材料学原理来理解。液态金属的冶金处理是 20 世纪在材料加工工程领域取得的重大成就之一。根据对改变液态金属的状态及以后的凝固过程产生的作用不同,可以把冶金处理分为两类:一类处理的主要作用是影响液态金属凝固时的形核,另一类处理的主要作用是影响液态金属凝固时的晶粒长大。

2.3.1 影响形核的冶金处理

影响液态金属凝固时形核的冶金处理方法,对非铁合金,统称为晶粒细化处理(grain refinement),对铸铁则称为孕育处理(inoculation),对钢则两个名称都使用。根据细化或孕育作用的产生途径,可以把影响液态金属凝固时形核的冶金处理方法分为以下三类。

1. 引入更有效的异质形核基底

异质形核基底主要有两种来源,一是包括快速凝固法、动力学方法(热对流、气体逸出、机械振动、声波和超声波、电磁振动、搅拌等)和成分过冷法等的内生形核质点;二是向熔体中添加形核剂来增加外来形核质点。

目前,添加形核剂成为生产过程中最有效、最实用的方法。关键的问题是如何选择合适的形核剂。由非均质形核理论可知,一种好的形核剂首先应能保证结晶相在衬底物质上形成尽可能小的润湿角 θ,其次形核剂产生的衬底物质还应在液态金属中尽可能保持稳定,并且具有最大的表面积和最佳的表面特征(如表面粗糙或有凹坑等)。但是,由于测试技术上的困难,人们迄今对高温熔体中两相间的润湿角 θ 的大小了解得很少。由式(2-31)和图 2-16 可知,润湿角 θ 是由结晶相、液相和衬底物质之间的界面能所决定的。若不考虑温度的影响,对于给定金属而言,σ_{LC} 是一定值,在一般情况下,σ_{LS} 与 σ_{LC} 也相近,故润湿角 θ 主要决定于 σ_{CS} 的大小。σ_{CS} 越小,衬底的非均质形核能力越强。因此,人们着重对 σ_{CS} 进行研究,在此基础上提出了选择有效形核剂的有关理论和相应准则。其中应用最广的是界面共格对应理论。

界面共格对应理论认为,在非均质形核过程中,衬底晶面总是力图与结晶相的某一最合适的晶面相结合,以便组成一个 σ_{CS} 最低的界面。因此界面两侧原子之间必然要呈现出某种规律性的联系,这种规律性的联系称为界面共格对应。研究指出,只有当衬底物质的某一个晶面与结晶相的某一个晶面上的原子排列方式相似,而其原子间距相近或在一定范围内成比例时,才能实现界面共格对应。这时,界面能主要来源于两侧点阵错配所引起的点阵畸变,并可用点阵错配度 δ 来衡量。当

$\delta\leqslant0.05$ 时,通过点阵畸变过渡可以实现界面两侧原子之间的一一对应,这种界面称为完全共格界面,其界面能较低,衬底促进非均质形核的能力很强。当 $0.05<\delta<0.25$ 时,通过点阵畸变过程和位错网络调节,可以实现界面两侧原子之间的部分共格对应,这种界面称为部分共格界面,其界面能高,衬底具有一定的促进非均质形核的能力,但随 δ 的增大,衬底的促进非均质形核作用逐渐减弱,直至完全失去作用。图 2-31 是完全共格界面和部分共格界面上的原子排列情况。研究表明,在 δ 值较小的情况下,非均质形核临界过冷度 $\Delta T_{异}^{*}$ 与 δ 之间的关系为

$$\Delta T_{异}^{*} \propto \delta^{2} \tag{2-56}$$

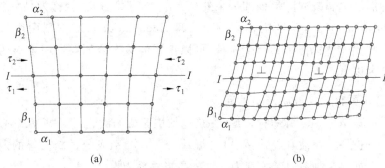

图 2-31　完全共格界面和部分共格界面上的原子排列

2. 形成先凝固的同质核心基底

这种细化作用机制是通过外加形核剂中的某种元素与熔体元素的作用形成化合物,这种化合物可以与熔体发生包晶或共晶反应。如果包晶或共晶反应的温度高于熔体的液相线温度,则在熔体冷却到液相线温度之前,就通过包晶或共晶反应已经形成了同质的凝固基底,不需要另行形核。因而大大减小形核所需的过冷度,促进形核。

（1）包晶反应机制

科学研究和生产实践都证明 Ti 是 Al 的有效细化元素。根据二元 Al-Ti 相图（见图 2-32）,在 665℃ 时,来自中间合金的铝化物 $TiAl_3$ 通过包晶反应使 $\alpha(Al)$ 成核,即：$L+TiAl_3\rightarrow\alpha(Al)$。

$TiAl_3$ 和 Al 晶面间存在良好的共格关系,铝原子可以在几个 $TiAl_3$ 晶面上同时外延生长,在 Al 的晶粒中心可以找到 $TiAl_3$ 粒子。冷却曲线也证明成核是包晶温度附近通过包晶反应实现的。显然,只要熔体中有 $TiAl_3$ 存在,包晶细化理论就可能成立。Zr 和 V 等元素对 Al 的细化作用机理与 Ti 类似,相关参数总结于表 2-6 中。

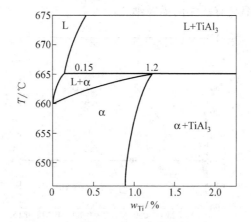

图 2-32 二元 Al-Ti 相图的富 Al 端

表 2-6 细化 α(Al)的常用形核剂

状态图	形核剂	状态图分析			B_nAl_m			工业用量
		特征点成分		$T_P/℃$	名称	点 阵/m		
		$w_P/\%$	$w_F/\%$					
	Ti	0.19	0.28	665	$TiAl_3$	正方	$a=5.44\times10^{-10}$ $c=8.59\times10^{-10}$	>0.05%最好 0.2%~0.3%
	Zr	0.11	0.28	660.5	$ZrAl_3$	正方	$a=4.01\times10^{-10}$ $c=17.32\times10^{-10}$	0.1%~0.2%
	V	0.10	0.37	661	VAl_{10}	面心立方	$a=3.0\times10^{-10}$	0.03%~0.05%

注：0.5%Ti+(0.03%~0.05%)B 联合应用时细化作用更好。

（2）共晶反应机制

$TiAl_3$ 在热力学上的稳定性比较差,包晶反应可能是纯 Al 细化的主要原因,而对 Al-Si 合金细化只起促进作用。对于 Al-Si 合金,B 的细化效果远高于 Ti 的细化效果。B 的细化机制与 Ti 不同,它是通过下面的共晶反应起作用的。根据二元 Al-B 相图(见图 2-33),Al-B 系中 B 的质量分数约为 0.022%,温度 659.7℃ 处有一个共晶反应：$L\rightarrow\alpha(Al)+AlB_2$。

Al-Si 合金的液相线温度大多低于 659.7℃,因而包含这个共晶反应将会产生有效的晶粒细化。换言之,存在溶质 B 时,α(Al)和 AlB_2 在到达 Al-Si 合金液相线之前通过共晶反应同时析出。当熔体温度降到合金液相线时固相将在已预先存在的 α(Al)上直接生长而不需要过冷,因而晶粒显著细化。Si 还使共晶点成分向低 B 量位移,有效 B 量增多,促进 Al-B 中间合金晶粒细化效果。因而 Al-B 中间合金在很大 Si 量范围内都具有强大的晶粒细化能力。

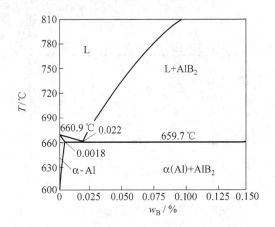

图 2-33　二元 Al-B 相图的富 Al 端

图 2-34 是 Al-Si 合金经 Al-Ti-B 中间合金细化剂细化处理前后的组织。

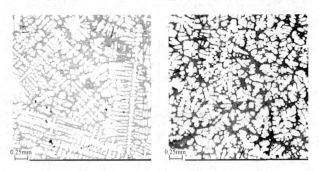

图 2-34　Al-Si 合金细化处理前后的组织

3. 形成瞬时局部形核条件

局域化学成分的不均匀性是讨论这种晶粒细化机理的基本条件。例如,在铸铁(Fe-C-Si 合金)熔体中,加入以 C,Si 元素为主的生核剂,在生核剂的溶解过程及溶解后的一定时间内,在生核剂颗粒的周围及其溶解前的所在位置,形成生核剂的主要组成元素含量很高的局部区域,大大提高这种区域中的碳当量,迫使碳过饱和析出。铁液中本来就存在大量非金属夹杂物质点,它们在一定的条件下能作为石墨形核的异质核心。铁液中碳的过饱和度越大,能起有效核心作用的异质核心质点也就越多。孕育的作用就是使那些正常条件下不能起异质核心作用的质点成为有效的异质形核基底。由于这种局部高浓度区域会随时间的延长而扩散均匀化,因此孕育作用会衰退。图 2-35 示出了 Fe-Si 合金生核剂促进铸铁液中石墨形核的原理图。图 2-36 所示为铸铁经 Fe-Si 合金生核剂孕育处理前后的组织。

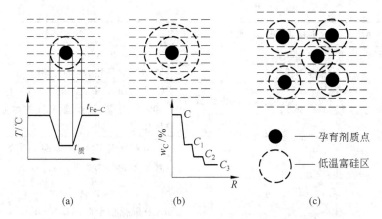

图 2-35　Fe-Si 合金生核剂促进铸铁液中石墨形核的原理
(a) 孕育剂质点附近温度分布；(b) 含硅量分布；(c) 石墨形核的最佳位置

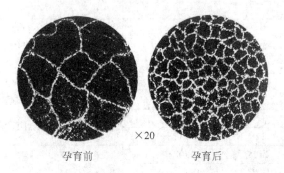

图 2-36　铸铁经 Fe-Si 合金孕育处理前后的组织

　　这种形成局部形核条件的机理，在以引入更有效的异质核心基底为主要途径起作用的细化处理中同样存在。例如，用 Ti 作细化剂处理 Al 熔体，不需要 Ti 的加入量达到包晶点 0.15% 就能起作用，也就是这个道理。同样，用 B 处理铝合金，也不需要 B 的加入量达到共晶点 0.022%。因此，实际发生的促进形核作用可能是几种机理的联合作用。表 2-7 列出了常用合金的生核剂及其作用机理。

表 2-7　常用合金的生核剂

合金类型	生核剂	一般用量 $w/\%$	备　注
碳钢及低合金钢	V	0.06~0.3	形成 TiN，TiC，VN，VC 为晶核
	Ti	0.1~0.2	
	B	0.005~0.01	可能是成分过冷作用
高锰钢	CaCN$_2$	0.45	消除穿晶，细化晶粒
高铬钢	Ti	0.8~1	细化晶粒，减小脆性

续表

合金类型	生核剂	一般用量 w/%	备　注
硅钢($3\%Si$)[①]	TiB_2 粉粒		溶解并析出 TiN，TiC
铸铁	石墨粉		增加石墨晶核，细化共晶团
	Ca，Sr，Ba	与 FeSi 配成复合形核剂	CaC_2，SrC_2，BaC_2 的（111）与石墨的（0001）对应，且能除 S，O 并增强 Si 的形核作用
	FeSi	0.1～0.5	Si 局部浓度起伏区提前析出石墨质点，宜采用瞬时加入的工艺
过共晶 Al-Si	P	＞0.02	以 Cu-P，Fe-P 或 Al-P 合金加入，形成 AlP 细化初生硅，但不细化共晶硅
铝，Al-Cu，Al-Mg，Al-Mn，Al-Si	Ti，Zr，V，Ti＋B		以中间合金或盐类加入，明显细化 α 晶粒
Mg，Mg-Zn	Zr	0.3～0.7	800～850℃ 以 K_2ZrFe 加入，Mg-Zr 的包晶开始成分约 0.58%Zr。α(Zr)晶格与 Mg 同，但 Al 起干扰作用
Mg-Al	C		坩埚中过热增碳或加入六氯乙烷，形成 Al_4C_3 作为晶核，Zr 起干扰作用
Mg-Al-Zn	V	0.1	以 Al-V，Al-Ti，Al-B 合金加入
	Ti＋B	0.05Ti＋0.01B	
Mg-Zn	Ti 或 V	0.03～0.1	
	B 或 Zr	0.03～0.05	
铜	Li	0.005～0.02	成分过冷作用
	Bi	0.5	
	Li＋Bi	0.05Li＋0.05Bi	
一般铜合金	Fe	＞1	包晶开始 2.8%Fe，γ(Fe)晶格与 Cu 一致，用于含 Fe 的铜合金
铝青铜(Cu-Al-Fe)	V，B，W，Zr，Ti	0.05～0.1	当存在碳时，碳化物质点起晶核作用，B 仅细化 β 相
	V＋B	0.05V＋0.02B	
Cu-Sn，Cu-Zn	Ti＋B	0.05Ti＋0.02B	
	V＋B	0.05V＋0.05B	
Cu-Zn-Pb(HPb59-1)	混合稀土	0.05	消除柱状晶，细化晶粒
钛合金	B	0.05～0.1	硼化物和碳化物起晶核作用
	B＋Zr	0.1～0.15	

① 3%Si 表示 Si 的质量分数为 3%。

2.3.2　影响晶粒长大的冶金处理

　　影响液态金属凝固时的晶粒长大的冶金处理,有机械的(如外加振动)、物理的(如外加电磁场)和化学的(外加化学添加剂)。其中以化学处理方法最有效,也最方便。本书主要以铝硅合金的变质处理和铸铁(Fe-C-Si 合金)的球化处理为例,讨论这类冶金处理的作用。

1. 铝硅合金的变质处理

　　铝硅合金是目前应用最广、用量最大的铸造非铁合金。Al-Si 二元合金具有简单的共晶型相图,室温下只有 α(Al)和 β(Si)两种相。α(Al)相的性能与纯铝相似,β(Si)相的性能与纯硅相似。β(Si)相在自然生长条件下会长成块状或片状的脆性相,它严重地割裂基体,降低合金的强度和塑性,因而需要将它改变成有利的形态。变质处理就是要使共晶硅由粗大的片状变成细小纤维状或层片状,从而提高合金性能。Al-Si 合金的变质处理是向凝固前的合金熔体中加入少量的变质元素,改变共晶硅相的生长形态。在 20 世纪 70 年代之前,Na 是惟一应用的变质元素。而现在发现,碱金属中的 K,Na,碱土金属中的 Ca,Sr,稀土元素 Eu,La,Ce 和混合稀土,氮族元素 Sb,Bi,氧族元素 S,Te 等均具有变质作用。其中,Na,Sr 的效果最佳,可获得完全均匀的纤维状共晶硅,而 Sb,Te 等则只能得到层状共晶硅。因此,目前应用最广的是 Na 和 Sr 变质。

　　图 2-37 为硅含量和变质处理对 Al-Si 二元合金力学性能的影响。图 2-38 为变质前后 Al-Si 二元合金的显微组织,可以看到共晶硅相形态的明显变化。不经变

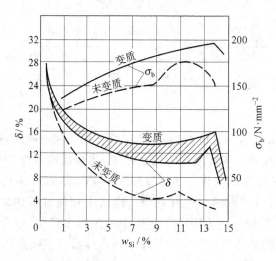

图 2-37　硅含量和变质处理对 Al-Si 二元合金力学性能的影响

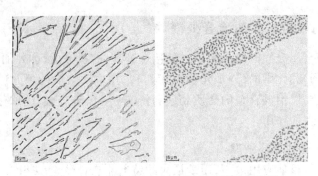

图 2-38   变质前后 Al-Si 二元合金的显微组织

质处理,铝硅合金中的共晶硅相呈板片状生长,具有{111}惯习面,生长速度缓慢时有〈211〉择优生长方向。硅片的生长常出现大角度的分枝,这是由于{111}孪晶系的增殖引起的。每两个{111}孪晶系之间的夹角为 70.53°,见图 2-39。共晶硅的这种生长方式称为孪晶凹谷 TPRE(twin plane reentrant edge)生长,同时在硅的板片表面有作为外缺陷的固有生长台阶存在。

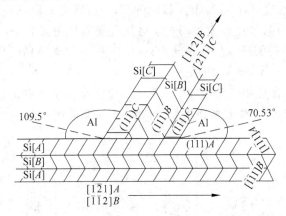

图 2-39   共晶硅相两个{111}孪晶系之间的夹角

加入 Na,Sr 等变质元素后,铝液中的变质元素因选择吸附而富集在孪晶凹谷处,阻滞了硅原子或硅原子四面体的生长速度,使孪晶凹谷生长机制受到抑制,从而导致硅晶体生长形态的变化。其原因是凹谷被阻塞,晶体生长时被迫改变方向,如沿〈100〉,〈110〉,〈112〉等系列方向生长,同时也促使硅晶体发生高度分枝。同时,变质后 Na,Sr 等原子优先吸附于界面上的生长台阶处,钝化了界面台阶生长源,使它很难再接纳硅原子。Na,Sr 等原子还在硅晶体表面诱发出高密度的孪晶,促进其分枝。加入变质元素后,熔体会出现较大的动力学过冷度,就与这种重复孪晶的形核有关。计算表明,变质产生一层{111}$_{Si}$孪晶坯要求变质元素具有一定的尺寸,最合适的变质元素的原子半径 r_i 与硅原子的半径 r_{Si} 之比为 1.6475。表 2-8 示出了原子半径与变质效果的关系。

表 2-8　变质元素原子半径与变质效果之间的关系

元素	变质效果	原子半径/10^{-10}m	元素	变质效果	原子半径/10^{-10}m
Si		1.175	Ce	4	1.83
Cs	2	2.63	Pr	3	1.82
Rb	3	2.64	Nd	3	1.82
K	4	2.31	Sm	2	1.81
Ba	4	2.18	Gd	2	1.79
Sr	5	2.16	Tb	2	1.77
Eu	5	2.02	Ho	2	1.76
Ca	4	1.97	Er	1	1.75
La	5	1.87	Li	1	1.52
Na	5	1.86			

注:5—强;4—较强;3—中等;2—弱;1—无。

2. 铸铁的球化处理

在铸铁液浇注凝固之前,在一定条件下(指一定的过热度、合适的化学成分、适宜的加入方法等),向铁液中加入一定量的球化剂(主要是 Mg 或 RE 及其中间合金),改变铁液凝固时石墨的生长方式,使之长成球状的冶金处理工艺,称为球化处理。

石墨的晶体结构如图 2-40 所示,是六方晶格结构。由于石墨具有这样的结构特点,从结晶学的晶体生长规律看,石墨的正常生长方式应是碳原子主要向棱面上堆砌,沿着基面择优生长,最后形成片状组织。

在实际的石墨晶体中存在多种缺陷,如旋转孪晶、螺旋位错及倾斜孪晶等,它们对石墨的生长过程及最终形态起决定性的影响。对铁液进行球化处理,就是要改变这些缺陷的存在状态。

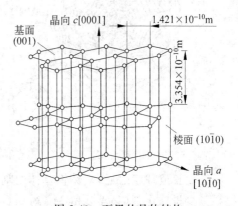

图 2-40　石墨的晶体结构

石墨是非金属晶体。在纯 Fe-C-Si 合金熔体中,石墨的生长界面是光滑界面,无论是基面还是棱面上,都要依靠二维形核的生长模式,这是非常困难的,需要很大的过冷度。但如果在基面上存在螺旋位错缺陷,则可为石墨的生长提供大量的台阶(图 2-41),石墨沿这些台阶生长,看起来是沿着基面的 a 向生长,其实也包括

着向 c 向生长的作用。

因此,若以 v_a 和 v_c 分别表示 a 向和 c 向的石墨生长速度,则依据 v_a/v_c 的值,在铸铁中会出现不同形态的石墨。如 $v_a > v_c$,一般认为形成片状石墨,相反如 $v_a < v_c$,则会形成球状石墨。在未经球化处理的普通铸铁液中,由于硫、氧等活性元素吸附在石墨的棱面($10\bar{1}0$)上,使这个原为光滑的界面变为粗糙的界面,而粗糙界面生长时只要较小的过冷度,生长速度快,因而使石墨棱面的生长速度加快,即

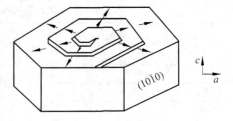

图 2-41　石墨生长的螺旋台阶

a 向生长占优势,此时 $v_a > v_c$,石墨最后长成片状。当向铁液中加入 Mg,RE 等球化剂后,它们首先与氧、硫发生反应,使液体中活性氧、硫的含量大大降低,抑制石墨沿 a 向的快速生长,同时,按螺旋位错缺陷方式生长则得以加强。因为,氧、硫等表面活性元素若吸附在螺旋台阶的旋出口处,它们将抑制这一螺旋晶体的生长。现在氧、硫被球化剂脱除后,这一抑制作用大大减弱,使得螺旋位错方式这一看起来沿 $[10\bar{1}0]$ 方向堆砌、实际是沿(0001)生长的方式占优,最终使石墨长成球状(如图 2-42 所示)。

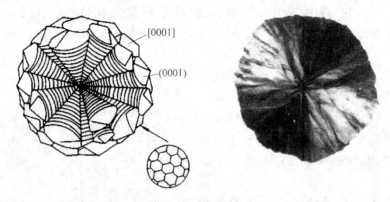

图 2-42　球状石墨的生长

石墨长成球状之后,对铸铁基体的割裂作用大大减弱,从而使铸铁的强度大大提高。少量球化剂(只需残留 Mg 约 0.04%)加入铁液进行球化处理,就可以使铸铁的性能有大的提高(使同样成分铸铁的强度提高 2～5 倍,延伸率从 0 提高到 20%),这无疑是铸铁冶金与加工史上的一次历史性革命。图 2-43 所示为球化处理前铸铁的组织。

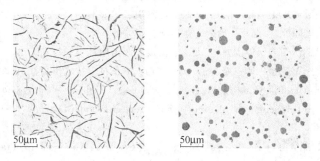

图 2-43　球化处理前后铸铁的组织

习　题

1. 已知 700℃时 Al 液的表面张力为 860×10^{-3} N·m^{-1}，求 Al 液中形成 $r=1\mu m$ 和 $r=0.1\mu m$ 的球形气泡各需要多大的附加压力 ΔP？

2. 已知钢液温度为 1550℃，$\eta = 0.0049$Pa·s^2，$\rho_l = 7500$kg/m^3，MnO 夹杂的密度 $\rho_{MnO} = 5400$kg/m^3。若 MnO 夹杂为球形，半径为 0.1mm，求它在钢液中的上浮速度？

3. 金属元素 Fe 的结晶潜热 $\Delta H_m = 15.17$kJ/mol，熔点 $T_m = 1811$K，固—液界面张力 $\sigma_{SL} = 2.04 \times 10^{-5}$J/cm^2，临界过冷度 $\Delta T^* = 276$℃。试求，临界形核半径 r^*？假如 Fe 的原子体积为 1.02×10^{-23} cm^3，求临界晶核所含的原子数？

4. 常用金属如 Al，Zn，Cu，Fe，Ni 等，从液态凝固结晶和从气体凝结结晶时的界面结构与晶体形态会有什么不同？

5. 用简单的示意图表示一个孪晶凹角是怎样加速液—固界面生长速度的？

6. 石墨的层状晶体结构使得它易形成旋转孪晶。旋转孪晶是石墨层状晶体的上下层之间旋转一定角度而形成的。旋转之后石墨晶体的上下层之间应保持有好的共格对应关系以减少界面能，问石墨晶体旋转孪晶的旋转角可能有哪些？

参 考 文 献

1　吴德海，任家烈，陈森灿. 近代材料加工原理. 北京：清华大学出版社，1987

2　陈平昌，朱六妹，李赞. 材料成形原理. 北京：机械工业出版社，2001

3　徐洲，姚寿山. 材料加工原理. 北京：科学出版社，2003

4　赵凯华，罗蔚茵. 新概念物理教程：热学. 北京：高等教育出版社，1998

5　林柏年，魏尊杰. 金属热态成形传输原理. 哈尔滨：哈尔滨工业大学出版社，2000

6　李庆春. 铸件形成理论基础.北京：机械工业出版社,1982

7　胡汉起. 金属凝固原理.北京：冶金工业出版社,2000

8　周尧和,胡壮麒,介万奇. 凝固技术.北京：机械工业出版社,1999

9　边秀房,刘相法,马家骥. 铸造金属遗传学.济南：山东科学技术出版社,1999

10　Kalpakjian S. Manufacturing Engineering Technology. Addison-Wesley,1995

11　Creese R C. Introduction to Manufacturing Processes and Materials. New York：Marcel Dekker,1999

12　Schaffer J P. et al. The Science and Design of Engineering Materials. McGraw-Hill,1999

3 材料加工中的流动与传热

　　材料加工是利用材料在外力作用下的变形能力来成形。材料处于不同状态时，在外力作用下的变形特性迥异。液态材料不能保持一定的形状，在自身重力或很小的外力(剪切力)作用下就可以流动，占据容器的形状，因而可以通过充填型腔并在其中凝固的方法来成形，制备出形状极其复杂的产品。材料处于半固态时，在外力作用下的变形特性与液态和固态均不一样，而表现为典型的流变性。利用材料的流变性而发展起来的半固态加工，是一种具有广泛应用前景的材料加工新技术。本章首先讨论液态金属的流动性与充型能力，液态金属在凝固过程中产生的对流以及枝晶间流动的基本规律，然后介绍合金的流变性和流变模型以及半固态加工的原理。固态材料的变形特性和成形原理将在第 5 章中讨论。

　　材料在成形加工中同时伴随有热量传递。传热有 3 种基本方式：传导、对流和辐射。在金属凝固过程中，热传导是主要的传热方式；而在焊接、压力加工和热处理时高温工件的冷却常常是对流和辐射共同发生作用。在这些加工过程中许多缺陷的形成与传热有关。本章重点介绍材料加工过程中温度场的计算原理并给出一些应用例子，如铸件的凝固层厚度、凝固速度和凝固时间计算等。

3.1　液态金属的流动性和充型能力

　　由于液态金属具有流动性，液态成形是使液态金属充满型腔并凝固的一种材料加工方法。液态金属充满铸型型腔，获得形状完整、轮廓清晰的铸件的能力，叫做液态金属充填铸型的能力，简称液态金属的充型能力。液态金属充填铸型一般是在纯液态下充满铸型型腔的，但也有边充型边结晶的情况。在充型过程中，当液态金属中形成晶粒阻塞充型通道，流动则停止。如果停止流动出现在型腔被充满之前，则造成铸件"浇不足"的缺陷。

3.1.1 液态金属的流动性与充型能力的基本概念

液态金属的充型能力首先决定于其本身的流动能力,同时又受到外界条件如铸型性质、浇注条件、铸型结构等因素的影响,是各种因素的综合反映。

液态金属本身的流动能力称为"流动性",它由液态金属的成分、温度、杂质的含量等决定,与外界因素无关。流动性也可以认为是确定条件下的充型能力。

流动性对于排除液体金属中的气体和杂质,凝固过程中的补缩,防止开裂,获得优质的液态成形产品,有着重要的影响。液态金属的流动性越好,气体和杂质越易于上浮,使金属液得以净化。良好的流动性有利于防止缩松、热裂等缺陷的出现。液态金属的流动性越好,其充型能力就越强,反之其充型能力就差。一般来说,液态金属的粘度越小,其流动性就越好,充型能力越强。由图 2-6 可以看到,共晶成分的合金,粘度低,流动性好,是最适合于液态成形的。不过,充型能力可以通过外界条件来改变。

液态金属的流动性可用试验的方法进行测定,最常用的是浇注螺旋流动性试样或真空流动性试样来衡量,如图 3-1 所示。

图 3-1 液态金属的流动性示意图

(a) 螺旋流动性试验; (b) 真空流动性试验

3.1.2 液态金属的停止流动机理

在充型过程中,当液态金属中形成晶粒阻塞充型通道时,流动就会停止。合金的种类不同,凝固方式和通道阻塞方式也不同。对于纯金属、共晶合金及结晶温度范围很窄的合金,在液态金属的过热热量完全散失之前为纯液态流动。随流动继续向前,液态金属的温度降至熔点以下,型壁上开始结晶,形成一个凝固壳,液流中心部分继续向前流动。当较先结晶部位从型壁向中心生长的晶体相互接触时,金属的流动通道被阻塞,流动停止。流股前端的中心部位继续凝固,形成缩孔,如图 3-2 所示。

对于宽结晶温度范围的合金,在液态金属的过热热量完全散失之前也是纯液态流动。随流动继续向前,液态金属的温度降至合金的液相线以下,液流中开始析

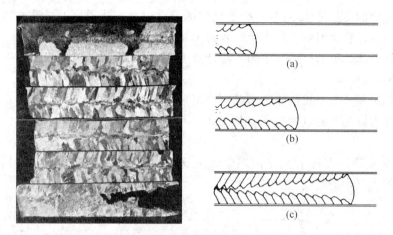

图 3-2　纯金属及窄结晶温度范围合金的停止流动机理

出晶体,顺流前进并不断长大。液流前端由于不断与型壁接触,冷却最快,析出晶粒的数量最多,使金属液的粘度增大,流速减慢。当晶粒数量达到某一临界值时,便结成一个连续的网络。若造成金属液流流动的压力不能克服此网络的阻力,就发生阻塞而停止流动,如图 3-3 所示。

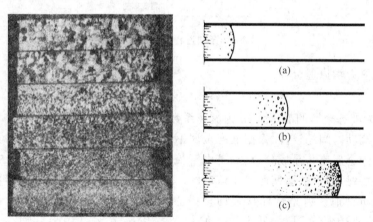

图 3-3　宽结晶温度范围合金的停止流动机理

　　合金的结晶温度范围越宽,凝固时结晶出来的晶体的枝晶越发达。液流前端析出相对较少的固相晶体时,亦即在相对较短的流动时间内,液态金属便停止流动。因此,合金的结晶温度范围越宽,其充型能力越低。

3.1.3　液态金属充型能力的计算

　　液态金属是在过热情况下充填型腔的,它与型壁之间发生热交换。因此,这是一个不稳定的传热过程,也是一个不稳定的流动过程。从理论上对液态金属的充型能力进行计算很困难。很多研究者为了简化计算,作了各种假设,得出了许多不同的计算公式。下面介绍其中的一种计算方法,可以比较简明地表述液态金属的充型能力。

假设用某液态金属浇注圆形截面的水平试棒,在一定的浇注条件下,液态金属的充型能力以其能流过的长度 l 来表示:

$$l = vt \tag{3-1}$$

式中,v 为在静压头 H 作用下液态金属在型腔中的平均流速,t 为液态金属自进入型腔到停止流动的时间(见图3-4)。

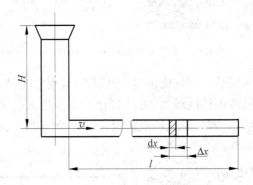

图3-4 充型过程的物理模型

由流体力学原理可知:

$$v = \mu\sqrt{2gH} \tag{3-2}$$

式中,H 为液态金属的静压头,μ 为流速系数。

关于流动时间的计算,根据液态金属不同的停止流动机理,有不同的算法。

对于纯金属或共晶成分合金,是由于液流末端之前的某处从型壁向中心生长的晶粒相接触,通道被堵塞而停止流动的。所以,对于这类液态金属的停止流动时间 t,可以近似地认为是试样从表面至中心的凝固时间,可根据热平衡方程求出(凝固时间的计算公式可参见式(3-84))。

对于宽结晶温度范围的合金,液流前端由于不断与型壁接触,冷却最快,最先析出晶粒,当晶粒数量达到某一临界分数值 k 时,便发生阻塞而停止流动。这类液态金属的停止流动时间 t 可以分为两部分:第一部分为液态金属从浇注温度 T_p 降温到液相线温度 T_L,这一段是纯液态流动;第二部分为液态金属从液相线温度 T_L 降温到停止流动时的温度 T_k,这一段液态金属与前端已析出的固相晶粒一起流动。在一定的简化条件下,可以求出液态金属的流动长度:

$$l = vt = \mu\sqrt{2gH}\,\frac{F\rho_1}{P\alpha}\,\frac{kL + C_1(T_p - T_k)}{T_L - T_2} \tag{3-3}$$

式中, F 为铸件的断面积; P 为铸件断面的周长; ρ_1 为液态金属的密度; α 为界面换热系数; k 为停止流动时的固相分数; L 为结晶潜热; C_1 为液态金属的比热; T_p 为液态金属的浇注温度; T_k 为合金停止流动时的温度; T_L 为合金的液相线温度; T_2 为铸型温度。

由式(3-3)可知影响液态金属充型能力的因素是很多的。这些因素可归纳为如下四类：金属性质方面的因素；铸型性质方面的因素；浇注条件方面的因素；铸件结构方面的因素。对这些影响因素进行分析的目的在于，掌握它们的规律以便能够采取有效的工艺措施来提高液态金属的充型能力。

3.2 液态金属凝固过程中的流动

3.2.1 凝固过程中液体流动的分类

液态金属凝固过程中的液体流动主要包括自然对流和强迫对流。自然对流是由密度差和凝固收缩引起的流动。由密度差引起的对流称为浮力流。凝固及收缩引起的对流主要产生在枝晶之间。强迫对流是由液体受到各种方式的驱动力而产生的流动，如压头、机械搅动、铸型振动及外加电磁场等。凝固过程中液体的流动对传热过程、传质过程、凝固组织及冶金缺陷有着重要的影响。

1. 自然对流

由密度差引起的浮力流是最基本和最普遍的对流方式。凝固过程中由传热、传质和溶质再分配引起液态合金密度不均匀，密度小的液相上浮，密度大的液相下沉，称为双扩散对流。液相中任意一点的密度 ρ_L 可表示为

$$\rho_L = \rho_0 [1 - \alpha_T(T - T_0) - \alpha_C(C - C_0)] \tag{3-4}$$

式中, α_T, α_C 分别为热膨胀系数和溶质膨胀系数; T 为温度; C 为溶质浓度; ρ_0 为温度为 T_0、溶质浓度为 C_0 时的液相密度。

图 3-5 表示垂直凝固界面前对流的条件与方式。对应于两种不同的液相密度分布(见图 3-5(b))可以产生图 3-5(c)和图 3-5(d)所示的液相对流方式。

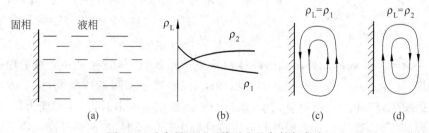

图 3-5　垂直凝固界面前对流的条件与方式

(a) 凝固界面; (b) 液相密度分布; (c)、(d) 对流方式

ρ_L—液相密度; ρ_1—密度分布方式 1; ρ_2—密度分布方式 2

图 3-6 表示水平凝固界面前液相对流的条件与方式。如果液相密度自下而上逐渐减小，则液相是稳定的，不会产生明显的液相对流。反之，如果液相密度自下而上逐渐增加，则液相是不稳定的，将形成图 3-6（d）所示的液相对流胞。

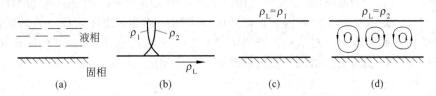

图 3-6　水平凝固界面前液相对流的条件与方式

(a) 凝固界面；(b) 液相密度分布；(c) 无对流；(d) 形成对流胞

ρ_L—液相密度；ρ_1—密度分布方式 1；ρ_2—密度分布方式 2

2. 强迫对流

在凝固过程中可以通过各种方式驱动液体流动，对凝固组织形态及传热、传质条件进行控制。这些流动方式通常是与一定的凝固技术相关的，需要根据具体的凝固条件进行分析。常用的技术包括：①在凝固过程中对液相进行电磁或机械搅拌；②在凝固过程中使固相或液相转动；③凝固过程中铸型振动；④浇注过程中液流冲击引起的液相流动等。

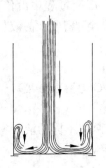

图 3-7　自由落下的液流充填型腔

下面分析一种简单的型腔充填过程——以底注方式充填方形或圆形铸锭时产生的对流情况。沿通过液流中心的垂直平面将铸锭型腔剖开，可观察在该平面内液流运动的情况（图 3-7）。当自由落下的液流与型腔底部相接触时，液流的动能转变为位能，使型腔底部液流的压力增大，液体便脱离该压力增高的地区开始沿型腔底部向四处流动。

垂直落下的液流在冲击时，对于型腔底部的压力等于两倍的静压力。实际上，因为有一部分能量损失在内摩擦上，真实的液体压力会小一些。

当沿着型腔底部四处流动的液体与垂直型壁接近时，发生冲击；对于理想液体来说，其冲击力应和冲击型底的力相等。但是，对于实际液体来说，由于内摩擦造成的损失，该冲击力便相应减小，在与型腔侧壁发生冲击时，动能转变为位能，于是出现高压区，致使垂直的型壁附近出现液面上升。此时，液面的升高取决于两个因素：速度头的损失以及液体从上液面流向下液面的流动速度。因此，型壁附近的金属液流内便有两个不同的流向：第一个流向位于型壁附近，其速度方向沿型壁向上；第二个流向则是流下液体的流向，其方向向下。由于这两个相反方向的流动，在液体内便产生涡流。

在出现涡流时，越靠近漩涡中心，液体的流速越高，因此压力下降，乃至出现负压，导致吸气或吸渣，使气体或氧化物被卷入液体金属，造成气孔或夹渣。

3.2.2　凝固过程中液相区的液体流动

分析凝固过程中液相区的流动情况，需要考虑流场与传热、传质过程的耦合。在求解流动情况时要联合求解流体力学中的动量方程、能量方程和连续性方程这三大基本方程。凝固过程中的这种流动能用解析方法求解的情况极其罕见，通常需要采用计算机数值模拟的方法进行分析。下面采用一维简化模型来分析凝固过程中液相区流动的影响因素。

模型如图 3-8 所示，图中左边为一块温度为 T_2 的无限大热板，右边为一块温度为 T_1 的无限大冷板。两板中的液体将由于温差而产生自然对流。两板间各平面的温度分布及对流速度 v_x 分布如图 3-8 所示。任两平面间因速度差而产生的切应力 τ 可用牛顿粘性定律来表示：

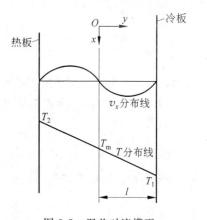

图 3-8　温差对流模型

$$\tau = \eta \frac{\mathrm{d}v_x}{\mathrm{d}y} \qquad (3-5)$$

式中，η 为动力粘度；$\mathrm{d}v_x/\mathrm{d}y$ 为速度 v_x 在 y 方向的梯度。

于是 τ 在 y 方向上的梯度为

$$\frac{\mathrm{d}\tau}{\mathrm{d}y} = \eta \frac{\mathrm{d}^2 v_x}{\mathrm{d}y^2} \qquad (3-6)$$

显然，由于 y 方向上各点温度不同，各点的液体密度也不同，这个密度差就是引起对流的原因，也是引起切应力梯度的原因。为简便起见，假设液相中的温度分布为一直线，中心温度为平均温度，即

$$T_\mathrm{m} = \frac{1}{2}(T_1 + T_2) = T_1 + \frac{1}{2}\Delta T = T_2 - \frac{1}{2}\Delta T \qquad (3-7)$$

式中，$\Delta T = T_2 - T_1$。假设密度分布也为直线，那么如果液体的粘性力等于或大于由于密度变化引起的上浮力，则对流将不会发生。由于切应力梯度相当于作用在单位体积上的粘性力，因此切应力梯度也可用下式表示：

$$\frac{\mathrm{d}\tau}{\mathrm{d}y} = (\rho_T - \rho_0)g \qquad (3-8)$$

式中，ρ_0 为平均温度下的密度；ρ_T 为任一温度下的密度。

设 α_T 为液体的温度膨胀系数,则

$$\rho_T - \rho_0 = \rho_0 \alpha_T (T_m - T) \tag{3-9}$$

因已假设温度分布为直线,故对于 y 处的温度 T 有下列比例关系:

$$\frac{T_m - T}{\frac{1}{2}\Delta T} = \frac{y}{l} \tag{3-10}$$

将式(3-10)代入式(3-9),再代入式(3-8)和式(3-6),得

$$\eta \frac{d^2 v_x}{dy^2} = \frac{1}{2}\rho_0 \alpha_T g \Delta T \left(\frac{y}{l}\right) \tag{3-11}$$

积分,并利用边界条件 $y=\pm 1$ 或 $y=0$ 时,$v_x=0$,求得式(3-11)之解为

$$v_x = \frac{\rho_0 \alpha_T g \Delta T l^2}{12\eta}\left[\left(\frac{y}{l}\right)^3 - \left(\frac{y}{l}\right)\right] \tag{3-12}$$

或写成

$$v_x = \frac{\rho_0 \alpha_T g \Delta T l^2}{12\eta}(\varphi^3 - \varphi) \tag{3-13}$$

式中,$\varphi = y/l$ 为相对距离或无量纲距离。

同时也可以将 v_x 化成无量纲速度(雷诺数),并以 ϕ 表示这个量,那么

$$\phi = \frac{l v_x}{\nu} = \frac{l v_x \rho_0}{\eta} \tag{3-14}$$

合并式(3-13)和式(3-14),且式(3-14)中,$\nu = \dfrac{\eta}{\rho}$,得

$$\phi = \frac{\rho_0^2 \alpha_T g \Delta T l^3}{12\eta^2}(\varphi^3 - \varphi) \tag{3-15}$$

简写成

$$\phi = G_T \frac{1}{12}(\varphi^3 - \varphi) \tag{3-16}$$

式中

$$G_T = \frac{\rho_0^2 \alpha_T g \Delta T l^3}{\eta^2} \tag{3-17}$$

式(3-17)称为 Grashof(格拉索夫)数,表示由于温度差所引起的对流强度,G_T 大的体系其对流强度也大。

同理,对因浓度差所引起的对流强度,Grashof 数可表示为

$$G_C = \frac{\rho_0^2 \alpha_C g \Delta C l^3}{\eta^2} \tag{3-18}$$

式中,ΔC 为浓度差;α_C 为液体的浓度膨胀系数。

从式(3-16)可以看出,自然对流的速度取决于 Grashof 数的大小,因而可以将

它看成是温差或浓度差引起自然对流的驱动力。

液相区液体的流动,将改变凝固界面前的温度场和浓度场。从而对凝固组织形态产生影响。以低熔点类透明有机物为例可观察到,当枝晶定向凝固时,在平行于凝固界面的流速较小时,将发生枝晶间距的增大;当流速增大到一定值时,原来的主轴晶将无法生长,而在背流处形成新的主轴晶,并与原来的主轴晶竞相生长,获得一种特殊的凝固组织,即穗状晶。当流体流速与凝固界面垂直时,可能产生比较严重的宏观偏析。强烈的紊流可能冲刷新形成的枝晶臂,而造成晶粒繁殖,对细化等轴晶有一定的帮助。

3.2.3　液态金属在枝晶间的流动

宽结晶温度范围的合金,凝固过程中会产生发达的树枝晶,形成大范围的液相固相共存区域(糊状区),液体会在两相区的枝晶之间流动。液体在枝晶间的流动驱动力来自三个方面,即凝固时的收缩、由于液体成分变化引起的密度改变以及液体和固体冷却时各自收缩所产生的力。枝晶间液体的流动也就是在糊状区的补缩流动。枝晶间的距离一般在 $10\mu m$ 量级,从流体力学的观点来看,可将枝晶间液体的流动作为多孔性介质中的流动处理。但要考虑到液体的流量随时间而减少,而且还要考虑到固、液两相密度不同及散热降温的影响。因此,液体在枝晶间的流动远比流体在多孔性介质中流动复杂得多。

流体通过多孔性介质的速度一般用 Darcy(达西)定律来表示:

$$v = -\frac{K}{\eta f_{L}}(\nabla p + \rho_{L}\boldsymbol{g}) \qquad (3-19)$$

式中,K 为介质的渗透率;∇p 为压力梯度;f_{L} 为液相体积分数;η 为液体的动力粘度;ρ_{L} 为液体的密度;$\boldsymbol{g}$ 为重力加速度。

研究表明,两相区内的渗透率 K 主要决定于液相体积分数 f_{L} 的大小。当 $f_{L} > 0.245$ 时:

$$K = \lambda_{1} f_{L}^{2} \qquad (3-20a)$$

当 $f_{L} < 0.245$ 时:

$$K = \lambda_{2} f_{L}^{6} \qquad (3-20b)$$

式中 λ_{1}, λ_{2} 为实验常数。

由式(3-20b)可以看到,在凝固后期,固相分数很大时,渗透率 K 随液相体积分数的减小而迅速减小,流动会变得极其困难。宽结晶温度范围的合金,树枝晶发达,凝固过程最后的收缩往往得不到液流补充,而形成收缩缺陷(称为缩松),导致产品的多种性能(如力学性能、耐压防渗漏性能、耐腐蚀性能等)下降。因此,宽结晶温度范围的合金液态成形时,要特别注意补缩。

3.3 材料的流变行为

材料的流变性是指材料在流动状态下变形的能力。在材料加工过程中很多工艺都与材料的流动变形有关,如合金从液态凝固进入液相—固相共存的温度范围内时具有的力学行为、合金的半固态加工等。材料的流变性对许多与流动变形有关的现象密切相关(如缩松、热裂的形成),特别是对最终的产品质量有重要影响。

流变学(Rheology)是物理学力学中的一门学科,它专门研究固体、液体、液固混合物(悬浮液、乳浊液、膏状物)、液气、固气混合物的流动和变形规律,并且特别强调时间的因素。

流变学是由施维道夫(H. F. Schwedoff)于 1890 年、宾汉(E. C. Bingham)和格林(H. Green)于 1919 年在前人工作的基础上先后建立起来的。1928 年宾汉建议成立美国流变学会,1929 年美国流变学会正式成立。因此流变学被认为始于 1929 年。20 世纪 40 年代,流变学得到了迅速发展并逐渐被运用到各个技术学科领域,如建筑、水利、石油化工和机械制造等。20 世纪 80 年代还出现了血液流变学,专门研究血液的流动、变形特性与人类疾病间的关系。在材料加工领域也存在着广泛的流变学课题,如金属凝固过程中热裂的形成、半固态加工中材料的变形规律等。

3.3.1 材料的简单流变性能

1. 理想物体的流变性能

从流变学的角度看,有两种理想物体即理想液体和绝对刚体。在自然界和工程实际中并不存在这两种物体,但在解释一些自然现象和在某些条件下解决工程实际问题时,应用这些概念可以有效地简化对问题的分析。

理想液体又称为帕斯卡体(Pascal body),这是一种没有粘性的液体,它在流动时内部不产生任何摩擦力,没有切应力,也不能承受拉力。理想液体的流变性能特点为绝对的流动性和完全不可被压缩性,用数学模型表示即为切应力 $\tau = 0$ 和体积压缩应变 $\varepsilon_v = 0$。

绝对刚体又称为欧几里得体(Euclid body),这种物体根本不能变形,即其应变为零。在该物体上施加载荷后变形仍为零,当载荷达到某一临界值时物体立即断裂,不发生体积和形状方面的变化。其流变性能特点用数学模型表示为切应变 $\gamma = 0$ 和 $\varepsilon_v = 0$。

2. 单纯材料的流变性能

在工程实际中,有一些材料的流变性能也常常被理想化,即表现为纯弹性、纯粘性或纯塑性。而物体的复杂流变性能则可用这些单纯性能的不同组合来表示。常见的有:

（1）胡克体（Hooke body）：符合胡克弹性定律的物体称为胡克体。其流变性能特点是在受力后物体内部的切应力 τ 是切应变 γ 的线性函数，用数学形式表示为：$\tau = G\gamma$，其中 G 为剪切弹性模量。

（2）牛顿体（Newton body）：符合牛顿粘性定律的物体称为牛顿体。其流变性能特点为切应力和切应变速度成正比，用数学形式表示为：$\tau = \eta\dot{\gamma}$，其中 $\dot{\gamma} = \mathrm{d}\gamma/\mathrm{d}t$。

（3）圣维南体（Saint Venant body）：圣维南体又称为圣维南塑性体。其流动变形特点为在对物体施加切力后，当物体内部的切应力小于某一定值 τ_S 时，该物体就如同绝对刚体一样，不作任何变形。而当切应力大于 τ_S 时，物体就作流动形式的不可逆变形，其流动速度就是变形速度。与此同时，物体内的切应力保持为恒值，不再变化。用数学形式表示为：$\tau = \tau_S$ 或 $\sigma = \sigma_S$。

在流变学中，为研究方便起见，常用机械模型表示物体的流变性能。机械模型也可以用数学式来表示。此种数学式称为流变机械模型的结构公式。胡克体流变性能的机械模型是弹簧，如图 3-9 所示。图 3-9（a）表示作用在弹簧上的拉力为 P_H，它模拟切应力 τ，拉应力 σ 或外力 P；弹簧的刚度为 E^*，它模拟剪切弹性模量 G，拉伸弹性模量 E 或体积弹性模量 K；弹簧的变形量 Δl 模拟应变 γ, ε 或 ε_V。机械模型弹簧的变形与应力之间的关系式为

$$P_H = E^* \Delta l \tag{3-21}$$

为作图方便，胡克体机械模型弹簧的符号如图 3-9（b）所示。

牛顿体的机械模型为充满粘性液体的活塞油缸，如图 3-10 所示。在此油缸中充满油，活塞与缸壁之间有一缝隙，如图 3-10（a）所示。油缸的两端作用拉力为 P_N，模拟应力 τ 或 σ，油缸的移动速度为 $(\Delta l)^*$，模拟 $\dot{\gamma}$ 或 $\dot{\varepsilon}$，活塞移动过程中遇到的粘性阻力系数 η^* 模拟 η 或 λ。此油缸活塞的移动速度由牛顿定律决定：

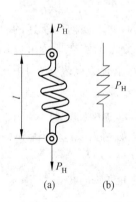

图 3-9　胡克体机械模型
（a）机械模型；（b）符号

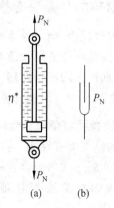

图 3-10　牛顿体机械模型
（a）机械模型；（b）符号

$$(\Delta l)^* = \frac{P_N}{\eta^*} \tag{3-22}$$

为简化作图过程,常用图 3-10(b)所示的符号表示机械模型油缸。

圣维南体的机械模型为干摩擦,如图 3-11 所示。P_S 模拟作用在圣维南体上的应力 τ 或 σ,而在摩擦面上的摩擦力 f_S 则模拟圣维南体的屈服极限值 τ_S 或 σ_S。当作用在物体上的 P_S 小于 f_S 值的时候,物体不能滑动,即不能变形。当 P_S 增大至等于 f_S 值时,物体可作等速度的滑动,即等速变形。因此该模型的滑动数学式为

$$P_S = f_S \tag{3-23}$$

有时干摩擦滑动会出现两种数值不一样的摩擦力,即静摩擦力和动摩擦力。前者指物体在受拉力 P_S 的情况下刚开始滑动时的摩擦力 f_S^{**},后者指物体滑动开始后的摩擦力 f_S^*,$f_S^{**} > f_S^*$。因此圣维南体机械模型的滑动规律还可写成:

$$P_S = f_S^{**}$$

或

$$P_S = f_S^*$$

f_S^{**} 称为上屈服极限,f_S^* 称为下屈服极限。在一般情况下,塑性体只有一个屈服极限,即 $f_S^{**} = f_S^*$。有时也有两个屈服极限值的塑性体,如软钢。金属在高温时的蠕变情况就和圣维南体的变形情况相似。当对高温金属施加载荷超过一定的数值时,金属出现在定载荷情况下变形量随时间不断增大的蠕变现象。为作图方便起见,机械模型干摩擦可用如图 3-11(b)所示的符号表示。

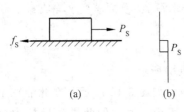

图 3-11　圣维南体机械模型
(a) 机械模型;(b) 符号

3.3.2　材料的复杂流变性能

在工程材料中,物体的流变性能往往是很复杂的,并不像前面所述的单纯弹性体、粘性体或塑性体那样。流变学的研究表明,不少复杂的流变性能可以用胡克弹性体、牛顿粘性体和圣维南塑性体的机械模型的相互组合予以表达,利用这些模型的不同组合就很简便地分析一些物体的复杂流变性能。

1. 采用机械模型研究材料的复杂流变性能的一些规则

物体的复杂流变性能,可以用胡克弹性体、牛顿粘性体和圣维南塑性体的串联、并联的不同形式的组合表示。

如物体的复杂流变性能用上述单纯流变性能的机械模型串联表示时(图 3-12),则

(1) 每个串联模型的全部载荷相互传递,因而

$$P = P_1 = P_2 = P_3 \tag{3-24}$$

式中,P, P_1, P_2, P_3 为复杂物体、第一、第二、第三个串联机械模型上受的载荷。

（2）整个串联系统发生的变形量和变形速度都将相应地是各个串联机械模型变形量和变形速度的总和，即

$$\Delta l = \Delta l_1 + \Delta l_2 + \Delta l_3 \tag{3-25}$$

$$(\Delta l)^* = (\Delta l_1)^* + (\Delta l_2)^* + (\Delta l_3)^* \tag{3-26}$$

式中，$\Delta l, \Delta l_1, \Delta l_2, \Delta l_3$ 为复杂物体、第一、第二、第三个串联机械模型的变形量。

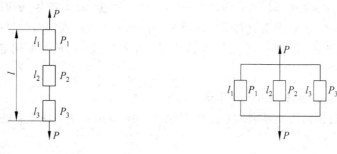

图 3-12　串联体　　　　　　　　　　　图 3-13　并联体

如果物体的复杂流变性能能用胡克体、牛顿体或圣维南体的相互并联来表示（图 3-13），则

（1）物体上的载荷 P 是各个并联机械模型所受载荷的总和，即

$$P = P_1 + P_2 + P_3 \tag{3-27}$$

（2）各个并联机械模型的变形量相等，其值也是物体本身的变形量，它们的变形速度也相等，即

$$\Delta l = \Delta l_1 = \Delta l_2 = \Delta l_3 \tag{3-28}$$

$$(\Delta l)^* = (\Delta l_1)^* = (\Delta l_2)^* = (\Delta l_3)^* \tag{3-29}$$

在结构公式中，用字母 H 表示机械模型的弹簧即胡克体；N 表示活塞油缸即牛顿体；S 表示干摩擦即圣维南体。还用水平线（—）表示串联，用竖线（｜）表示并联。并用小括号（　）、中括号［　］、大括号｛　｝表示各单纯物体的连接层次。

2. 开尔芬体（Kelvin body）

开尔芬体流变性能的机械模型如图 3-14 所示。该机械模型的结构公式为

$$K = H \mid N \tag{3-30}$$

即开尔芬体是牛顿体和胡克体的并联形式。由并联机械模型的规则，有

$$P_K = P_H + P_N \tag{3-31}$$

而 $P_H = E^* \Delta l, P_N = \eta^* (\Delta l)^*$ 故

$$P_K = E^* \Delta l + \eta^* (\Delta l)^* \tag{3-32}$$

将此式中机械模型参数所模拟的真实物理量代入，可

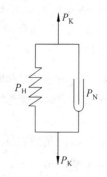

图 3-14　开尔芬体机械模型

得开尔芬体的本构方程（应力-应变关系方程）为

$$\tau = G\gamma + \eta\dot{\gamma}, \quad t > 0 \tag{3-33}$$

式中 $\tau, \gamma, \dot{\gamma}$ 都是时间 t 的函数。此微分方程的解为

$$\gamma = \exp\left[-\frac{G}{\eta}(t-t_0)\right]\left[\gamma_0 + \frac{1}{\eta}\int_{t_0}^{t} \tau\exp\left(\frac{G}{\eta}t\right)\mathrm{d}t\right] \tag{3-34}$$

式中，t_0 表示初始时刻，当 $t=t_0$ 时，$\gamma=\gamma_0$，故 γ_0 是 $t=t_0$ 时物体的初始变形。

建筑用的水泥横梁、沥青、粉末冶金中压制的压坯以及铸造生产中紧实后的粘土砂型、处于固液态的铸造合金等都具有和开尔芬体一样的流变性能，此类物体也称为粘弹性体。

3. 麦克斯韦体（Maxwell body）

麦克斯韦体流变性能的机械模型如图 3-15 所示。该机械模型的结构公式为

$$M = H—N \tag{3-35}$$

即麦克斯韦体是牛顿体和胡克体的串联形式。由串联机械模型的规定，有

$$(\Delta l)_M^* = (\Delta l)_H^* + (\Delta l)_N^* \tag{3-36}$$

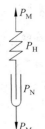

图 3-15　麦克斯韦体机械模型

式中 $(\Delta l)_M^*$，$(\Delta l)_H^*$，$(\Delta l)_N^*$ 分别为麦克斯韦体、牛顿体和胡克体模型的变形速度。式（3-36）还可写成

$$(\Delta l)_M^* = \frac{\dot{P}_H}{E^*} + \frac{P_N}{\eta^*} \tag{3-37}$$

将此式中机械模型参数所模拟的真实物理量代入可得麦克斯韦体的本构方程为

$$\dot{\gamma} = \frac{\dot{\tau}}{G} + \frac{\tau}{\eta}, \quad t > 0 \tag{3-38}$$

其通解为

$$\tau = \exp\left[-\frac{G}{\eta}(t-t_0)\right]\left[\tau_0 + G\int_{t_0}^{t} \dot{\gamma}\exp\left(\frac{G}{\eta}t\right)\mathrm{d}t\right] \tag{3-39}$$

式中，τ_0 表示时间为 t_0 时，在物体上加载所产生的切应力。

土壤、木材、沥青、塑料熔体等都具有麦克斯韦体的流变性能，此类材料也称为弹粘性体。

4. 施韦道夫体（Schwedoff body）

施韦道夫体流变性能的机械模型如图 3-16 所示。该机械模型的结构公式为

$$Sch = H—[(H—N)\mid S] \tag{3-40}$$

即施韦道夫体是胡克体串联一组由圣维南体与另一胡克体和牛顿体串联体所组成的并联模型。由于 $M=H—N$，故 $Sch=H—(M\mid S)$。施韦道夫体的本构方程为

$$\dot{\gamma} = \begin{cases} \dfrac{\dot{\tau}}{G_1} & \tau \leqslant \tau_S \\[3mm] \dfrac{\dot{\tau}}{G_1} + \dfrac{(\tau - \tau_S)^{\boldsymbol{\cdot}}}{G_2} + \dfrac{(\tau - \tau_S)}{\eta} & \tau > \tau_S, \ t > 0 \end{cases} \tag{3-41}$$

其解为

$$\tau - \tau_0 = G(\gamma - \gamma_0) \qquad \tau \leqslant \tau_S \tag{3-42}$$

$$\tau = \exp\left[-\frac{G_1 G_2 (t - t_0)}{(G_1 + G_2)\eta}\right]\left\{(\tau_0 - \tau_S) + \frac{G_1 G_2}{(G_1 + G_2)}\int_{t_0}^{t}\dot{\gamma}\exp\left[\frac{G_1 G_2 t}{(G_1 + G_2)\eta}\right]\mathrm{d}t\right\} + \tau_S$$

$$\tau > \tau_S, \qquad t > 0 \tag{3-43}$$

式中，τ_0 表示 $t = t_0$ 时进行加载的物体内的切应力。

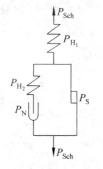

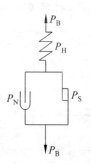

图 3-16　施韦道夫体机械模型　　　　　图 3-17　宾汉体机械模型

5. 宾汉体（Bingham body）

宾汉体是在 1910 年由 Bingham 提出来的。它的流变性能是施韦道夫体的一种特殊情况，即 $G_2 = \infty$。此时便可得到如图 3-17 所示的 Bingham 体流变性能的机械模型。其结构公式为 B＝H—(N|S)。因此宾汉体的本构方程可以通过将 $G_2 = \infty$ 代入式(3-41)得到：

$$\dot{\gamma} = \begin{cases} \dfrac{\dot{\tau}}{G} & \tau \leqslant \tau_S \\[3mm] \dfrac{\dot{\tau}}{G} + \dfrac{(\tau - \tau_S)}{\eta} & \tau > \tau_S, \ t > 0 \end{cases} \tag{3-44}$$

其解为

$$\tau = \exp\left[-\frac{G}{\eta}(t - t_0)\right]\left\{(\tau_0 - \tau_S) + G\int_{t_0}^{t}\dot{\gamma}\exp\left[\frac{G}{\eta}t\right]\mathrm{d}t\right\} + \tau_S \tag{3-45}$$

3.3.3 合金的流变性能

采用专用的装置可以测得各种合金(钢、铝合金、铜合金、镁合金等)的应变-时间曲线。在此基础上,可建立合金的流变模型和本构方程,并由此计算出在液相—固相共存的温度范围内的合金流变性能参数如弹性模量、粘度、屈服极限等。

图 3-18 是测得的 Al-Si 合金的应变-时间曲线。由该曲线可以看出,在较小的切应力($\tau < \tau_S$,τ_S 为屈服极限)时,发生弹性变形 γ_1 和粘弹性变形 γ_2;而在较大的切应力($\tau > \tau_S$)作用时,则除了弹性变形、粘弹性变形外,还出现塑性流动 γ_3。运用前面介绍的流变学知识对上述曲线进行分析,可以建立 Al-Si 合金在凝固温度范围内(液相—固相)的流变性能力学模型。该模型由宾汉体串联开尔芬体的组合表示,如式(3-46)所示,其机械模型如图 3-19 所示,常称为 5 元件模型。

$$T = H_1 - (S \mid N_1) - (H_2 \mid N_2) \tag{3-46}$$

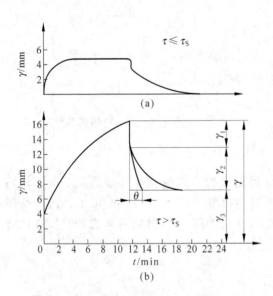

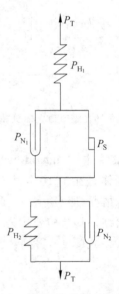

图 3-18 结晶温度范围内 Al-Si 合金的 γ-t 曲线(τ=常量)

图 3-19 结晶温度范围内 Al-Si 合金的流变性能机械模型

根据式(3-46)可以建立结晶温度范围内 Al-Si 合金的应力-应变关系(本构方程)如下:

$$\dot{\gamma} = \frac{\dot{\tau}}{G_1} + \frac{1}{\eta_2}(G_1 + G_2)\frac{\tau}{G_1} - \frac{G_2}{\eta_2}\gamma, \quad \tau \leqslant \tau_S \tag{3-47}$$

$$\dot{\gamma}=\frac{\eta_2}{G_2}\Big[\frac{\ddot{\tau}}{G_1}+\Big(\frac{G_1}{\eta_1}+\frac{G_1+G_2}{\eta_2}\Big)\frac{\dot{\tau}}{G_1}+\frac{G_2}{\eta_2}\frac{\tau-\tau_S}{\eta_1}-\ddot{\gamma}\Big],\quad \tau>\tau_S \qquad (3\text{-}48)$$

式中，G_1，G_2 为胡克体 H_1，H_2 的剪切弹性模量；η_1，η_2 为牛顿体 N_1，N_2 的动力粘度；τ_S 为圣维南体 S 的剪切屈服极限。

如果在 Al-Si 合金上所施加的载荷为常数值，则上面两式中 $\tau=\tau_c=$ 常数，故 $\dot{\tau}=0$，$\ddot{\tau}=0$，此时式(3-47)和式(3-48)的解分别为式(3-49)和式(3-50)：

$$\gamma=\frac{\tau_c}{G_1}+\frac{\tau_c}{G_2}\Big[1-\exp\Big(-\frac{G_2}{\eta_2}t\Big)\Big],\quad \tau_c\leqslant\tau_S \qquad (3\text{-}49)$$

$$\gamma=\frac{\tau_c}{G_1}+\frac{\tau_c}{G_2}\Big[1-\exp\Big(-\frac{G_2}{\eta_2}t\Big)\Big]+\frac{\tau_c-\tau_S}{\eta_1}t,\quad \tau_c>\tau_S \qquad (3\text{-}50)$$

对含碳 0.45％的铸钢在各种温度时的流变参数进行测定的结果表明，温度由液相线到固相线的转变过程中，铸钢的流变参数 G，η，τ_S 是在一个很大范围内变动。例如在 1496℃时 $G_1=0.00097\text{MPa}$，而在 1448℃时，$G_1=2.767\text{MPa}$，G_1 值在 48℃的温度范围内发生了近 4 个数量级的变化。在接近液相线时，G，η，τ_S 值都很小；而随着温度的降低，这些参数将逐渐增大。而到接近固相线的某一温度时，$G_1\text{-}t$，$G_2\text{-}t$，$\eta_1\text{-}t$，$\eta_2\text{-}t$，$\tau_S\text{-}t$ 等各曲线突然变陡，流变参数均以很大的速度增加。

综上所述，以铝合金、铜合金和铸钢为代表的大多数铸造合金，在液相线温度以上都是接近纯粘性的液体，故在浇注系统计算时可把此时的金属液看作是纯粘性体。但是，当温度降至液相线温度以下和固相线温度以上时，则合金除具有粘性外，还明显表现出具有弹性和塑性。这时，可用宾汉体串联开尔芬体的力学模型表示流变性能。随着合金温度降低，合金粘度、弹性模量和屈服极限逐渐升高。当温度降至接近固相线温度时，G，η，τ_S 都将变得很大。这种流变性能的变化对合金液的流动影响极大。

3.3.4 材料的半固态加工

20 世纪 70 年代初，美国陆军研究局与麻省理工学院合作研究"金属合金凝固的变形特性"。M. C. Flemings 等人在研制用于铅锡合金的高温粘度计时发现，在合金凝固期间给予剧烈搅拌时，枝晶全部破碎，得到的液固混合物中固体组分达 50％～60％，但粘度很小(图 3-20)。此时，在组织中分离开的球状固体质点，悬浮在仍是液态的金属基体中，成为半固态金属，而在液体内所受的剪力很均匀。从流变学来看，半固态金属是一种具有粘性的流动浆料。当固体组分所占比例较低时，粘度较小；随着

图 3-20　加热到半固态温度的铝合金半固态坯料

固体组分的增加,粘度逐渐增加。当固体组分达 50% 时,如不再进行搅拌,其粘度可达 $10^6\,\mathrm{Pa \cdot s}$。这样高粘度的金属,就像固体一样可以搬运。但是,当它受剪切力作用时,也就是当这种半固态金属被挤压到压铸机的型腔中时,则粘度迅速下降,金属就会平滑地流入型腔,形成零件。采用这种既非完全液态、又非完全固态的金属浆料加工成形的方法就称为金属的半固态加工技术。图 3-21 为半固态铸造过程的示意图。

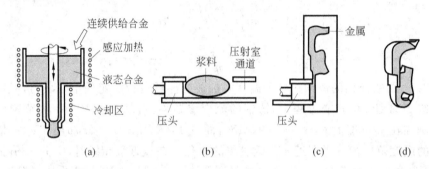

图 3-21　半固态铸造过程示意图
(a) 连续制备半固态浆料;(b) 将浆料送至压射室;(c) 成形过程;(d) 制品

由于半固态加工使用半固态金属浆料,当固态质点占 50% 时,即有 50% 的金属熔化潜热已经消失,同时加工温度相对较低(通常低于液相线温度),这样就显著降低了金属的温度和热量,减少了对金属压型等界面的热侵蚀作用,从而提高了压型寿命,并为高熔点合金的压铸提供了可能。此外,由于半固态金属有一定的粘性,因此,在压铸时没有涡流现象,卷入空气少,减少了疏松和气孔等。非铁金属(如铝合金)在液态下不易掺入填料,而在半固态下,因其粘度较大,便可在其中加入高达 40% 的填料,用来制备复合材料,如在铝合金中加入碎玻璃、碳化硅、石墨等,这已在工程上得到了应用。

合金在半凝固状态下呈现的类似液体流动并带有粘性特征的性质就是流变性。流变学是流变加工的理论基础之一。连续地或断续地剧烈搅拌与空气隔绝的液态金属,可制成具有均匀悬浮于二次相之中的初生固体质点的半固态金属。初生固体质点呈现衰退的树枝状,更接近球状。虽然固体质点和二次相都是从同一金属合金中生长出来的,但二次相的熔点低于初生固体质点,其成分也与固体质点不完全相同。

在制备的浆料中,初生固体呈不连续的、单个的、悬浮在金属母液中的晶粒。而未经搅拌的、正常凝固的合金,在凝固初期(固体组分占 15%~20% 时),具有彼此分离的枝晶。当温度继续下降时,又生成互相连接的网状枝晶组织,此时固体组分也随之增加。初生固体质点(在流变加工时)始终保持被液态基体(金属母液)分隔开的状态。因此,即使固态组分达到 60%~65% 时,这些质点也不会形成相互连接的网状组织。初生固体的特点是表面光滑,树枝状组织较少,更接近球形。

初生固体质点的大小和数量取决于合金成分、液固混合体的温度和搅拌程度。温度较低、搅拌不剧烈,则质点颗粒较大。固体质点可在 $1\sim10000\mu m$ 范围内,但通常是在 $100\sim200\mu m$ 之间。

3.4　材料加工中的热量传输

材料在加工过程中常常伴随有热的传递。传热有 3 种基本方式:热传导、对流和辐射。在凝固过程中,热传导是主要的传热方式。在研究热传导时,我们把物体看作是连续介质,并且假设物体是均匀和各向同性的。

铸型或锭模的传热直接影响铸件或铸锭凝固过程中的补缩,从而决定着冒口的大小、位置和数量;与此同时,它还影响晶体的生长速度以及液体金属在凝固过程中的流动,从而决定着晶体形貌和溶质的偏析情况。这些对铸造金属材料的使用性能无疑会产生很大影响。

在焊接过程中,焊件上的温度场对焊接应力、焊缝组织和性能的变化以及焊接变形等有重要影响。

3.4.1　凝固传热

在材料的液态成形中,铸件凝固过程是最重要的过程之一,大部分铸件缺陷产生于这一过程。凝固过程的传热计算对优化铸造工艺、预测和控制铸件质量、防止各种铸造缺陷以及提高生产效率都非常重要。但是,铸件凝固传热的分析解法比一般物体的导热计算复杂得多:如不规则的铸件几何形态、合金液固界面或凝固区域内结晶潜热的处理、铸件铸型界面热阻的存在、铸件与外界环境的热交换、热物理参数的选取等均给工程计算带来困难,所以在实际计算时常常采用数值计算法。

1. 铸件凝固传热的数学模型

液态金属浇入铸型后在型腔内的冷却凝固过程,是一个通过铸型向周围环境散热的过程。在这个过程中,铸件和铸型的内部温度分布是随时间而变化的。从传热方式看,这一散热过程是按导热、对流及辐射三种方式综合进行的。显然,对流和辐射主要发生在边界上。当液态金属充满型腔后,如果不考虑铸件凝固过程中液态金属发生的对流现象,铸件凝固过程可看成是一个不稳定导热过程,因此铸件凝固过程的数学模型符合不稳定导热偏微分方程。但必须考虑铸件凝固过程中的潜热释放。

假定单位体积、单位时间内固相部分的增加率为 $\partial f_S/\partial t$。释放的潜热为

$$\rho L \frac{\partial f_S}{\partial t}$$

式中，ρ——材质的密度，kg/m^3；

　L——结晶潜热，J/kg；

　f_s——凝固时固相的份数。

因此，考虑了潜热的不稳定时导热微分方程如下：

对于一维系统

$$\rho c \frac{\partial T}{\partial t} = \frac{\partial}{\partial x}\left(\lambda \frac{\partial T}{\partial x}\right) + \rho L \frac{\partial f_s}{\partial t} \tag{3-51}$$

对于二维系统

$$\rho c \frac{\partial T}{\partial t} = \frac{\partial}{\partial x}\left(\lambda \frac{\partial T}{\partial x}\right) + \frac{\partial}{\partial y}\left(\lambda \frac{\partial T}{\partial y}\right) + \rho L \frac{\partial f_s}{\partial t} \tag{3-52}$$

对于三维系统

$$\rho c \frac{\partial T}{\partial t} = \frac{\partial}{\partial x}\left(\lambda \frac{\partial T}{\partial x}\right) + \frac{\partial}{\partial y}\left(\lambda \frac{\partial T}{\partial y}\right) + \frac{\partial}{\partial z}\left(\lambda \frac{\partial T}{\partial z}\right) + \rho L \frac{\partial f_s}{\partial t} \tag{3-53}$$

式中，λ——材料的热导率，$W/(m \cdot K)$；

　c——材料的比热容，$J/(kg \cdot K)$；

　T——温度，K。

此外，影响铸件凝固过程的因素众多，在求解中若要把所有的因素都考虑进去是不现实的。因此对铸件凝固过程必须作合理的简化，为了问题的求解，一般作如下基本假设：

（1）认为液态金属在瞬时充满铸型后开始凝固——假定初始液态金属温度为定值，或为已知各点的温度值。

（2）不考虑液、固相的流动——传热过程只考虑导热。

（3）不考虑合金的过冷——假定凝固是从液相线温度开始，固相线温度结束。

根据以上假设则可得到铸件凝固数学模型。以一维系统为例，在铸件中不稳定导热的控制方程表达式为

$$\rho_1 c_1 \frac{\partial T}{\partial t} = \frac{\partial}{\partial x}\left(\lambda_1 \frac{\partial T}{\partial x}\right) + \rho_1 L \frac{\partial f_s}{\partial t} \tag{3-54}$$

式中，ρ_1——铸件的密度，kg/m^3；

　λ_1——铸件的热导率，$W/(m \cdot K)$；

　c_1——铸件的比热容，$J/(kg \cdot K)$。

式(3-54)左边表示铸件中的热积蓄项（单位时间内能的变化），右边第一项表示导热项，第二项为潜热项。

在铸型中，不稳定导热的控制方程表达式为

$$c_2 \rho_2 \frac{\partial T}{\partial t} = \frac{\partial}{\partial x}\left(\lambda_2 \frac{\partial T}{\partial x}\right) \tag{3-55}$$

式中，ρ_2——铸型材料密度，kg/m^3；

　λ_2——铸型材料热导率，$W/(m \cdot K)$；

c_2——铸型材料比热容,J/(kg·K)。

初始条件的处理:根据基本假设(1),认为铸型被瞬时充满,故有

$$\left.\begin{array}{l} T(x,0) = T_{01}\text{(在铸件区域中)} \\ T(x,0) = T_{02}\text{(在铸型区域中)} \end{array}\right\} \tag{3-56}$$

一般,T_{01}定为等于或略低于浇注温度,T_{02}为室温或铸型预热温度。假定在浇注瞬间,因铸件尚未开始凝固,铸型和液态金属的接触是完全的,其共同的界面温度为T_i。除了界面附近外,离界面较远处的液体金属和铸型温度尚未来得及变化,仍保持浇注温度T_p和浇注时的铸型温度T_0,如图3-22所示。

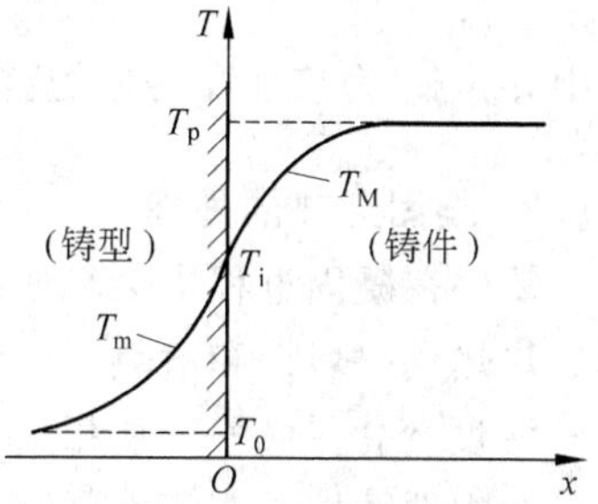

下面分析求T_i和界面附近温度的过程。在界面附近可以假定只有一维导热,即服从

图 3-22 界面初始温度

$$\frac{\partial T}{\partial t} = a \frac{\partial^2 T}{\partial x^2} \tag{3-57}$$

式(3-57)的通解为

$$T = A + B\,\mathrm{erf}\left(\frac{x}{2\sqrt{at}}\right) \tag{3-58}$$

在铸件一侧,当$x=0$时,$T=T_i$;$x=\infty$时,$T=T_p$。分别代入式(3-58)可得

$$A = T_i; \quad B = T_p - T_i$$

于是有

$$T_M = T_i + (T_p - T_i)\,\mathrm{erf}\left(\frac{x}{2\sqrt{a_M t}}\right) \tag{3-59}$$

在铸型一侧,当$x=-\infty$时,$T=T_0$;$x=0$时,$T=T_i$。分别代入式(3-58)得到

$$A = T_i; \quad B = T_i - T_0$$

于是有

$$T_m = T_i + (T_i - T_0)\,\mathrm{erf}\left(\frac{x}{2\sqrt{a_m t}}\right) \tag{3-60}$$

式中,T_M,T_m——铸件和铸型温度;

a_M,a_m——铸件和铸型的热扩散率。

在界面上应有

$$\lambda_M \left(\frac{\partial T_M}{\partial x}\right)_{x=0} = \lambda_m \left(\frac{\partial T_m}{\partial x}\right)_{x=0} \tag{3-61}$$

因为

$$\left(\frac{\partial T_M}{\partial x}\right)_{x=0} = \frac{T_p - T_i}{\sqrt{\pi a_M t}}$$

$$\left(\frac{\partial T_m}{\partial x}\right)_{x=0} = \frac{T_i - T_0}{\sqrt{\pi a_m t}}$$

所以代入式(3-61)后得

$$T_i = \frac{b_m T_0 + b_M T_p}{b_m + b_M} \qquad (3-62)$$

式中，b_M，b_m 为铸件和铸型的蓄热系数，$b = \sqrt{\lambda \rho c}\left(上面式中 a = \frac{\lambda}{\rho c}\right)$。

2. 凝固潜热的处理

铸件在凝固过程中会释放出大量的潜热。铸件凝固冷却过程实质上是铸件内部过热热量(显热)和潜热不断向外散失的过程。显热的释放与材料的比定压热容 c_p 和温度变化量 ΔT 密切相关；而潜热的释放仅取决于材质本身发生相变时所反映出的物理特性。在铸件凝固冷却过程释放出的总热量中，金属过热的热量仅占 20% 左右，凝固潜热约占 80%。凝固潜热占有很大的比例。以纯铜为例，凝固潜热 L 为 211.5kJ/kg，在熔点附近的液态比定压热容 c_{pL} 为 0.46kJ/(kg·℃)，则可由下式求出其等效温度区间 ΔT^*：

$$\Delta T^* = \frac{L}{c_{pL}} \qquad (3-63)$$

对于纯铜 ΔT^* 为 456℃，即表明凝固时放出的潜热量相当于温度下降 456℃ 时所放出的显热。可见，潜热对铸件凝固数值计算的精度起着非常关键的作用。

式(3-51)～式(3-53)为表示考虑了凝固潜热释放的不稳定导热偏微分方程。如对于式(3-51)表示的一维问题：

$$\rho c \frac{\partial T}{\partial t} = \frac{\partial}{\partial x}\left(\lambda \frac{\partial T}{\partial x}\right) + \rho L \frac{\partial f_s}{\partial t}$$

作如下变更：

$$\rho L \frac{\partial f_s}{\partial t} = \rho L \frac{\partial f_s}{\partial T} \frac{\partial T}{\partial t}$$

并把潜热项移到左边，则成为

$$\rho\left(c - L \frac{\partial f_s}{\partial T}\right)\frac{\partial T}{\partial t} = \frac{\partial}{\partial x}\left(\lambda \frac{\partial T}{\partial x}\right) \qquad (3-64)$$

可见，如果固相份数 f_s 和温度 T 的关系已知，则式(3-64)就能很容易地进行数值求解。

由于合金材质不同，潜热释放的形式也不同，在数值计算中也应采取不同的潜热处理方法。常用的方法有：温度补偿法、等价比热法、热焓法等。

3. 传热条件的简化

在讨论或分析铸件的实际凝固过程时，在某些条件下可以忽略一些次要因素，从而使问题大大简化。以图 3-23 所示的一维导热的铸件凝固过程为例，即将铸件、铸型和涂料层看作三层无限大平板组成的导热体,将铸件和铸型中的温度分布近似看作直线,则根据 Fourier(傅里叶)导热定律,铸件中的导热热流密度(单位面积的导热热流量)为

$$q_1 = \frac{\lambda_c}{x_1}(T_k - T_{i1}) = \frac{\lambda_c}{x_1}\Delta T_1$$

铸件与铸型界面的换热热流密度(单位面积的换热热流量)为

$$q_2 = \alpha_i(T_{i1} - T_{i2}) = \alpha_i \Delta T_2$$

铸型中的导热热流密度为

$$q_3 = \frac{\lambda_m}{x_2}(T_{i2} - T_m) = \frac{\lambda_m}{x_2}\Delta T_3$$

上面各式中,λ_c 为铸件导热系数;λ_m 为铸型导热系数;α_i 为界面换热系数;x_1,x_2 如图 3-23 所示。由于这一传热过程无热源和热阱,因此

$$q_1 = q_2 = q_3$$

于是得

$$\frac{x_1}{\lambda_c} : \frac{1}{\alpha_i} : \frac{x_2}{\lambda_m} = \Delta T_1 : \Delta T_2 : \Delta T_3$$

$$(3\text{-}65)$$

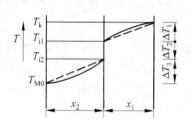

图 3-23　一维导热的逐层凝固过程
传热分析

T_k—凝固界面温度;T_{M0}—铸型原始温度;T_{i1}—铸件与铸型界面铸件温度;
T_{i2}—铸件与铸型界面铸型温度

式中 $\frac{x_1}{\lambda_c}$,$\frac{1}{\alpha_i}$,$\frac{x_2}{\lambda_m}$ 称为热阻。由式(3-65)可以

看出,热阻大的环节温度降就大,称为传热的控制环节。令 $k_1 = \frac{1/\alpha_i}{x_1/\lambda_c} = \frac{\Delta T_2}{\Delta T_1}$,$k_2 = \frac{1/\alpha_i}{x_2/\lambda_m} = \frac{\Delta T_2}{\Delta T_3}$,可把凝固过程的传热条件简化为以下几种情况:

(1) $k_1 \ll 1$,$k_2 \ll 1$,这时可认为界面是理想接触的,界面热阻可以忽略。该传热条件接近于压铸及金属型铸造过程。

(2) $k_1 \gg 1$,$k_2 \gg 1$,这时表明凝固过程是由界面热阻控制的。这一传热条件接近于厚的涂料隔离下的金属型铸造过程。

(3) $k_1 \ll 1$,$k_2 \gg 1$,这时热阻主要存在于凝固层中。该传热条件常见于金属快速凝固过程。

(4) $k_1 \gg 1$,$k_2 \ll 1$,这时热阻主要存在于铸型中。砂型铸造的传热与该条件相近。

在上述四种条件下,凝固过程的传热问题可以大大简化。

4. 凝固层厚度与凝固时间的计算

假设：

（1）金属/铸型界面为无限大平面，铸件与铸型壁厚均为无限大；

（2）与液体金属接触的铸型表面温度在浇注后立即达到金属的表面温度，且保持不变；

（3）凝固是在恒温下进行；

（4）除结晶潜热外，在凝固过程中没有任何其他热量释放出来；

（5）金属与铸型的热物理性质不随时间而变化；

（6）金属液的对流作用所引起的温度场变化可忽略不计。

假设铸件铸型界面处温度为 T_i，铸件浇注温度为 T_p，铸件凝固温度为 T_s，铸型初始温度为 T_0，则由上面的假设：$T_i = T_p = T_s$。

由式(3-60)得铸型内的温度分布为

$$T_m = T_i + (T_0 - T_i)\operatorname{erf}\frac{x}{2\sqrt{a_m t}}, \quad x \geqslant 0 \tag{3-66}$$

式中 $a_m = \lambda_m / c_m \rho_m$ 为铸型的热扩散系数。将式(3-66)对 x 求导可得铸型内距铸件铸型界面 x 处的温度梯度为

$$\frac{\partial T_m}{\partial x} = (T_0 - T_i)\frac{1}{\sqrt{\pi a_m t}}\exp\left(-\frac{x^2}{4 a_m t}\right) \tag{3-67}$$

根据 Fourier 导热定律，可求得在时刻 t、距铸件铸型界面为 x 处的比热流量（单位面积的热流量）为

$$q_m = \lambda_m (T_i - T_0)\frac{1}{\sqrt{\pi a_m t}}\exp\left(-\frac{x^2}{4 a_m t}\right) \quad (\text{W/m}^2) \tag{3-68}$$

于是在时刻 t 通过铸件铸型界面处($x=0$)的比热流量为

$$q_f = \lambda_m (T_i - T_0)\frac{1}{\sqrt{\pi a_m t}} \quad (\text{W/m}^2) \tag{3-69}$$

所以在 $0\sim t$ 这段时间内，流过铸型单位面积受热表面的热量即为

$$Q_f = \int_0^t q_f \mathrm{d}t = \int_0^t \lambda_m (T_i - T_0)\frac{1}{\sqrt{\pi a_m t}}\mathrm{d}t = 2\lambda_m (T_i - T_0)\sqrt{\frac{t}{\pi a_m}} \quad (\text{J/m}^2) \tag{3-70}$$

由蓄热系数的定义 $b = \sqrt{\lambda c \rho} = \lambda/\sqrt{a}$，代入式(3-70)得到在 $0\sim t$ 这段时间内流过铸型单位面积受热表面的热量为

$$Q_f = \frac{2b_m}{\sqrt{\pi}}(T_i - T_0)\sqrt{t} \quad (\text{J/m}^2) \tag{3-71}$$

由式(3-71)可以看出，Q_f 与铸型的蓄热系数 b_m 成正比。物体的蓄热系数表示物体向与其接触的高温物体吸热的能力。它是一个综合衡量物体在热流流过时蓄

热与导热能力的物理量。蓄热系数的物理意义从日常生活经验中也很容易理解，例如冬天用手摸钢铁和木头(在它们的温度相同时)，总是感觉钢铁比较凉，这是因为钢铁的蓄热系数要比木头的大 30 倍，因而在其他条件相同时，钢铁从手那里吸收的热量就远较木头为多之故。

单位体积液态金属(铸件)的凝固放热为

$$Q'_c = \rho_c L \qquad (J/m^3) \tag{3-72}$$

式中 ρ_c 为金属的密度，L 为金属的凝固潜热。设铸件在 t 时刻的凝固层厚度为 ξ，则在凝固过程中铸件单位表面积放出的热量 Q''_c 为

$$Q''_c = \xi Q'_c = \xi \rho_c L \qquad (J/m^2) \tag{3-73}$$

假设铸件凝固过程中，铸件放出的热量全部由铸型吸收，则式(3-71)与式(3-73)应相等，故有

$$\frac{2b_m}{\sqrt{\pi}}(T_i - T_0)\sqrt{t} = \xi \rho_c L \tag{3-74}$$

所以铸件凝固层厚度 ξ 为

$$\xi = \frac{2b_m}{\sqrt{\pi}\rho_c L}(T_i - T_0)\sqrt{t} = K\sqrt{t} \qquad (m) \tag{3-75}$$

式中 $K = \frac{2b_m}{\sqrt{\pi}\rho_c L}(T_i - T_0)$ $(m/s^{1/2})$，K 称为凝固系数。式(3-75)即为著名的 Chvorinov(哈佛里诺夫)法则，也称为铸件凝固的平方根定律。它指出了铸件凝固层厚度 ξ 与凝固时间 t 的平方根成正比。

上面假设液体金属内部没有温度差，且金属的浇注温度等于凝固温度，即近似于纯金属的凝固。实际上大多数铸造金属均为合金，均是在过热到液相线以上某一温度 T_p 浇注，且凝固是在一个温度区间 $[T_L, T_S]$ 进行，这时凝固温度不等于 T_p，而且不是一个固定的温度。但为处理方便，可假设凝固温度 $T_N = (T_L + T_S)/2$。这时，金属除放出其过热度 $(T_p - T_L)$ 或 $(T_p - T_N)$ 的热量外，还放出凝固潜热。因此单位体积液态金属的凝固放热 Q'_c 为

$$Q'_c = \rho_c[L + c_c(T_p - T_N)] \qquad (J/m^3) \tag{3-76}$$

式中 c_c 为铸件金属的比热。设铸件在 t 时刻的凝固层厚度为 ξ，则在凝固过程中铸件单位表面积放出的热量 Q''_c 为

$$Q''_c = \xi Q'_c = \xi \rho_c[L + c_c(T_p - T_N)] \qquad (J/m^2) \tag{3-77}$$

假设铸件凝固过程中，单位面积铸件放出的热量全部由铸型吸收，则式(3-71)与式(3-77)应相等，故有：

$$\frac{2b_m}{\sqrt{\pi}}(T_i - T_0)\sqrt{t} = \xi \rho_c[L + c_c(T_p - T_N)] \tag{3-78}$$

所以铸件凝固层厚度 ξ 为

$$\xi = \frac{2b_m(T_i - T_0)}{\sqrt{\pi}\rho_c[L + c_c(T_p - T_N)]}\sqrt{t} = K'\sqrt{t} \quad \text{(m)} \quad (3\text{-}79)$$

式中

$$K' = \frac{2b_m(T_i - T_0)}{\sqrt{\pi}\rho_c[L + c_c(T_p - T_N)]} \quad \text{(m/s}^{1/2}) \quad (3\text{-}80)$$

K'为凝固系数。它与液态金属的化学成分、过热度、金属和铸型的热物理性质有关。严格地说,在凝固过程中,铸件的凝固系数K'不是一个定值。通常凝固系数由实验确定,但若已知铸件和铸型的热物理性质,则可根据式(3-80)计算出。

几点说明:

(1) 若平板铸件的厚度为δ,则当凝固层厚度$\xi = \delta/2$时,该平板已凝固完毕,则由式(3-75)可求得平板铸件全部凝固时间为

$$t_f = \frac{\xi^2}{K^2} = \frac{\delta^2}{4K^2} \quad \text{(s)} \quad (3\text{-}81)$$

在已知凝固系数的情况下,也可由式(3-81)求出相应时刻平板铸件的凝固层厚度ξ。

对于任意形状铸件,其体积为V,表面积为S。若包围铸件的铸型很厚,这时对铸件各个面,式(3-71)都是成立的。经过时间t_f铸件全部凝固,且铸件凝固所放出的热量是均匀地从其表面传给铸型,则根据式(3-71),铸型在$0\sim t$这段时间内所吸收的总热量$\sum Q_f$为

$$\sum Q_f = \frac{2b_m S}{\sqrt{\pi}}(T_i - T_0)\sqrt{t_f} \quad \text{(J)} \quad (3\text{-}82)$$

根据式(3-76),铸件全部凝固时所放出的总热量Q_c为

$$Q_c = VQ'_c = V\rho_c[L + c_c(T_p - T_N)] \quad \text{(J)} \quad (3\text{-}83)$$

铸件凝固放热全部由铸型吸收,则式(3-82)与式(3-83)相等,故可得

$$t_f = \frac{\left(\dfrac{V}{S}\right)^2}{K^2} = \frac{R^2}{K^2} \quad \text{(s)} \quad (3\text{-}84)$$

式(3-84)中,K是凝固系数,而R称为当量厚度(折算厚度或模数),$R = V/S$。因此,式(3-84)又称为当量厚度法则。它适用于计算任意形状铸件的凝固时间。它揭示出铸件凝固时间与其形状无关、而与其当量厚度的平方成正比的规律。

式(3-84)只是一个近似关系。当铸件形状差异不大时,式(3-84)可以用作比较不同铸件(同种合金在同种材料铸型中凝固)的凝固时间,但不能作为准确计算凝固时间的公式。

(2) 凝固金属和铸型材料性质是影响凝固时间的两个主要因素。铸件材料熔点越高,凝固速度越快;铸件凝固潜热越大,凝固速度越慢;铸型蓄热系数越大,

凝固速度就越快。生产中常常利用不同材料具有不同蓄热系数的条件,来调节铸件不同部位的冷却(凝固)速度。例如冷铁用于提高铸件的凝固速度,耐火材料用于降低铸件的凝固速度以及冒口的保温。

3.4.2 焊接过程的传热特点

熔焊时,被焊金属在热源的作用下被加热并发生局部熔化,当热源离开后,金属开始冷却。这种加热和冷却的过程被称为焊接热过程,它是影响焊接质量和生产率的主要因素之一。对焊接热过程进行准确的分析计算和测定是进行焊接冶金分析、焊接应力应变分析和对焊接热过程进行控制的前提。然而,焊接过程的传热问题十分复杂,给研究工作带来许多困难,具体体现在以下四个方面:加热过程的局部性,加热的瞬时性,焊接热源是移动的,焊接传热是复合传热过程。

焊接温度场在绝大多数情况下是不稳定温度场。但是,当一个具有恒定功率的焊接热源,在给定尺寸的焊件上作匀速直线移动时,开始一段时间内温度场是不稳定的,但经过相当一段时间以后便达到了饱和状态,形成了暂时稳定的温度场,称为准稳定温度场。此时焊件上每点的温度虽然都随时间而改变,但当热源移动时,则发现这个温度场与热源以同样的速度跟随。如果采用移动坐标系,将坐标的原点与热源的中心相重合,则焊件上各点的温度只取决于系统的空间坐标,而与时间无关。一般焊接温度场计算都是采用这种移动坐标系。

1. 集中热源作用下的非稳态导热

焊接、激光加热等技术都属于非稳态导热问题。采用解析法计算温度场时,常将其看作集中热源作用下的非稳态导热,而瞬时集中热源作用下温度场的计算是这类导热问题分析的基础。本节先介绍瞬时集中热源作用下的温度场,然后再介绍连续热源作用下温度场的模型及其求解。

(1) 瞬时集中点状热源作用下的温度场

热源作用在无限大物体内某点时(即相当于点状热源),假如是瞬时把热源的热能 Q 作用在无限大物体内的某点上的,则距热源为 R 的某点经 t 秒后,该点的温度 T 可利用下式:

$$\frac{\partial T}{\partial t} = a\left(\frac{\partial^2 T}{\partial x^2} + \frac{\partial^2 T}{\partial y^2} + \frac{\partial^2 T}{\partial z^2}\right)$$

进行求解,并且假定工件的初始温度均为 0℃,同时不考虑表面散热问题。把上述的具体条件代入后所求得的特解为

$$T = \frac{Q}{c\rho(4\pi at)^{3/2}}\exp\left(-\frac{R^2}{4at}\right) \tag{3-85}$$

式中,Q——热源在瞬时提供给工件的热能;

R——距热源的坐标距离,$R = (x^2 + y^2 + z^2)^{1/2}$;

t——传热时间；

a——材质的热扩散率。

由式(3-85)可以看出，在这种情况下所形成的温度场，是以 R 为半径的一个个等温球面。但在熔焊的条件下，热源传给焊件的热能是通过焊件表面进行的，故常称为半无限体。这时应把式(3-85)进行修正，即认为全部的热能被半无限体所获得，则

$$T = \frac{2Q}{c\rho(4\pi at)^{3/2}}\exp\left(-\frac{R^2}{4at}\right) \tag{3-86}$$

式(3-86)就是厚大件(属于半无限体)瞬时集中点状热源的传热计算公式。由此式可知，热源提供给焊件热能之后，距热源为 R 的某点温度的变化是时间 t 的函数。很明显，其等温面呈现为一个个半球面状。

（2）瞬时集中线状热源作用下的温度场

当热源集中作用在厚度为 h 的无限大薄板上时(即相当于线状热源，沿板厚方向热能均匀分布)，假如是瞬时把热能 Q 作用在工件某点上的，则距热源为 r 的某点，经 t 秒后该点的温度可由二维导热微分方程式

$$\frac{\partial T}{\partial t} = a\left(\frac{\partial^2 T}{\partial x^2} + \frac{\partial^2 T}{\partial y^2}\right)$$

进行求解。为简化计算，可假设工件的初始温度为 0℃，暂不考虑工件与周围介质的换热问题。经运算求得的特解为

$$T = \frac{Q}{4\pi\lambda ht}\exp\left(-\frac{r^2}{4at}\right) \tag{3-87}$$

式中，$r = (x^2 + y^2)^{1/2}$。

式(3-87)即为瞬时集中线状热源(薄板)的传热计算公式。此时由于没有 z 向传热，其等温线呈现为以 r 为半径的平面圆环。

（3）表面散热和累积原理

① 表面散热　前面所讨论的焊接传热计算，都没有考虑表面散热的影响。对于厚大件，表面散热相对很小，可以忽略不计；但对于薄板和细棒，其表面散热却不能忽视，因为它对温度的影响较大。

焊接薄板时应考虑表面散热，此时导热微分方程式为

$$\frac{\partial T}{\partial t} = a\left(\frac{\partial^2 T}{\partial x^2} + \frac{\partial^2 T}{\partial y^2}\right) - bT$$

式中 b 为薄板的散温系数，$b = \dfrac{2\alpha}{c\rho h}$，单位为 1/s，其中 α 为表面传热系数。其特解为

$$T = \frac{Q}{4\pi\lambda ht}\exp\left(-\frac{r^2}{4at} - bt\right) \tag{3-88}$$

由式(3-88)看出，焊接薄板时，如考虑表面散热，只要将薄板的传热公式(3-87)乘

以 $\exp(-bt)$ 即可。

② 累积原理(或叠加原理)　假如有若干不相干的独立热源作用在同一焊件上,则焊件上某点的温度应等于各独立热源对该点产生作用的总和,即

$$T = \sum_{i=1}^{n} T(r_i, t_i) \qquad (3\text{-}89)$$

式中,r_i——第 i 个热源与计算点之间的距离;

t_i——第 i 个热源相应的传热时间。

(4) 连续集中热源作用下的温度场

在电弧焊的条件下,连续作用的热源主要有两种情况,即连续固定热源(相当于补焊缺陷)和连续移动热源(相当于正常焊接或堆焊)。以厚大件点状连续移动热源的温度场为例,连续集中移动热源可以看作是无数个瞬时集中热源在不同瞬间与不同位置的共同作用。利用累积原理,把每个瞬时热源使工件上 A 点产生的微小温度变化都总和起来,即

$$T(A, t) = \int_0^t \mathrm{d}T_A$$

应用式(3-86),则

$$T = \int_0^t \frac{2q}{c\rho[4\pi a(t-t')]^{3/2}} \exp\left[-\frac{R'^2}{4a(t-t')}\right]\mathrm{d}t'$$

式中 $R'^2 = (x_0 - vt')^2 + y_0^2 + z_0^2$(即热源在 O' 点时,对 A 点的瞬时坐标距离,如图 3-24 所示);q 为热源的有效热功率。

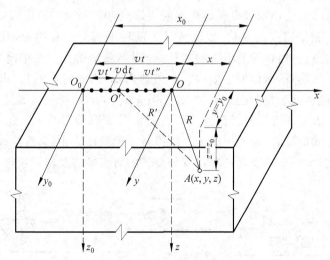

图 3-24　点状连续移动热源的传热模型

为了求解,采用移动式坐标,即以热源所在的位置为原点,则得

$$T(x,y,z,t) = \frac{2q}{c\rho(4\pi a)^{3/2}}\exp\left(-\frac{vx}{2a}\right)\int_0^t \frac{\mathrm{d}t''}{t''^{3/2}}\exp\left(-\frac{v^2 t''}{4a}-\frac{R^2}{4at''}\right) \quad (3\text{-}90)$$

式中，$R^2 = x^2 + y^2 + z^2$，$x = x_0 - vt$，$y = y_0$，$z = z_0$，$t'' = t - t'$；v 为焊接速度。

当 $t \to \infty$，令 v＝常数，q＝常数，令 $u^2 = \dfrac{R^2}{4at''}$，$m^2 = \dfrac{R^2 v^2}{16a^2}$，代入式(3-90)，并且有

$$\int_0^\infty e^{-u^2 - \frac{m^2}{u^2}}\mathrm{d}u = \frac{\sqrt{\pi}}{2}e^{-2m}$$

经运算后得出

$$T = \frac{q}{2\pi\lambda R}\exp\left(-\frac{vx}{2a}-\frac{Rv}{2a}\right) \quad (3\text{-}91)$$

式(3-91)即厚大件上焊接(或堆焊)时极限饱和状态下的传热计算公式。要注意的是，此处 R 应为焊件上某点与计算时刻热源所在点之间的实际距离。

采用与点状连续移动热源相同的分析方法(采用移动式坐标)，经整理后可得到线状连续移动热源的传热计算公式：

$$T = \frac{q}{2\pi\lambda h}\exp\left(-\frac{vx}{2a}\right)K_0\left(r\sqrt{\frac{v^2}{4a^2}+\frac{b}{a}}\right) \quad (3\text{-}92)$$

式中，$K_0(u) = \sqrt{\dfrac{\pi}{2u}}\exp(-u)\left[1 - \dfrac{1}{8u} + \dfrac{1\times3^2}{2!(8u)^2} - \dfrac{1\times3^2\times5^2}{3!(8u)^3} + \cdots\right]$ 称为贝氏函数近似表达式，是一个无穷收敛级数，已知 u 值后，可查表获得其值。

2. 焊接复合传热

熔焊时电弧热量使被焊金属熔化并形成熔池(图 3-25(a))，电弧以恒定速度 v 沿 x 轴移动。根据温度的变化，熔池可分为前后两部分。在熔池前部，输入的热量大于散失的热量，所以随着电弧的移动，金属不断地熔化。在熔池后部，散失的热量多于输入的热量，所以发生凝固。在熔池内部，由于自然对流、电磁力和表面张力的驱动，流体处于复杂的运动状态，如图 3-25(b)，(c)所示。而且，熔池中液态金属的流动对熔池的形态及其温度分布有着极其重要的影响。因此，焊接传热应是多种传热方式的综合，熔池中的传热应以液体的对流为主，而熔池外的传热应以固体导热为主，同时工件表面还存在着与空气的对流换热及辐射换热。

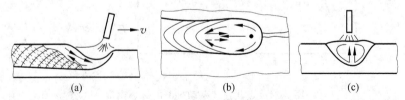

(a)   (b)   (c)

图 3-25　焊接熔池中液体的流动示意图

(a) 正视图；(b) 俯视图；(c) 侧视图

习　题

1. 以实例分析流体在运动过程中产生吸气现象的条件。

2. 在铸型的浇注过程中,铸型与液态金属界面上的温度分布是否均匀? 其程度与哪些因素有关?

3. 对凝固潜热的处理有哪些方法? 如何合理地选用?

4. 用平方根定律计算凝固时间,其误差对半径相同的球体和圆柱体来说,何者为大? 对大铸件和小铸件来说何者为大? 对熔点高者和熔点低者何者为大?

5. 在热处理的数值计算中,热物性参数如何确定? 为何特别强调表面传热系数的作用? 如何选择和确定表面传热系数?

6. 焊接热过程的复杂性体现在哪些方面?

7. 焊接热源有哪几种模型? 焊接传热的模型有哪几种?

8. 热源的有效功率 $q=4200\mathrm{W}$,焊速 $v=0.1\mathrm{cm/s}$,在厚大件上进行表面堆焊,试求准稳态时 A 点($x=-2.0\mathrm{cm}$,$y=0.5\mathrm{cm}$,$z=0.3\mathrm{cm}$)的温度(低碳钢的热物性参数: $a=0.1\mathrm{cm^2/s}$,$\lambda=0.42\mathrm{W/(cm\cdot ℃)}$)。

参 考 文 献

1　吴德海,任家烈,陈森灿. 近代材料加工原理.北京:清华大学出版社,1997

2　Flemings M C. Solidification Processing. McGraw-Hill, Inc. ,1974

3　陈平昌,朱六妹,李赞. 材料成形原理.北京:机械工业出版社,2002

4　胡汉起. 金属凝固原理. 第2版.北京:机械工业出版社,2000

5　周尧和,胡壮麒,介万奇. 凝固技术.北京:机械工业出版社,1998

6　林柏年. 铸造流变学.哈尔滨:哈尔滨工业大学出版社,1991

7　安阁英. 铸件形成理论.北京:机械工业出版社,1990

8　谢水生,黄声宏. 半固态金属加工技术及其应用.北京:冶金工业出版社,1999

9　Kou S. Transport Phenomena and Materials Processing. New York:John Wiley & Sons, Inc. , 1996

10　Charmachi M. Transport Phenomena in Materials Processing and Manufacturing:HTD-vol. 196. New York:ASME, 1992

11　林柏年,魏尊杰. 金属热态成形传输原理.哈尔滨:哈尔滨工业大学出版社,2000

12　吴树森. 材料加工冶金传输原理.北京:机械工业出版社,2001

金属的凝固加工

液态金属充满型腔之后,将继续冷却与凝固。凝固是金属由液态向固态转变的过程。凝固过程中不仅发生金属的结晶,还伴随有体积的收缩和成分的重新分配。凝固过程决定液态成形产品的组织和性能。人类对凝固过程发生机理的认识是液态成形方法从技艺走向科学的关键。凝固理论的发展也直接推动了材料学科多个领域的进步。随着人们对凝固过程认识的不断深化,凝固理论在材料加工与制造过程中发挥着越来越重要的作用:材料与制品的质量日益提高,加工成本不断降低。本章将讨论凝固过程的基本原理。

4.1 概 述

4.1.1 凝固理论及应用简介

经典凝固理论所阐述的是所谓"内生凝固"过程,即固相在过冷液体中形核与生长的过程。固相形核率及生长速度均与液体的过冷度有关。从20世纪40年代以后发展起来的现代凝固理论所讨论的大多属于"外生凝固"过程,即首先在待凝固液体与模具界面上形成固体晶核,然后固液界面沿着与热流相反的方向向液体内部推进。在这种凝固过程中,液体部分除固液界面附近区域以外,并不一定有过冷度,甚至可以处于过热状态。因此,凝固速度直接取决于传热速度而不是过冷度,这是现代凝固理论与经典凝固理论的重要差异。

材料加工所涉及的实际凝固过程往往是外生凝固与内生凝固的综合过程,对于这两类不同机制的凝固过程必须分别加以讨论。内生凝固的基本原理已在2.2节中讨论,本章着重讨论外生凝固过程。为了注重于对凝固过程物理本质及其基本规律的认识,主要讨论最简单的凝固模型,即定向的一维凝固过程,以简化相应的数理分析。

4.1.2　凝固过程的类型

对于不同的金属成分和凝固条件,根据凝固过程中固液界面的推进方式可以将凝固过程分为以下不同的类型(图 4-1):

(1) 外生凝固——结晶从铸型型壁处开始,向液体内部推进。根据固液界面形态,外生凝固可进一步分为以下 3 种方式:

① 光滑壁面凝固(图 4-1(a_1))。

② 粗糙界面凝固(图 4-1(a_2))。

③ 海绵状凝固(图 4-1(a_3))。

(2) 内生凝固——凝固主要在液体内部进行,同时也可在型壁处进行。根据凝固速度的不同,内生凝固又可以分为以下两种方式:

① 粥状(同时)凝固(图 4-1(b_1))。

② 壳状(逐层)凝固(图 4-1(b_2))。

实际上,在金属的凝固过程中,上述不同的凝固模式往往会同时并存,或先后出现。金属的化学成分、金属液体的处理方法(如孕育、晶粒细化等)以及凝固时的冷却条件等因素均会对金属的凝固模式产生影响。

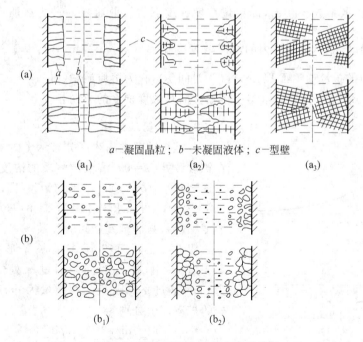

a-凝固晶粒;b-未凝固液体;c-型壁

图 4-1　铸锭凝固的典型方式示意图

(a) 外生凝固:(a_1) 光滑壁面凝固;(a_2) 粗糙界面凝固;(a_3) 海绵状凝固

(b) 内生凝固:(b_1) 糊状凝固;(b_2) 壳状凝固

4.2　凝固过程中的传质

金属凝固过程是传热、流动以及相变等交织在一起的复杂过程,除了极少数纯物质的凝固结晶以外,绝大多数金属都含有数量不同的多种溶质元素,其凝固结晶必然涉及不同物质的传输以及由之引发的溶质再分配,影响金属的凝固组织及化学成分分布,从而最终决定金属的使用性能。为了便于讨论金属凝固组织与宏观偏析成因,首先讨论有关传质过程的几个问题。

4.2.1　溶质分配方程

凝固过程中的溶质传输可以利用扩散定律来描述。

1. 扩散第一定律

溶质在扩散场中某处的扩散通量(又称为扩散强度,为单位时间内通过单位面积的溶质质量)与溶质在该处的浓度梯度成正比,即

$$J_x = -D\frac{\mathrm{d}C}{\mathrm{d}x} \tag{4-1}$$

式中,D 为扩散系数($\mathrm{m^2/s}$),即单位浓度梯度下的扩散通量;$\dfrac{\mathrm{d}C}{\mathrm{d}x}$ 为溶质在 x 方向上的浓度梯度,即单位距离内的溶质浓度变化率(($\mathrm{kg/m^3}$)/m);$J_x = \dfrac{\mathrm{d}m}{A\,\mathrm{d}t}$,$A$ 为垂直于 x 方向的扩散通道面积($\mathrm{m^2}$),t 为时间(s),m 为溶质质量(kg)。

式(4-1)右端的负号表示溶质传输方向与浓度梯度的方向相反。

2. 扩散第二定律

一维扩散问题的浓度分布示于图 4-2(a)。在扩散源处($x=0$),溶液中溶质的浓度最大,然后逐渐减小,最后趋近于平均浓度 C_0。根据扩散第一定律,可以求出相距为 $\mathrm{d}x$ 的两点之间的浓度梯度差与通量差之间的关系。

假设:在断面积为 A 的长条形铸件(见图 4-2(b))中,在 $\mathrm{d}t$ 时间内通过 x 处的溶质量为 $\mathrm{d}m_1$,通过 $x+\mathrm{d}x$ 处的溶质量为 $\mathrm{d}m_2$,则这两处的扩散通量分别为

$$J_1 = \frac{\mathrm{d}m_1}{A\mathrm{d}t} = -D\left(\frac{\mathrm{d}C}{\mathrm{d}x}\right)_x$$

$$J_2 = \frac{\mathrm{d}m_2}{A\mathrm{d}t} = -D\left(\frac{\mathrm{d}C}{\mathrm{d}x}\right)_{x+\mathrm{d}x}$$

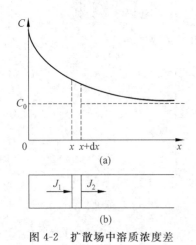

图 4-2　扩散场中溶质浓度差
与通量差示意图
(a) 浓度分布;(b) 扩散通量

这两处的扩散通量之差为

$$J_1 - J_2 = \frac{\mathrm{d}m_1 - \mathrm{d}m_2}{A\mathrm{d}t}$$

$$= D\left[\left(\frac{\mathrm{d}C}{\mathrm{d}x}\right)_{x+\mathrm{d}x} - \left(\frac{\mathrm{d}C}{\mathrm{d}x}\right)_x\right]$$

式中,左端为相距 $\mathrm{d}x$ 两点之间单位体积内所含溶质量(浓度)的变化,也可以表示为 $\frac{\mathrm{d}C}{\mathrm{d}t\mathrm{d}x}$,所以上式可以写作

$$\frac{\partial C}{\partial t} = D\frac{\partial^2 C}{\partial x^2} \tag{4-2}$$

式(4-2)是扩散第二定律的表达式,它表示对于不稳定的扩散源,扩散场中任一点的浓度随时间的变化率与该点的浓度梯度随空间的变化率成正比,其比例系数就是扩散系数。

若此扩散源以 $R = \frac{\mathrm{d}x}{\mathrm{d}t}$ 的速度向右移动(见图 4-2),那么,扩散场中任一点的浓度可以表示为坐标 x 和时间 t 的函数,即 $C = f(x, t)$。若扩散源是稳定的(即相变时溶质的析出速度与扩散速度处于平衡状态),且扩散源的运动速度与溶质的析出速度保持动态平衡,则 $\frac{\partial C}{\partial t} = 0$,于是

$$D\frac{\mathrm{d}^2 C}{\mathrm{d}x^2} + R\frac{\mathrm{d}C}{\mathrm{d}x} = 0 \tag{4-3}$$

式(4-3)即为"稳态定向凝固"条件下的溶质分配特征方程。

4.2.2　凝固传质过程的有关物理量

1. 扩散系数 D

扩散系数 D 可以作为物质在介质中传输能力的度量。原子在液态金属中的扩散系数量级为 $10^{-9}\mathrm{m}^2\cdot\mathrm{s}^{-1}$,在固体金属中的扩散系数量级约为 $10^{-12}\mathrm{m}^2\cdot\mathrm{s}^{-1}$。扩散过程的阻力越小,扩散系数就越大。若扩散阻力为零时,则扩散系数趋于无穷大,即溶质在介质中能够瞬时扩散,其在各处的浓度始终保持均匀,这种情况称为无限扩散或充分扩散。当然,无限扩散只是一种理想情况,在实际过程中是不可能存在的。实际上扩散总是会受到来自介质的一定阻碍作用,扩散系数只能是某一有限的数值,这种情况通常称为有限扩散。扩散定律是建立在有限扩散的基础上的。在实际凝固过程中,除了极少数特殊情况(如凝固过程中的液体受到剧烈搅拌)可以近似看作无限扩散外,一般溶质扩散都属于有限扩散。

2. 溶质平衡分配系数 k

按照相图,当凝固进行到温度 T^* 时,固液界面处平衡共存的固、液相成分分别为 C_S^*,C_L^*,在界面平衡条件下,T^*,C_S^* 及 C_L^* 三者之间存在着严格的对应关系:

$$k = \frac{C_S^*}{C_L^*} \tag{4-4}$$

对于不同的相图(或相图的不同部分),k 值可以小于 1,如图 4-3(a)所示;也可以大于 1,如图 4-3(b)所示。

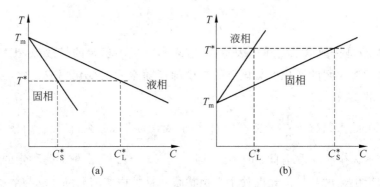

图 4-3　不同类型的平衡相图

(a) $m_L < 0, k < 1$;　(b) $m_L > 0, k > 1$

假定相图中的液相线和固相线均为直线,则 k 值为与温度无关的常数。上述假定只是为了简化理论推导过程,实际合金的固-液相线一般不是直线。

3. 液相线斜率 m_L

由图 4-3 可知,液相线斜率 m_L 和温度 T_L、浓度 C_L 的关系为

$$\left. \begin{aligned} m_L &= \frac{dT}{dC} = \frac{T_L - T_m}{C_L} \\ T_L &= T_m + m_L C_L \end{aligned} \right\} \tag{4-5}$$

式中,T_m 为溶剂金属的熔点温度。

对于图 4-3(a),(b)所示情况,分别有:$m_L < 0, k < 1, T_L < T_m$;$m_L > 0, k > 1, T_L > T_m$。

4. 液相温度梯度 G_L

液相温度梯度 G_L 表示离开固液界面方向的液体中单位距离上的温度变化,图 4-4 为一维定向凝固过程中固相与液相中的温度分布示意图。

若固液界面前沿液体温度 T_L 高于界面温度 T_i,则 $G_L > 0$(见图 4-4(a));反之,则 $G_L < 0$(见图 4-4(b))。

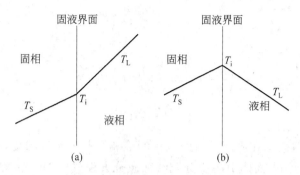

图 4-4　固液界面前沿液体中不同温度梯度示意图

(a) $G_L>0$；(b) $G_L<0$

4.2.3　稳定传质过程的一般性质

凝固时，随着固液界面的推进，液体不断转变成为固体，固液界面两侧的固相和液相成分也相应地发生变化。根据固液界面处固相和液相成分之间的关系，溶质元素从固液界面不断进入液体(对于溶质平衡分配系数 $k<1$ 的情况)或由液体中不断越过固液界面而进入固体(对于溶质平衡分配系数 $k>1$ 的情况)。所谓稳定传质过程，是指固液界面处始终没有溶质元素的积聚现象发生，即液体向固体的转变速度与溶质元素自固液界面开始向远方的扩散速度保持动态平衡。

1. 稳态定向凝固特征方程的通解

若溶质在液态金属中的浓度为 C_L，扩散系数为 D_L，生长速度(即式(4-3)中的扩散源移动速度)$R=\dfrac{\mathrm{d}x}{\mathrm{d}t}$ 为定值，即处于动态的稳定扩散，则溶质分配特征方程式(4-3)的通解为

$$C_L = B_1 \exp\left(-\frac{R}{D_L}x\right) + B_2 \qquad (4\text{-}6)$$

式中，B_1，B_2 为取决于边界条件的常数。

2. 固液界面处的溶质平衡

生长速度 $R=\dfrac{\mathrm{d}x}{\mathrm{d}t}$ 可以理解为单位时间内单位面积上的相变(凝固)体积 $\left(\dfrac{A\mathrm{d}x}{A\mathrm{d}t}\right)$。这是因为 $\mathrm{d}x$ 是在 $\mathrm{d}t$ 时间内发生相变的长度，对于单位面积，此长度在数量上即为体积。同时，液、固两相在界面两侧的浓度差($C_L^* - C_S^*$)即为单位体积相变所排出的溶质数量(此后的讨论中，都以单位体积中的溶质数量作为浓度的单位)。因此，在界面上单位时间内单位面积上所排出的溶质数量 $R(C_L^* - C_S^*)$ 就是扩散源所提供的溶质扩散通量。根据扩散第一定律：

$$R(C_L^* - C_S^*) = -D_L\left(\frac{dC_L}{dx}\right)_{x=0}$$

所以

$$\left(\frac{dC_L}{dx}\right)_{x=0} = -\frac{R}{D_L}(C_L^* - C_S^*)$$

$$= -\frac{R}{D_L}C_L^*(1-k) \tag{4-7}$$

式(4-7)左侧表示在固液界面处($x=0$)液相一侧的浓度梯度,这可以作为"稳态定向凝固"情况下,液体中溶质分配特征微分方程式(4-3)的一个边界条件。它也适用于任何有限扩散的情况。

3. 远离固液界面的液体成分

可以证明,溶质分配特征微分方程式(4-3)的另一个边界条件为

$$(C_L)_{x\to\infty} = C_S^* \tag{4-8}$$

利用上述两个边界条件,即式(4-7)和式(4-8),可以确定式(4-6)中的常数 B_1,B_2。

当 $x=0$ 时,$C_L = C_L^*$,所以,$B_1 + B_2 = C_L^*$;当 $x\to\infty$ 时,$C_L = C_S^*$,所以,$B_2 = C_S^*$,$B_1 = C_L^* - C_S^*$。因此,在稳定扩散状态下,式(4-3)的通解为

$$C_L - C_S^* = (C_L^* - C_S^*)\exp\left(-\frac{R}{D_L}x\right)$$

或

$$\frac{C_L - C_S^*}{C_L^* - C_S^*} = \exp\left(-\frac{R}{D_L}x\right) \tag{4-9}$$

若以 C_S^* 为参考浓度,则 $\dfrac{C_L - C_S^*}{C_L^* - C_S^*}$ 就代表液体的相对浓度(无量纲浓度),其图像为指数函数的衰减曲线。取 $C_N = \dfrac{C_L - C_S^*}{C_L^* - C_S^*}$,则

$$C_N = \exp\left(-\frac{R}{D_L}x\right) \tag{4-10}$$

4.3　单相合金的凝固

单相合金是指在凝固过程中只析出一种固相的合金,这类合金的凝固过程是最基本的凝固过程,掌握其基本规律是我们了解凝固过程的基础。

合金凝固是一个复杂的相变过程,涉及能量、质量、动量的传输以及液、固相之间的热力学平衡关系,一定成分的合金液体在向固体转变的同时,还要进行成分的再分配。如果这个过程以无限缓慢的速度进行,合金的各个组成元素有足够的时间在不同相(如固相、液相等)之间进行重新分配,即在一定的压力条件下,凝固体

系的温度、成分完全由相应合金系的平衡相图所规定,这种理想状态下的凝固过程称为平衡凝固。当然,这种理想的凝固过程实际上并不存在。然而,只要合金凝固过程的速度(以固液界面的推进速度表征)与相应的合金元素的扩散速度相比足够小,即凝固过程的各个因素符合 $R^2 \ll \dfrac{D_S}{t}$,就可以视为平衡凝固过程。其中,R 为固液界面推进速度;D_S 为合金溶质元素在固相中的扩散系数;t 为凝固时间。

对于大多数实际的材料加工(如铸造、焊接等)而言,所涉及的合金凝固过程一般不符合上述平衡凝固的条件,合金凝固过程中的固、液相成分并不符合平衡相图的规定。尽管如此,可以发现在固液界面处合金成分符合平衡相图,这种情况称为界面平衡,相应的凝固过程称为近平衡凝固过程,也称为正常凝固过程。实际材料加工过程所涉及的凝固过程大多属于这类凝固过程。

随着现代科学技术的发展,某些极端条件下的凝固过程规律开始为人们所认识并且获得了一定的实际应用,其中一些凝固过程(如某些快速冷却)完全背离平衡过程,即使在固液界面处也不符合平衡相图的规定,产生所谓“溶质捕获”现象,这类凝固过程称为非平衡凝固过程。

图 4-5 为上述 3 种凝固条件下固液界面附近的溶质再分配情况。以下分别讨论不同条件下的凝固过程及其伴生的有关问题。

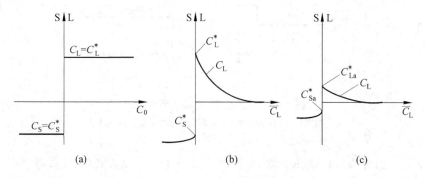

图 4-5　固液界面附近的溶质再分配示意图
(a) 平衡凝固;(b) 近平衡凝固;(c) 非平衡凝固

4.3.1　平衡凝固

对于平衡分配系数 $k<1$ 的情况($k>1$ 的情况可以类推),初始成分为 C_0 的合金,将其液体置于长度为 l 的容器中,从一端开始冷却凝固(见图 4-6)。温度达到合金的液相线温度 T_L 时开始析出固体,其成分为 kC_0。根据平衡凝固的条件,自固体中析出的溶质向液体中扩散并即刻达到均匀。温度降低,固液界面向前推进,固相、液相成分分别沿相图的固相线和液相线变化。同样因为溶质在固体和液体

中充分扩散,固相和液相始终保持均匀成分,且不断升高。在某一温度 T^* 下,根据溶质原子守恒关系,可以写出:

$$f_S C_S + f_L C_L = C_0 \tag{4-11}$$

式中,f_S,f_L 分别为固相和液相的体积分数,$f_S + f_L = 1$。由 $f_L = 1 - f_S$,可将式(4-11)写成

$$f_S = \frac{C_0 - C_L}{C_S - C_L} \tag{4-12}$$

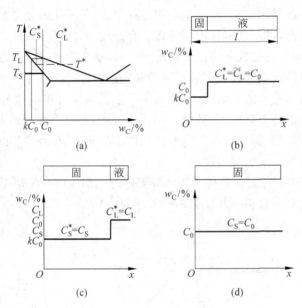

图 4-6 平衡凝固过程的溶质再分配
(a) 相图;(b) 凝固初始;(c) 凝固过程中;(d) 凝固终了

式(4-12)即为杠杆定律。将 $C_L = \dfrac{C_S}{k}$ 及 $f_L = 1 - f_S$ 代入式(4-11),得

$$C_S = \frac{kC_0}{1 - f_S(1 - k)} \tag{4-13a}$$

$$C_L = \frac{C_0}{k + f_L(1 - k)} \tag{4-13b}$$

式(4-13)即为平衡凝固时的溶质再分配的数学模型。可见平衡凝固时的溶质再分配与凝固过程的动力学条件(液体冷却速度、固液界面推进速度等)无关,仅取决于凝固合金的热力学参数 k。此时,完成溶质再分配的动力学条件充分满足,所以尽管在凝固进行过程中也存在溶质的再分配,但凝固完成后固相具有与原始液体相同的均匀成分 C_0。

4.3.2 近平衡凝固

1. 固相无扩散,液相充分扩散的凝固

通常溶质在固相中的扩散系数比在液相中的扩散系数小 3 个数量级,故认为溶质在固相中无扩散是比较接近实际情况的。虽然溶质在液相中充分扩散一般不易实现(需要强烈搅拌),但这一假设有利于讨论问题。在上述条件下,凝固过程与扩散无关。

由图 4-7 可见,当凝固开始时,析出的固相成分为 kC_0,液相成分为(接近)C_0。随着固液界面的推进,固相成分不断升高。由于固相中无扩散,所以当凝固全部结束时,固体各部分的成分是不同的。虽然其整体的平均成分为 C_0,但在每个时刻固相成分为 C_S^*。从 $C_S^* < C_0$ 到 $C_S^* = C_0$,$C_S^* > C_0$,直至 $C_S^* = C_{SM}$(最大固溶度)为止。与此相应地,液相成分由 C_0 开始,与固相成分成比例地增加 $\left(C_L^* = \dfrac{C_S^*}{k}\right)$。由于液相中充分扩散,所以液体成分始终保持均匀,直至达到 C_E(共晶成分)为止。然后界面继续向前推进,最后部分(液相平均浓度 $\overline{C_L} = C_E$)生长为共晶体。

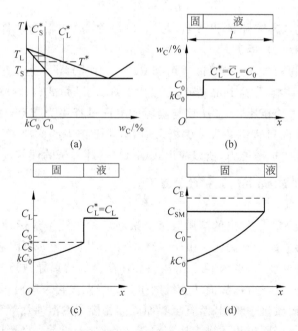

(a) (b)

(c) (d)

图 4-7 固相无扩散、液相充分扩散条件下凝固时的溶质再分配

(a) 相图;(b) 凝固初始;(c) 凝固过程中;(d) 凝固终了

根据质量守恒原则,可以定量描述这一凝固过程:

当固相增加 $\mathrm{d}f_S$ 时,单位体积相变所排出的溶质量为 $(C_L - C_S^*)\mathrm{d}f_S$,如此质

量的溶质进入液体,使整个液相成分增加 dC_L,单位体积液相中增加的溶质量为 $(1-f_S)dC_L$。于是有

$$(C_L - C_S^*)df_S = (1-f_S)dC_L$$

其中,f_S 为固相体积分数。

另外,根据相图,在固液界面两侧,$C_L^* = \dfrac{C_S^*}{k}$。又因液相中的溶质为充分扩散,$C_L = C_L^*$,所以,整个区域内的 C_L 随 C_S^* 而变化,即随时间或 f_S 而变化,$dC_L = \dfrac{1}{k}dC_S^*$,代入上式得

$$C_S^*\left(\frac{1}{k}-1\right)df_S = (1-f_S)\frac{1}{k}dC_S^*$$

即

$$(1-k)C_S^*\,df_S = (1-f_S)dC_S^*$$

积分,并利用初始条件:当 $f_S = 0$ 时,$C_S^* = kC_0$,得

$$C_S^* = kC_0(1-f_S)^{(k-1)} \tag{4-14a}$$
$$C_L = C_L^* = C_0 f_L^{(k-1)} \tag{4-14b}$$

其中,$f_L = 1-f_S$ 为液相体积分数。式(4-14)称为"非平衡杠杆定律",又称为 Scheil(夏尔)方程。

值得注意的是,式(4-14)只能适用到 $C_S^* = C_{SM}$ 时为止。若 C_S^* 达到 C_{SM} 之后,C_L 达到 C_E,体系中将发生共晶转变,出现第二相。此时,式(4-14)就不适用了。另外,与平衡凝固过程相比,本节所述与实际的凝固过程更为接近,工程上可以用于近似估计合金凝固过程中的成分偏析。但是,对于钢中的 C,N 等元素,由于其在固相中具有一定的扩散能力,所以应用式(4-14)估计偏析的误差较大。

2. 固相无扩散,液相有限扩散的凝固

(1) 铸件无限长

凝固时固液界面上排出的溶质通过扩散在液相中缓慢地运动,并在固液界面前沿出现一个溶质原子富集区。由于液体部分无限长,在远离固液界面处的液相成分没有明显的改变,自然为 C_0。溶质在界面前沿的富集导致该处液体的熔点下降,因此,只有进一步过冷,界面才能继续生长。当温度再下降时,界面才继续向前推进,界面处的溶质进一步增加,直至界面处固相排出的溶质量等于溶质原子在液相中的扩散量时,凝固过程才进入稳定状态,如图 4-8 所示。在凝固进入稳定状态以后,如建立与界面一起运动的动坐标系,以 $x' = 0$ 表示固液界面位置,则在动坐标系中,溶质分布不随时间变化,成为一个稳态扩散问题,使求解大为简化。

凝固开始,成分为 C_0 的液体中析出成分为 $C_S = kC_0$ 的固相,随着液相不断转变为固相,相应的溶质元素通过固液界面进入液相,导致界面处液相一侧的溶质元

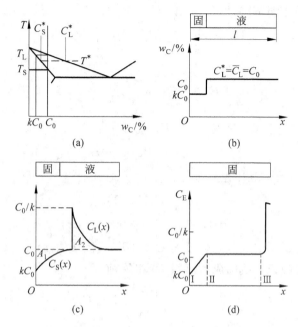

图 4-8　固相无扩散、液相有限扩散条件下凝固时的溶质再分配
(a) 相图；(b) 凝固初始；(c) 凝固过程中；(d) 凝固终了

素增多,液相成分升高。因为溶质元素在液相中的扩散能力有限,造成溶质原子在界面液相一侧的积聚程度随着凝固的进行而提高。而固液界面两侧固相和液相的成分始终保持着固定的关系: $k = \dfrac{C_S^*}{C_L^*}$。随着固液界面处液相中的溶质元素富集程度持续升高,由扩散定律可知其在液相中扩散驱动力相应增大,达到一定程度后,因液固相变而引起的溶质元素进入界面液相一侧的过程和溶质元素在液相中的扩散过程达到动态平衡,即单位时间内通过固液界面进入液相的溶质元素质量等于通过液相向远离固液界面方向扩散走的溶质元素质量,界面前沿液相中的溶质元素积聚程度保持为某一稳定值,不再继续变化,凝固开始进入稳定阶段。

对于最初的过渡区($C_S^* < C_0$),溶质再分布需求解非稳态溶质分配方程:

$$\frac{\partial C_L}{\partial t} = D_L \frac{\partial^2 C_L}{\partial x^2}$$

由于液相中溶质扩散受限,因此在凝固开始时,固液界面前沿液相中的溶质堆积使 $C_S^*(=kC_L^*)$ 迅速升高,因为固相中无扩散,所以,固相成分 $C_S = C_S^*$。由此而引起的 $\left(\dfrac{\partial C_L}{\partial x}\right)_{x=0}$ 升高会使扩散加剧,界面处的液相成分升高,速度逐渐变缓,相应地,固相成分 C_S 的升高,速度也将逐渐缓慢,最后当 C_S 达到最大值时,$C_S(x)$ 曲线应与 C_0 水平线重合,不再有变化。故可以合理地假定 $C_S(x)$ 曲线的斜率将随

$(C_0 - C_S)$ 值的减小而下降,即

$$\frac{dC_S}{dx} = a(C_0 - C_S) \tag{1}$$

或

$$\frac{d(C_0 - C_S)}{dx} = -a(C_0 - C_S) \tag{2}$$

式中,a 为一个待定常数。积分上式,可以得到

$$C_0 - C_S = B\exp(-ax) \tag{3}$$

式中,B 为积分常数。利用边界条件:当 $x=0$ 时,$C_S = kC_0$,可得

$$B = C_0(1 - k)$$

$$C_S = C_0\left[1 - (1 - k)\exp(-ax)\right] \tag{4}$$

根据溶质守恒原则,$C_S(x)$ 曲线与 C_0(水平)线围成的面积 A_1(见图 4-8(c))和 $C_L(x)$ 曲线与 C_0(水平)线围成的面积 A_2 相等,而

$$A_1 = \int (C_0 - C_S)dx = -\frac{1}{a}\int_{kC_0}^{C_0} d(C_0 - C_S) = \frac{1}{a}C_0(1 - k)$$

可以证明:

$$A_2 = \int_0^\infty (C_L - C_0)dx' = \frac{1 - k}{k}\frac{D_L C_0}{R}$$

所以

$$\frac{1}{a}C_0(1 - k) = \frac{1 - k}{k}\frac{D_L C_0}{R} \Rightarrow a = \frac{kR}{D_L}$$

代入上述式(4),得到

$$C_S = C_0\left[1 - (1 - k)\exp\left(-\frac{kR}{D_L}x\right)\right] \tag{4-15}$$

式(4-15)即为凝固进入稳定阶段前的初始过渡阶段固相成分分布方程。当 $x = \dfrac{D_L}{kR}$ 时,固相成分 $C_S = C_0\left(1 - \dfrac{1-k}{e}\right)$,其从最小值 kC_0 起上升的幅度 $(C_S - kC_0)$ 达到最大增幅 $(1 - k)C_0$ 的 $\left(1 - \dfrac{1}{e}\right)$ 倍。

根据式(4-8),当固相成分 C_S 达到 C_0 时,铸件中的溶质再分配达到动态平衡,这时,凝固进入稳定状态,固液界面前方液相中的溶质浓度由式(4-6)确定,为

$$C_L = B_1\exp\left(-\frac{R}{D_L}x'\right) + B_2$$

此时,其边界条件为:当 $x'=0$ 时,$C_L = \dfrac{C_0}{k}$;当 $x' \to \infty$ 时,$C_L = C_0$。

将这些边界条件代入式(4-6),得到稳定状态下溶质在液相中的分布方程式:

$$C_L = C_0 \left[1 + \frac{1-k}{k} \exp\left(-\frac{R}{D_L} x'\right) \right] \tag{4-16}$$

式(4-16)的图像为一条指数衰减曲线,表明固液界面前方的液相成分 C_L 随着离开界面的距离 x' 的增大而迅速降低,并无限接近原始液体的成分 C_0。

由式(4-16),当 $x' = \dfrac{D_L}{R}$ 时, $C_L = C_0 \left(1 + \dfrac{1-k}{k} \mathrm{e}^{-1}\right)$,即 $\dfrac{C_L - C_0}{\dfrac{C_0}{k} - C_0} = \dfrac{1}{\mathrm{e}}$ 。取 $\delta = \dfrac{D_L}{R}$,

称之为"特性距离"。当 $x' = \delta$ 时, $(C_L - C_0)$ 降至最大值 $\left(\dfrac{C_0}{k} - C_0\right)$ 的 $\dfrac{1}{\mathrm{e}}$ 。 δ 作为固液界面前沿溶质富集程度的标志,与 D_L 成正比,而与 R 成反比。

(2) 铸件有限长

与铸件长度无限大时的情况不同,对于长度有限的铸件,远离固液界面的液体浓度的值随 C_S^* 的升高而升高。在凝固过程中,随着 f_S 的增加, C_S^* 不断升高,固液界面处的 $C_L^* \left(= \dfrac{C_S^*}{k}\right)$ 也按比例不断升高。记远离固液界面处的液相浓度为 C_b(如图 4-9 所示),称之为主体浓度。全部液相浓度的微量升高 $\mathrm{d}C_L$ 是 $\mathrm{d}C_S$ 和 $\mathrm{d}C_b$ 的综合反映。近似地把 $\mathrm{d}C_b$ 看作是整个液相的瞬时浓度增量。因此,可以写出瞬时相变的溶质平衡方程式:

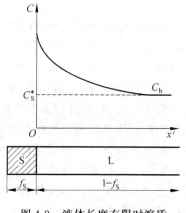

图 4-9 液体长度有限时溶质
在液相中的分布

$$(C_L^* - C_S^*)\mathrm{d}f_S = (1 - f_S)\mathrm{d}C_b$$

式中,左边为微量相变所排出的溶质,右边为液相中相应的溶质增量。因为

$$\mathrm{d}C_b = \mathrm{d}C_S^*, \quad C_L^* = \frac{C_S^*}{k}$$

所以

$$\left(\frac{1}{k} - 1\right)C_S^* \,\mathrm{d}f_S = (1 - f_S)\mathrm{d}C_S^*$$

将上式整理后积分,并利用初始条件:当 $f_S = 0$ 时, $C_S^* = kC_0$,得

$$C_S^* = kC_0(1 - f_S)^{\left(1 - \frac{1}{k}\right)} \tag{4-17}$$

将式(4-17)与 Scheil 方程(4-14a)相比,可知在固相无扩散时,液相充分扩散与有限扩散对于铸件中溶质分布的影响仅限于式(4-14a)和式(4-17)中的指数变化:当液相充分扩散时,指数为 $(k-1)$;当液相有限扩散时,指数为 $\left(1 - \dfrac{1}{k}\right)$ 。

当 $k<1$ 时,上述两种情形下 C_S-f_S 关系的图像如图 4-10 所示。

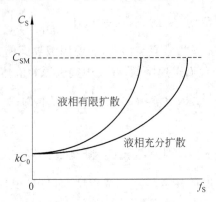

图 4-10   液相充分扩散和有限扩散时的溶质分布

随着凝固过程的进行,在液体长度有限的情况下,远离固液界面处的液体成分逐渐升高,相应的固相成分也按比例逐渐升高。因此,严格说来,也就不会出现凝固过程的稳定阶段。不过,当经历了凝固初期固相成分的快速升高阶段,固相成分达到初始液体成分 C_0 后,固相成分的变化开始显著缓慢下来,在相当长的范围内波动很小。所以,仍可以近似地把这部分的凝固过程视为稳定阶段,铸件上相应区域内的溶质浓度略高于原始液体成分 C_0 且逐渐升高。

凝固连续进行到最后阶段,当固液界面前沿液相中的溶质扩散边界层厚度与剩余液相区的长度大致相当时,溶质扩散受到凝固末端边界的阻碍,整个液相区的体积已经小到由固液界面排出的溶质元素都会使剩余液相区的成分显著提高的程度。此时,固、液相成分同时迅速升高,凝固进入最终过渡区。这一区域的宽度很小,与特性距离 $\dfrac{D_L}{R}$ 为同一数量级。此时,整个液相区的成分可视为均匀分布。因此,最终过渡区的成分分布可以采用 Scheil 方程(4-14)表示。

3. 固相无扩散,液相有限扩散而有对流的凝固

在大多数实际凝固过程中,液相中都有一定程度的对流存在。液体的对流具有促进溶质扩散的作用,因此,这是一种处于液相充分扩散和液相有限扩散之间的情形。液体的对流作用破坏了液相中溶质元素按扩散规律的分布方式,但是,由于液体的粘性作用,固液界面附近总会保留一个不受对流作用影响的液体薄层(其厚度假设为 δ),在此薄层之内,溶质仍按扩散规律分布,而在此薄层之外的液体则因对流作用而保持均匀成分。此液体薄层称为扩散边界层。液体中有对流作用时的溶质分布如图 4-11 所示。

如果液相区域足够大,远离固液界面处的液体成分将不受已凝固部分的影响而始终保持原始成分 C_0,液体成分仅在固液界面附近厚度为 δ 的扩散边界层内受

溶质元素扩散规律控制，即当 $x'=0$ 时，$C_{\mathrm{L}}=C_{\mathrm{L}}^*$；当 $x'=\delta$ 时，$C_{\mathrm{L}}=C_0$。由稳态定向凝固特征微分方程的通解：

$$C_{\mathrm{L}} = B_1 \exp\left(-\frac{R}{D_{\mathrm{L}}}x'\right) + B_2$$

代入上述边界条件，得到

$$B_1 = \frac{C_{\mathrm{L}}^* - C_0}{1 - \exp\left(-\dfrac{R}{D_{\mathrm{L}}}\delta\right)}$$

$$B_2 = C_{\mathrm{L}}^* - \frac{C_{\mathrm{L}}^* - C_0}{1 - \exp\left(-\dfrac{R}{D_{\mathrm{L}}}\delta\right)}$$

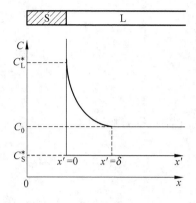

图 4-11　有对流时液体中的
溶质分布

所以

$$C_{\mathrm{L}} = \frac{C_{\mathrm{L}}^* - C_0}{1 - \exp\left(-\dfrac{R}{D_{\mathrm{L}}}\delta\right)} \exp\left(-\frac{R}{D_{\mathrm{L}}}x'\right) + C_{\mathrm{L}}^* - \frac{C_{\mathrm{L}}^* - C_0}{1 - \exp\left(-\dfrac{R}{D_{\mathrm{L}}}\delta\right)}$$

整理后，得

$$\frac{C_{\mathrm{L}} - C_0}{C_{\mathrm{L}}^* - C_0} = 1 - \frac{1 - \exp\left(-\dfrac{R}{D_{\mathrm{L}}}x'\right)}{1 - \exp\left(-\dfrac{R}{D_{\mathrm{L}}}\delta\right)} \tag{4-18}$$

如果液体容积有限，溶质富集层（扩散边界层）以外（$x'>\delta$）的液相成分在凝固过程中将不再是固定于 C_0，而是随着凝固过程的进行而逐渐升高，这种条件下距离固液界面超过扩散边界层厚度 δ 的液体成分为主体浓度 C_{b}。同样，由稳态定向凝固溶质分配方程可以得到

$$\frac{C_{\mathrm{L}} - C_{\mathrm{b}}}{C_{\mathrm{L}}^* - C_{\mathrm{b}}} = 1 - \frac{1 - \exp\left(-\dfrac{R}{D_{\mathrm{L}}}x'\right)}{1 - \exp\left(-\dfrac{R}{D_{\mathrm{L}}}\delta\right)} \tag{4-19}$$

分别对式(4-18)和式(4-19)求导，得

$$\left[\frac{\partial C_{\mathrm{L}}}{\partial x'}\right]_{x'=0} = -\frac{R}{D_{\mathrm{L}}} \frac{C_{\mathrm{L}}^* - C_0}{1 - \exp\left(-\dfrac{R}{D_{\mathrm{L}}}\delta\right)}$$

及

$$\left[\frac{\partial C_{\mathrm{L}}}{\partial x'}\right]_{x'=0} = -\frac{R}{D_{\mathrm{L}}} \frac{C_{\mathrm{L}}^* - C_{\mathrm{b}}}{1 - \exp\left(-\dfrac{R}{D_{\mathrm{L}}}\delta\right)}$$

根据固液界面处的溶质平衡关系式(4-7)，对于液体容积无限大和有限两种情况，分别得到

$$C_L^* - C_S^* = \frac{C_L^* - C_0}{1 - \exp\left(-\dfrac{R}{D_L}\delta\right)}$$

$$C_L^* - C_S^* = \frac{C_L^* - C_b}{1 - \exp\left(-\dfrac{R}{D_L}\delta\right)}$$

由 $C_L^* = \dfrac{C_S^*}{k}$，则分别有

$$\frac{C_S^*}{C_0} = \frac{k}{k + (1-k)\exp\left(-\dfrac{R}{D_L}\delta\right)} \tag{4-20}$$

及

$$\frac{C_S^*}{C_b} = \frac{k}{k + (1-k)\exp\left(-\dfrac{R}{D_L}\delta\right)} \tag{4-21}$$

对于式(4-20)和式(4-21)，取

$$k' = \frac{k}{k + (1-k)\exp\left(-\dfrac{R}{D_L}\delta\right)} \tag{4-22}$$

k' 称为有效溶质分配系数。由式(4-22)可见，k' 与表征液体对流强度的参数 δ 成正比关系。对流强度越大，液体扩散边界层厚度 δ 越小，当对流强度无限大时，$\delta \to 0$，即整个液相区的成分都因剧烈的液体对流作用而趋于一致，此时，$k' \to k$。当然，实际上，液体中的对流作用总是有限大的，扩散边界层 δ 也总会保持一定的值，其厚度不可能减小至零。若对流强度减弱，液体扩散边界层厚度 δ 增大，当对流作用完全消失时，扩散边界层厚度扩大至整个液相区，此时，$\delta \to \infty$，$k' \to 1$，这就是液体中没有对流作用的情形。对于实际的凝固过程，液体中的对流作用介于上述两种极端情况之间，即 $0 < \delta < \infty$，$k < k' < 1$。

则对于液体容积无限大和有限两种情况，分别有

$$C_S^* = k'C_0 \quad 及 \quad C_S^* = k'C_b$$

对于有限长铸件，瞬时相变的溶质平衡方程式为

$$(C_L^* - C_S^*)\mathrm{d}f_S = (1 - f_S)\mathrm{d}C_b$$

其中 $\mathrm{d}C_b = \dfrac{1}{k'}\mathrm{d}C_S^*$，$C_L^* = \dfrac{C_S^*}{k'}$。初始条件为：当 $f_S = 0$ 时，$C_S^* = kC_0$，所以

$$C_S^* = kC_0(1 - f_S)^{k'\left(1 - \frac{1}{k}\right)} \tag{4-23}$$

值得注意的是，当对流达到最充分的程度时，$\delta \to 0$，$k' \to k$，式(4-23)就成为 Scheil 方程(式(4-14))：

$$C_S^* = kC_0(1 - f_S)^{(k-1)}$$

与液相充分扩散时的情形相同。这意味着充分对流与充分扩散等效。当液体中无

对流时,$\delta \to \infty$,$k' \to 1$,式(4-23)就成为

$$C_S^* = kC_0(1 - f_S)^{(1-\frac{1}{k})}$$

即与液相有限扩散而无对流时的情形(式(4-17))相同。此时,从理论上讲,扩散层可延伸至无限远处。因此,溶质在液体中充分扩散(式(4-14))和有限扩散且液体无对流(式(4-17))时的成分分布均可以看作液体中存在对流作用时的溶质分布形式(式(4-23))的特例。液体对流作用对凝固后固相成分分布的影响如图4-12所示。可见,在一定的凝固条件下,有限容积的液体凝固时,随着液体对流作用的增强,固相成分达到C_{SM}、剩余液体成分达到共晶成分C_E而发生共晶转变的时间推迟。

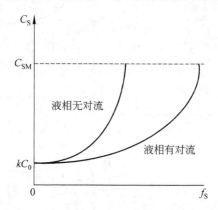

图 4-12 液体对流对凝固后成分偏析的影响

4.4 界面稳定性与晶体形态

到目前为止,我们讨论的结晶过程都是以平的固液界面形式向前推进的。而实际上,凝固过程中的固液界面是否能保持平界面,还要取决于两个方面的条件:①凝固时的外部条件,即固液界面推进速度和液体的冷却条件等;②凝固金属的性质。下面我们就来讨论凝固过程中的界面稳定性(是否能够保持为平界面)问题。

4.4.1 合金凝固过程中的成分过冷

金属凝固需要一定的过冷度。纯金属凝固时的过冷度只取决于外界的冷却条件,即金属液体与外界的热量传输条件。这种由热量传输过程决定的过冷称为热过冷。

对于合金而言,其凝固过程同时伴随着溶质再分配,液体的成分始终处于变化之中。液体中的溶质成分分布已在4.3节中讨论。液体成分的变化改变了相应的固液平衡温度,这种关系由合金的平衡相图所规定。因此,其凝固过程的进行不仅取决于液体的冷却条件,同时也与液体的成分分布密切相关。

对于$k<1$的情况,凝固过程中在固液界面液相一侧存在着一个溶质富集区,

界面处的温度、成分平衡关系及液体中的溶质分布如图 4-13(a),(b)所示。由式(4-5),固液界面前方各处液体的实际液相线温度梯度为

$$\frac{dT_L}{dx'} = m_L \frac{dC_L}{dx'} \tag{4-24}$$

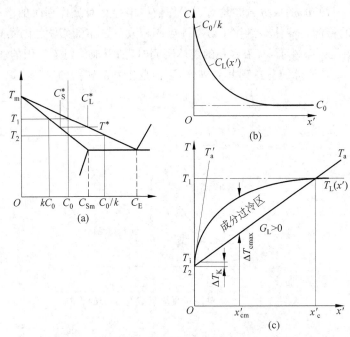

图 4-13   固液界面前沿液体中的成分过冷模型

由于假设 m_L 为常数,对于任一处成分为 C_L 的液相,其开始凝固温度(液相线温度)T_L 与 C_L 之间呈线性关系。对于如图 4-13(a)所示的情形,$k<1$,$m_L<0$,所以,T_L 随着 C_L 的增加而降低,界面前沿的 T_L 分布如图 4-13(c)所示。如果选择适当的坐标,就可以将 $T_L(x')$ 曲线视为 $C_L(x')$ 曲线的"倒影"。

液相中的实际温度由凝固传热条件所决定,在一定范围内可以人为控制。根据凝固过程中的热量传输规律,液相中的实际温度分布一般为曲线形式。不过,为了讨论方便起见,我们暂且将其视为线性分布(如图 4-13(c)中的 T_a 或 T_a' 所示)。根据实际情况,液相的实际温度可以处在 $T_L(x')$ 曲线上方(如 T_a')或下方(如 T_a)。对于 T_a 时的情形,在固液界面前沿宽度为 w 的范围内,液体的实际温度低于与该处液体成分相对应的合金液相线温度 $T_L(x')$,即液体处于过冷状态。这种过冷不仅与液体的实际冷却条件(决定液体的实际温度分布)有关,同时还在很大程度上取决于液体中的溶质再分配过程(决定液体成分变化,进而决定相应成分液体的液相线温度),称为成分过冷。

如果固液界面前沿液体的温度梯度 $G_L \geqslant \dfrac{dT_a'}{dx'}$,则液体中任何一点的温度均高

于相应的液相线温度，液体中到处都处于过热状态，任何由于界面扰动而形成的固相凸起必然随时处于过热的液体包围之中。因此，固液界面上不可能形成局部突前生长，只能以平面方式连续向前推进。如果 $G_L < \dfrac{dT'_a}{dx'}$，如图 4-13(c) 所示；$G_L = \dfrac{dT_a}{dx'}$，则固液界面前沿的液体中存在宽度为 w 的成分过冷区。一旦固液界面在推进过程中因不稳定因素（如各种起伏现象）而形成扰动，界面上的凸起部分就会处于过冷液体之中，并将在其中得以生长，从而导致平界面的破坏。

为了定量得出保持凝固界面为一完整平界面的临界温度梯度值，我们可以先求出 $T_L(x')$ 曲线在固液界面处的斜率。对于固相无扩散、液相有限扩散时的情形，液相中的溶质分布由式 (4-16) 确定，即 $C_L = C_0\left[1 + \dfrac{1-k}{k}\exp\left(-\dfrac{R}{D_L}x'\right)\right]$，所以

$$\frac{dC_L}{dx'} = -\frac{C_0(1-k)}{k}\frac{R}{D_L}\exp\left(-\frac{R}{D_L}x'\right)$$

在固液界面处，$x'=0$，液相的浓度梯度为

$$\left(\frac{dC_L}{dx'}\right)_{x'=0} = -\frac{C_0(1-k)}{k}\frac{R}{D_L}$$

由式 (4-24)，固液界面处液体的实际液相线温度梯度为

$$\left(\frac{dT_L}{dx'}\right)_{x'=0} = -\frac{m_L(1-k)C_0}{k}\frac{R}{D_L}$$

这就是在固液界面处 $T_L(x')$ 曲线的斜率。若 G_L 为液体中的实际温度梯度，根据上述讨论，固液界面保持平面的条件为 $G_L \geqslant \left(\dfrac{dT_L}{dx'}\right)_{x'=0}$，即

$$\frac{G_L}{R} \geqslant -\frac{m_L(1-k)C_0}{kD_L} \tag{4-25}$$

式 (4-25) 即为在固相无扩散、液相有限扩散条件下，凝固过程中晶体保持平界面生长的成分过冷判据。在式 (4-25) 中，左端是可以人为控制的工艺因素，右端为由合金性质决定的因素。

由式 (4-25)，$\dfrac{G_L}{R} \geqslant -\dfrac{m_L(1-k)C_0}{kD_L}$，对于 $k<1$ 的合金，在定向凝固过程中，当工艺条件一定时，平衡分配系数 k 值越大、原始合金成分 C_0 越小、液相线越平缓（$|m_L|$ 越小）以及 D_L 越大的合金，就越容易保持平界面凝固；对于一定的合金，加强冷却条件（G_L 增大）及降低固液界面推进速度（R 减小），有利于保持平界面凝固。

由图 4-13(a) 可知，成分过冷判据 $\dfrac{G_L}{R} \geqslant -\dfrac{m_L(1-k)C_0}{kD_L}$ 中的 $-\dfrac{m_L(1-k)C_0}{k} = -m_L(C_L^* - C_S^*)$，而 $-m_L(C_L^* - C_S^*) = \Delta T$，其中，$\Delta T = T_1 - T_2$ 为成分为 C_0 的合

金的结晶温度区间。因此,成分过冷判据式(4-25)又可以写成

$$G_L \geqslant \frac{R}{D_L} \Delta T \qquad (4\text{-}26)$$

式(4-26)是固相无扩散、液相有限扩散条件下的成分过冷判据的又一形式,其物理意义更为简单明了。其右端的$\frac{R}{D_L}$即为固液界面前方液相溶质扩散"特征距离"的倒数。

由液体中的溶质浓度分布曲线方程式(4-16),当$x' = \frac{D_L}{R}$时,有

$$C_L - C_0 = \frac{1}{e}(C_L^* - C_0) \qquad (4\text{-}27)$$

因此,$\frac{R}{D_L}$的大小决定了曲线的陡度,如图 4-14 所示。当固液界面前方的液相温度梯度 G_L 一定时,$\frac{R}{D_L}$ 越大,溶质扩散的特征距离越小,液相浓度分布曲线越陡,越不利于固液界面保持为平界面。同时,由式(4-26)可知,结晶温度区间 $\Delta T = T_1 - T_2$ 越大的合金,结晶过程越不利于保持平界面生长。

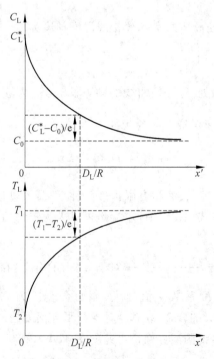

图 4-14　固液界面前沿液体中的溶质扩散特征距离
对成分和液相线温度分布的影响

4.4.2 成分过冷对单相合金结晶形态的影响

1. 无成分过冷的平界面生长

当单相合金凝固条件符合成分过冷判据式(4-25)时,固液界面前方液体中不存在成分过冷,固液界面液相一侧的温度与成分分布如图4-15(a)所示。此时,凝固过程中固液界面将以平面方式向前推进,晶体生长前沿宏观上维持平面形态(图4-15(b))。在凝固过程处于稳定生长阶段时,固液界面固相一侧的成分始终与液相一侧的成分保持平衡(在固相无扩散、液相有限扩散条件下即为原始液体成分 C_0),最终在稳定生长区内获得成分均匀的单相固溶体柱状晶甚至单晶体。

由成分过冷判据式(4-25)和图4-15(b)可知,晶体维持平界面生长的条件是小的生长速度和大的液相温度梯度。纯金属和一般单相合金稳定凝固阶段界面的生长速度 R 可由固液界面处的热量传输条件导出。因为界面处液体温度下降和析出结晶潜热的总热量与通过固相传输的热量相等,故

$$G_S\lambda_S = G_L\lambda_L + R\rho L \qquad (4\text{-}28)$$

式中, G_S, G_L 分别为固液界面处固相和液相一侧的温度梯度; λ_S, λ_L 分别为固相和液相的导热系数; ρ 为凝固金属的密度; L 为结晶潜热。由式(4-28)可得

$$R = \frac{G_S\lambda_S - G_L\lambda_L}{\rho L} \qquad (4\text{-}29)$$

对于纯金属而言,满足平界面生长的液相温度梯度 G_L 只受制于热过冷条件,而对于合金而言, G_L 则由成分过冷判据式(4-25)确定。

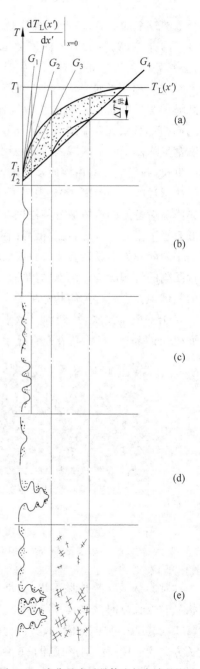

图 4-15　成分过冷对晶体生长方式的影响

2. 窄成分过冷区的胞状生长

当一般单相合金的凝固条件符合 $\dfrac{G_L}{R}$ 略小于 $-\dfrac{m_L(1-k)C_0}{kD_L}$ 时,固液界面前方产生一个范围较窄的成分过冷区,如图 4-15(a)所示液相温度梯度为 G_2 时的情形。成分过冷区的存在,破坏了平的固液界面的稳定性,偶然的扰动所引起的界面局部凸起,必然处于过冷液体的包围之中,因而将继续长大。同时,液固转变所排出的溶质不断进入周围的液体,相邻凸起部分之间的凹陷区域溶质浓度增大得更快,而凹陷区域的溶质向远方溶液的扩散则比凸起部分来得更加困难。因此,因偶然因素而凸起的部分快速生长的结果,导致凹陷区域的溶质进一步富集(见图 4-15(c))。溶质富集降低了凹陷区域液体的液相线温度和过冷度,从而抑制晶体上凸起部分的横向生长,并形成一些由溶质富集的低熔点液体汇集区所构成的网络状沟槽。然而,由于成分过冷区域范围较窄,限制了晶体凸起部分更进一步地向前自由生长。当固液界面前沿各处的液体成分与温度在溶质富集所引起的变化条件下达到平衡时,界面形态趋于稳定。这样,在固液界面前沿存在窄的成分过冷区的条件下,不稳定的宏观上平的固液界面就转变成一种稳定的、由许多近似于旋转抛物面的凸出圆胞和网络状凹陷的沟槽所构成的新的界面形态,以这种界面形态生长的晶体称为胞状晶,相应的晶体生长方式称为胞状晶生长。

对于一般金属来说,圆胞显示不出特定的晶面,如图 4-16(a)所示。而对于小平面生长的晶体,胞状晶表面将显示出晶体特性的鲜明棱角,如图 4-16(b)所示。

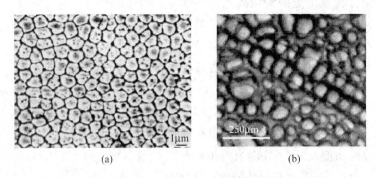

(a)   (b)

图 4-16   凝固过程中形成的胞状晶

(a) Cu-27.3%Mn 合金凝固胞状晶;(b) 丁二腈-0.5%丙酮凝固胞状晶

通常胞状晶以两种形式出现,即正常胞状晶和伸长型胞状晶,如图 4-17 所示。胞状晶的生长方向常常具有选择性。对于立方晶型金属来说,其最优生长方向往往为〈100〉或〈110〉晶向。当生长方向为〈100〉时,往往形成正常胞状晶(图 4-17(a));当生长方向为〈110〉时,则形成伸长型胞状晶(图 4-17(b))。由晶体学可知,〈100〉晶向被四个生长缓慢的密排面(111)所包围;而〈110〉晶向则被两个密排面(111)所包围。

实验证明,若在凝固过程中出现了胞状晶,那么,凝固后的成分偏析就不再是沿晶体生长方向的宏观偏析,而是垂直于生长方向的微观偏析。对于 $k<1$ 的合金,所有晶胞的顶部(凸起部分)溶质浓度低,而晶胞的根部(低洼部分)浓度高。

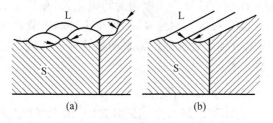

图 4-17　两种形态的胞状晶示意图

(a) 正常胞状晶;(b) 伸长型胞状晶

3. 较宽成分过冷区的柱状树枝晶生长

随着固液界面推进速度 R 增大,或固液界面前沿液体中的温度梯度 G_L 减小(如图 4-15(a)中温度梯度 G_3 所示),液体中的成分过冷区域范围增大,以胞状晶方式生长的界面将发生转变,如图 4-18 所示。由于成分过冷区的增大,界面上因扰动而形成的局部凸起将在溶液中得到较大的伸展,其生长过程中又会产生新的成分过冷,原来的胞状晶抛物面状界面逐渐变得不稳定。晶胞生长方向开始转向优先的结晶生长方向,胞晶的横向侧面也因受到晶体学因素的影响而产生凸缘结构(见图 4-18(b),(c))。当成分过冷进一步加大时,凸缘表面又会出现锯齿结构,形成二次枝晶(见图 4-18(d))。将出现二次枝晶的胞状晶称为胞状树枝晶,或柱状树枝晶。

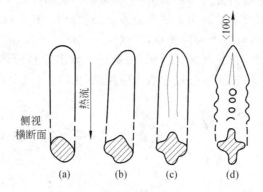

图 4-18　由胞状晶生长向枝晶生长转变的模型

如果成分过冷区域足够宽,二次枝晶在随后的生长中又会在其前端分裂出三次枝晶。这样不断分枝的结果,就会在成分过冷区迅速形成树枝晶骨架(见图 4-15(d))。在构成骨架枝晶的固液两相区,随着枝晶的长大和分枝,剩余液体中的溶质不断富集,其熔点不断降低,致使分枝周围液体的过冷减小以至消失,分枝便停止分裂和生长。由于成分过冷消失,最后分枝的侧面往往以平面生长方式完成最后阶段的凝固过程。

与纯金属在液相温度梯度 $G_L < 0$ 时的柱状树枝晶生长不同,单相合金柱状树枝晶的生长是在 $G_L > 0$ 的情况下进行的。与平面生长及胞状生长一样,单相合金柱状树枝晶生长是一种热量通过固相散失的约束生长,在其生长过程中,枝晶主干彼此平行地向着与热流相反的方向延伸,相邻主干的高次分枝往往相互连接起来,排列成方格网状,构成了柱状树枝晶所特有的板状阵列结构,从而使凝固后的材料性能表现出强烈的各向异性。

4. 宽成分过冷区的自由树枝晶生长

当固液界面前沿液体中出现大范围成分过冷,最大成分过冷度 ΔT_{cmax} 大于液体中非均质形核所需要的过冷度 $\Delta T_{异}^*$(如图 4-15(a)中 G_4 所示情形)时,在柱状树枝晶生长的同时,处于成分过冷区域的液体中将发生新的形核过程,所形成的晶核将在过冷液体中自由生长成为树枝晶,称为自由树枝晶,也称为等轴晶,如图 4-15(e)所示。这些等轴晶的生长阻碍了柱状树枝晶的单向延伸,此后的凝固过程便成为等轴晶不断向液体内部推进的过程。

在液体内部自由形核并生长的晶体,从自由能的角度考虑应该是球体,因为对于一定的体积而言,球体的表面积最小,而实际上形成的晶体却为树枝晶,这是因为在稳定状态下,平衡的结晶形态并非球形,而是近似于球形的多面体,如图 4-19(a)所示。晶体的界面总是由界面能较小的晶面所组成,所以,对于多面体的晶体,那些宽而平的面总是界面能较小的晶面,而窄小的棱和角则为界面能较大的晶面。非金属晶体界面具有强烈的晶体学特征,其平衡状态下的晶体形貌具有清晰的多面体结构,而金属晶体的方向性较弱,其平衡态的初生晶体近于球形。在实际凝固条件下,多面体的棱角前沿液相中的溶质浓度梯度较大,其扩散速度较大;而宽大平面前沿液体中的溶质浓度梯度较小,扩散较慢。这样一来,晶体的棱角处生长速度快,宽大平面处则生长速度慢。因此,初始近于球形的多面体逐渐长成星形(见图 4-19(c)),又从星形再生出分枝而成为树枝状(见图 4-19(d))。

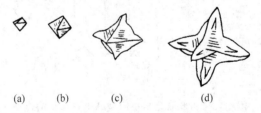

| (a) | (b) | (c) | (d) |

图 4-19 由八面体晶体向树枝晶转变的模型

就合金的宏观结晶状态而言,平面生长、胞状生长和柱状树枝晶生长都属于外生形核、然后由外壁向液体内部单向延伸的生长方式,即外生凝固方式。而等轴晶是在液体内部自由生长,称为内生生长。可见,成分过冷促进了晶体生长方式由外生生长向内生生长的转变。这种转变取决于成分过冷的程度和外来质点异质形核的能力这两个因素。大范围的成分过冷及具有强形核能力的生核剂有利于晶体的内生生长和等轴晶的形成。

等轴晶的特征是没有方向性,因此,等轴晶材质或成形产品的性能为各相同性,且等轴晶越细,性能就越好。

5. 树枝晶的生长方向和枝晶间距

从上述分析可知,枝晶的生长具有鲜明的晶体学特征,其主干和分枝的生长均与特定的晶向平行。图 4-20 为立方系枝晶生长方向示意图。对于小平面生长的枝晶结构,其生长表面均为慢速生长的密排面(111)所包围,四个(111)面相交,并构成锥体尖顶,其所指的方向⟨100⟩就是枝晶生长的方向(见图 4-20(a))。对于非小平面生长的粗糙界面的非晶体学性质与其枝晶生长中的鲜明的晶体学特征(见图 4-20(b))尚无完善的理论解释。枝晶的生长方向依赖于晶体结构特性,立方晶系为⟨100⟩晶向,密排六方晶系为⟨10$\bar{1}$0⟩晶向,体心正方为⟨110⟩晶向。

枝晶间距是指相邻同次分枝之间的垂直距离。主轴间距为 d_1,二次分枝间距为 d_2,三次分枝间距为 d_3。在树枝晶的分枝之间充填着溶质富集的最后凝固组织(如共晶体),这种形式的溶质偏析对材质的性能有害。为了消除或减小这种微观的成分偏析,需要对凝固后的铸件进行较长时间的热处理,即均匀化处理。树枝晶间距越小,溶质越容易扩散,完成热处理过程所需的时间就越短。同时,由于枝晶间的剩余液体最后凝固时的收缩得不到充分补充而形成的显微缩松和枝晶间的夹杂物等缺陷尺度也越细小、分散。所有这些因素都有利于提高材质和制品的性能,因此,枝晶间距越小越好。随着对材质和制品性能的要求不断提高,枝晶间距也更加受到普遍重视,发展了许多缩小枝晶间距的凝固方法和处理措施。

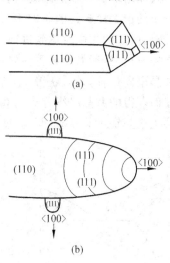

图 4-20 立方晶系柱状树枝晶的长大方向

(a) 小平面晶体;(b) 非小平面晶体

纯金属的枝晶间距只与凝固时的冷却条件有关,即取决于固液界面处结晶潜热的散失条件。而合金的枝晶间距则要由凝固时的散热条件和溶质元素的再分配行为,尤其是枝晶间的溶质扩散条件共同决定,需要同时考虑凝固时的温度场和溶质扩散行为。一般认为,枝晶间距与固液界面前方液体中的温度梯度 G_L 和界面推进速度 R 的乘积成反比。由于合金性质及凝固条件的复杂性,具体的计算模型尚有分歧,有兴趣的读者可以参考有关专著。

4.5　多相合金的凝固

4.5.1　共晶合金的凝固

1. 共晶合金的一般特点

共晶合金是工业上应用最为广泛的一类合金,其组织形态以两相(或多相)从液体中同时共生生长为特征。因此,共晶合金的凝固过程及组织都呈现出多样性和复杂性。关于共晶合金的相组成,业已观察到多达四个的组成相共生生长。然而,绝大多数实用共晶合金还是由两相共生而成。因此,以下仅讨论两相共晶凝固。同时,作为最基本的共晶形式,对于两相共晶的讨论也可以最大限度地简化数学推导,将重点放在对共晶凝固过程的物理本质的认识。

根据相图,在平衡条件下,只有具有共晶成分这一固定组成的合金才能获得全部的共晶组织。但在实际凝固条件下,即使是共晶点附近非共晶成分的合金,当其以较快的速度冷却到图 4-21 所示的平衡相图上两条液相线的延长线以下的区域时,液相内部两相同时达到过饱和,都具备了析出的条件。然而实际上往往是某一相首先析出,然后另一相再在先析出相的表面上析出,从而开始两相交替竞相析出的共晶凝固过程,最后获得 100% 的共晶组织。这种由非共晶成分合金发生共晶凝固而获得的共晶组织称为伪共晶组织,图 4-21 中的影线区称为共晶共生区。共晶共生区规定了共晶凝固的温度和成分范围。

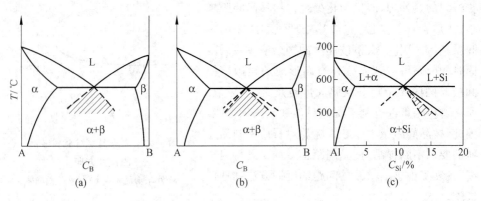

图 4-21　共晶相图及共生区示意图
(a) 热力学型;(b) 对称型;(c) 非对称型

如果仅从热力学观点考虑共晶共生区应如图 4-21(a)所示,完全由平衡相图的液相线外推延长以后构成。然而实际共晶凝固过程不仅与热力学因素有关,而且在很大程度上取决于共晶两相析出过程的动力学条件。因此,实际共晶共生区取决于共晶生长的热力学和动力学的综合因素。实际的共晶共生区可以大致分为两种：对称型(图 4-21(b))和非对称型(图 4-21(c))。

当组成共晶的两个组元熔点相近，两条液相线形状彼此对称，共晶两相性质相近，在共晶成分、温度区域内的析出动力学因素也大致相当，就容易形成相互依附的共晶核心。同时两相组元在共晶成分、温度区域内的扩散能力也接近，易于保持两相等速协同生长。在这种条件下，共晶共生区以共晶成分 C_E 为对称轴，形成对称型共晶共生区(图 4-21(b))。以共晶成分为中心的对称型共晶共生区只发生在金属-金属(非小平面-非小平面)共晶系中。

当组成共晶两相的两个组元熔点相差较大，两条液相线不对称，共晶点成分通常靠近低熔点组元一侧。此时，共晶两相的性质相差往往很大，高熔点相往往易于析出，且其生长速度也较快，两相在共晶成分、温度区域内生长的动力学条件差异破坏了共晶共生区的对称性，使其偏向于高熔点组元一侧，形成非对称型共晶共生区(图 4-21(c))。共晶两相性质差别越大，共晶共生区偏离对称的程度就越严重。大多数金属-非金属(非小平面-小平面)共晶系，如 Al-Si，Fe-C(Fe$_3$C)系的共晶共生区均属于此类。

实际上，共晶共生区的形状并非如图 4-21 所示那样简单，而是随着液相温度梯度、初生相及共晶相的长大速度和温度的关系等因素变化而呈现出多样的复杂变化。如图 4-22 所示，对称型的金属-金属系共晶在液相温度梯度 G_L 为正且较大时，呈现出铁砧式的共晶共生区。可见当晶体生长速度较小时，单向凝固的合金可以获得以平界面生长的共晶组织。随着长大速度或成分过冷度的增大，共晶组织将依次转变为胞状、树枝状以至粒状(等轴晶)共生共晶。

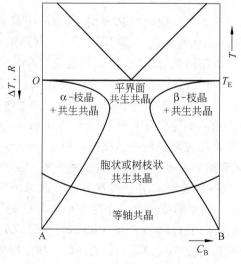

图 4-22 非小平面-非小平面共晶共生区

根据共晶体组成相的晶体学特性,可将共晶体分为规则共晶和非规则共晶两大类。

规则共晶由金属-金属相或金属-金属间化合物相,即非小平面-非小平面相组成。组成相的形态为规则的棒状或层片状,如图4-23所示。

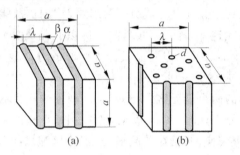

图4-23　非小平面-非小平面共晶共生区

(a) 层片状;(b) 棒状

非规则共晶一般由金属-非金属(非小平面-小平面)相组成,其组织形态根据凝固条件(化学成分、冷却速度、变质处理等)的不同而变化。小平面相的各向异性导致其晶体长大具有强烈的方向性。固液界面为特定的晶面,在共晶长大过程中,虽然共晶两相也依靠液相中原子的扩散而协同长大,但固液界面不是平整的,而是极不规则的。小平面相的长大属于二维晶核生长,它对凝固条件的反应极为敏感,因此,非规则共晶组织的形态变化多端。

2. 规则共晶凝固

(1) 层片状共晶

层片状共晶是最常见的一类规则共晶组织,其组织中共晶两相呈层片状交替生长。假设成分为 C_E 的二元共晶合金,凝固后形成由共晶两相 α,β 交替组成的片状共晶组织。如果按平衡相图进行凝固,则 α 片的成分应为 $C_{\alpha M}$,β 片的成分应为 $C_{\beta M}$。但实际上,每一片(相)内部都存在着横向的微观偏析,即 α 相中心浓度偏高 (C_α),边缘浓度偏低 $(C_{\alpha M})$;而 β 相中心浓度 (C_β) 偏低,边缘浓度 $(C_{\beta M})$ 偏高。二元共晶平衡相图及共晶两相的实际成分分布如图4-24所示。

上述成分分布现象是在凝固过程中形成的。由于各组元在固相中的扩散很小(或不扩散),故冷却到室温后基本上仍保留着这种偏析。定性地看,这种现象不难理解:因为当 α 相凝固时,其前沿液相中必有 B 元素的原子堆积;同样,β 相凝固时,其前沿液相中必有 A 元素的原子堆积。这种溶质原子的堆积如图4-25所示。它既沿平行于层片(垂直于固液界面)的方向向母体液相(成分为 C_E 中)扩散 $(x'$ 方向),同时也沿垂直于层片的方向横向扩散 $(y$ 方向)。如果凝固过程保持稳定的平界面推移,则固液界面前沿必将保持一个稳定的浓度场。从纵断面(垂直于固液界

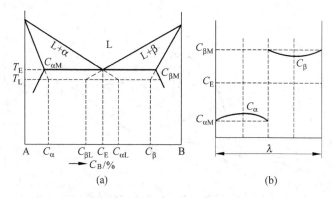

图 4-24 共晶相图及层片状共晶凝固时的成分分布

(a) 共晶相图；(b) 层片状共晶凝固时的成分分布

面)上看，液体浓度 C_L 的分布曲线如图 4-26(a)所示；从横断面(平行于固液界面)看，液体浓度 C_L 的分布曲线如图 4-26(b)所示。

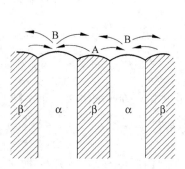

图 4-25　层片状共晶生长
时的原子扩散

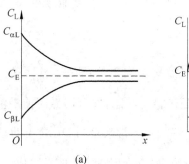

图 4-26　层片状共晶凝固前沿的溶质分布

若取出从 α 相中心线到 β 相中心线的一段，则可以绘出固液界面前沿液相成分 C_L 的立体分布，如图 4-27 所示。由共晶相图，与 $C_{αL}$，$C_{βL}$ 相应的固相成分分别为 $C_α$ 和 $C_β$，且有

$$\frac{C_α}{C_{αL}} = k_α < 1 \quad 及 \quad \frac{C_β}{C_{βL}} = k_β > 1$$

据此，不难得出固相中的成分分布。

片状共晶凝固前沿的溶质再分配可用扩散方程来描述：

$$\frac{\mathrm{d}C_L}{\mathrm{d}t} = \frac{\partial C_L}{\partial t} + \frac{\partial C_L}{\partial x'}\frac{\partial x'}{\partial t} + \frac{\partial C_L}{\partial y}\frac{\partial y}{\partial t} + \frac{\partial C_L}{\partial z}\frac{\partial z}{\partial t} \tag{4-30}$$

其中

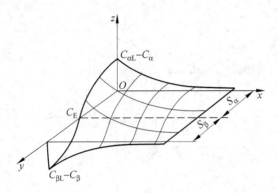

图 4-27　层片状共晶凝固前沿的溶质分布

$$\frac{\partial C_L}{\partial t} = D_L \left(\frac{\partial^2 C_L}{\partial x'^2} + \frac{\partial^2 C_L}{\partial y^2} + \frac{\partial^2 C_L}{\partial z^2} \right) \tag{4-31}$$

在定向凝固条件下,可作如下近似处理:

① 共晶为层片状,故在 z 方向(垂直于生长方向且平行于共晶层片)上 B 组元浓度不变,即 $\frac{\partial C_L}{\partial z} = 0$;

② 共晶层片仅沿 x' 方向生长,即 $\frac{\partial y}{\partial t} = \frac{\partial z}{\partial t} = 0$;

③ 凝固过程处于稳定状态,即凝固界面前沿液相中沿 x' 方向的溶质分布不随时间而变化,即 $R = \frac{\partial x'}{\partial t}$ 为一常数且与 D_L 处于动态平衡$\left(\frac{dC_L}{dt} = 0 \right)$。

根据以上三条假设,方程(4-30)又可以写成

$$D_L \left[\frac{\partial^2 C_L}{\partial x'^2} + \frac{\partial^2 C_L}{\partial y^2} \right] + R \frac{\partial C_L}{\partial x'} = 0 \tag{4-32}$$

方程(4-32)的边界条件为

(i) $x' \to \infty$,$C_L = C_E$;

(ii) 当 $y = 0$ 或 $y = S_\alpha + S_\beta = \frac{\lambda}{2}$ 时,$\frac{\partial C_L}{\partial y} = 0$;

(iii) $\begin{cases} \left(\dfrac{\partial C_L}{\partial x'} \right)_{x'=0} = -\dfrac{R(C_E - C_{\alpha M})}{D_L} & 0 \leqslant y < S_\alpha \\[3mm] \left(\dfrac{\partial C_L}{\partial x'} \right)_{x'=0} = -\dfrac{R(C_E - C_{\beta M})}{D_L} & S_\alpha \leqslant y \leqslant S_\alpha + S_\beta \end{cases}$

在(iii)中,假定了 $C_E - C_{\alpha M} = C_{\alpha L} - C_\alpha$,$C_E - C_{\beta M} = C_{\beta L} - C_\beta$。由于过冷度小,这种假设引起的误差很小。例如,对于 Fe-C 合金,当 $\Delta T = 10℃$ 时,按此假定计算的误差仅为 1.15%。

为了简化方程(4-32)的解,还需要一个假定:$\dfrac{D_L}{R} \gg \lambda$,即溶质 B 在 x' 方向上的扩散特性距离 $\dfrac{D_L}{R}$ 远远大于共晶层片间距 λ(前者约为 $10^{-1} \sim 10^{-2}\,\mathrm{cm}$,后者约为 $10^{-4}\,\mathrm{cm}$),即 $\dfrac{2D_L}{R} \gg \dfrac{\lambda}{2n\pi}$,或 $\dfrac{2n\pi}{\lambda} \gg \dfrac{R}{2D_L}$。

利用上述条件,得到方程(4-32)的解为

$$C_L - C_E = \sum_{n=1}^{\infty} B_n \cos \frac{2n\pi y}{\lambda} \exp\left(-\frac{2n\pi}{\lambda}x'\right) \tag{4-33}$$

其中

$$B_n = \frac{\lambda R (C_{\beta M} - C_{\alpha M})}{(n\pi)^2 D_L} \sin \frac{2n\pi y}{\lambda} S_\alpha \qquad n = 1, 2, 3, \cdots \tag{4-34}$$

当 $x' = 0$ 时,界面上液相侧的成分分布为

$$C_L = C_E + \sum_{n=1}^{\infty} B_n \cos \frac{2n\pi y}{\lambda} \tag{4-35}$$

由于固相中无扩散,故 α 相和 β 相的浓度在 x 方向上没有偏析,C_α 和 C_β 与 y 的关系(在 y 方向上的分布)分别为

$$C_\alpha = k_\alpha \left(C_E + \sum_{n=1}^{\infty} B_n \cos \frac{2n\pi y}{\lambda} \right) \qquad 0 \leqslant y \leqslant S_\alpha \tag{4-36a}$$

$$C_\beta = k_\beta \left(C_E + \sum_{n=1}^{\infty} B_n \cos \frac{2n\pi y}{\lambda} \right) \qquad S_\alpha \leqslant y \leqslant S_\alpha + S_\beta \tag{4-36b}$$

其中,k_α,k_β 分别为 α,β 相的平衡分配系数。表 4-1 是当 y 取几个特殊值时相应的 C_α 和 C_β 值,由此有助于了解图 4-28 所示的 α 相和 β 相的成分偏析。

表 4-1　y 方向几个特殊位置处 α 相和 β 相的成分

y	C_α	C_β
0	$k_\alpha \left(C_E + \sum B_n \right)$	
$\lambda/4$	$k_\alpha C_E$	$k_\beta C_E$
$\lambda/2$		$k_\beta \left(C_E - \sum B_n \right)$

根据共晶两相层片与液体界面处的几何关系以及各相之间界面张力的平衡关系(如图 4-29 所示)。K. A. Jackson 和 J. D. Hunt 首先推导出了共晶结晶过冷度 ΔT、凝固速度 R 及表征共晶层片间距的 λ 之间的关系为

$$\Delta T = A R \lambda + \frac{B}{\lambda} \tag{4-37}$$

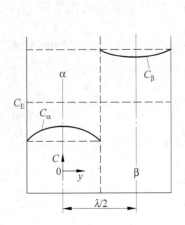

图 4-28　层片状共晶 α 相和
β 相的成分偏析

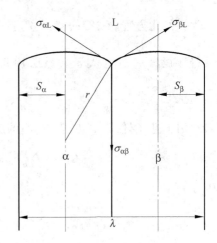

图 4-29　层片状共晶两相与液体
之间的平衡关系

式中，A，B 均为与共晶合金性质有关的常数。式（4-37）称为 Jackson-Hunt 模型，是关于共晶生长的经典模型。令 $\dfrac{\partial \Delta T}{\partial \lambda}=0$，可求得最小过冷度：

$$\Delta T_{\min} = 2\sqrt{ABR} \qquad (4\text{-}38)$$

与之相应的共晶层片间距为

$$\lambda = \sqrt{\dfrac{B}{AR}} \qquad (4\text{-}39)$$

将式（4-37）和式（4-38）相乘得

$$\Delta T_{\min} = \dfrac{2B}{\lambda} \qquad (4\text{-}40)$$

可见，过冷度越大，共晶层片间距就越小。

实验表明，对于一定的生长速度 R，只有一个层片间距值 λ 与之对应。即在一定的生长速度 R 条件下，有一个最小过冷度 $\Delta T_{\min}$。也就是说，对于一个给定的过冷度，将存在着一个对应的层片间距值 λ。

（2）棒状共晶

规则共晶是以棒状还是层片状方式生长，取决于两个组成相的界面能相对大小，符合界面能最小原则。K. A. Jackson 和 J. D. Hunt 以共晶相的几何界面积为计算基础，获得以下结论：如果共晶两相之间的界面能为各向同性，当共晶两相 α，β 的体积符合以下关系 $\dfrac{1}{\pi} < \dfrac{V_\beta}{V_\alpha+V_\beta} < \dfrac{1}{2}$ 时形成层片状共晶；当 $\dfrac{V_\beta}{V_\alpha+V_\beta} < \dfrac{1}{\pi}$ 时，β 相在共晶组织中将以棒状形式出现。

需要说明,层片状共晶中两相间的位向关系比棒状共晶中两相间的位向关系更强,因此,在层片状共晶中,相间界面更可能是低界面能的晶面。在这种情况下,虽然某一相的体积分数小于 $1/\pi$,也会形成层片状共晶而不是棒状共晶。

在某些条件(如共晶两相之间的界面能为各向异性或进行变质处理等)下,共晶形态可能不符合上述规律。如液体中存在第三组元且第三组元在共晶两相中的分配系数相差较大时,其在某一相的界面前沿的富集,将阻碍该相的继续长大。而另一相界面前沿第三组元的富集较小,对该相的生长影响不大,该相长大速率较高,将会超过另一相而产生搭桥作用。于是,落后的一相将被生长快的一相隔离成筛网状,继续发展则形成棒状共晶组织,如图 4-30 所示。通常在层片状共晶两相交界处看到的棒状共晶组织,就是这样形成的。

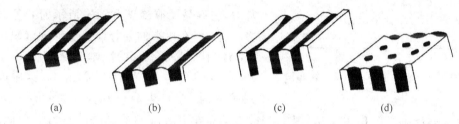

图 4-30 层片状共晶向棒状共晶转变示意图

棒状共晶可用与六边形等面积圆的半径 r 取代层片状共晶中的层片间距,作为共晶组织的特征尺寸,如图 4-31 所示。其中 β 相呈棒状,而 α 相的晶界为正六边形。参照层片状共晶组织生长的 Jackson-Hunt 模型,可以得到棒状共晶凝固条件下过冷度 ΔT、凝固速度 R 及棒状共晶特征尺寸 r 之间的关系为

$$\Delta T = A_r R r + \frac{B_r}{r} \qquad (4\text{-}41)$$

同样,根据最小过冷度原理,可以求得棒状共晶的特征尺寸为

$$r = \sqrt{\frac{B_r}{A_r R}} \qquad (4\text{-}42)$$

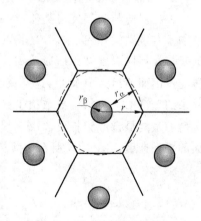

式(4-41)和式(4-42)中的 A_r 和 B_r 为由棒状共晶组成相物理性质所决定的常数。式(4-39)和式(4-42)说明,层片状共晶的层片间距 λ 及棒状共晶的特征尺寸 r 均与凝固速度的平方根成反比,即生长速度越高,λ 和 r 越小,共晶组织越细小,材质的性能就越好。

图 4-31 棒状共晶组织特征尺寸示意图

4.5.2　偏晶合金的凝固

1. 偏晶合金大体积的凝固

图 4-32 为具有偏晶反应 $L_1 \rightarrow \alpha + L_2$ 的相图。具有偏晶成分的合金 m,冷却到偏晶反应温度 T_m 以下时,即发生上述偏晶反应。反应的结果是从液相 L_1 中分解

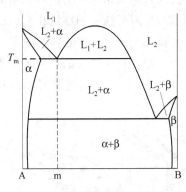

出固相 α 及另一成分的液相 L_2。L_2 在 α 相周围形成并把 α 包围起来,这就像包晶反应一样,但反应过程取决于 L_2 与 α 相的润湿程度及两种液相 L_1 和 L_2 的密度差。如果 L_2 是阻碍 α 相长大的,则 α 相要在 L_1 中重新形核。然后 L_2 再包围它,如此进行,直至反应终了。继续冷却时,在偏晶反应温度和图中所示的共晶温度之间,L_2 将在原有的 α 相晶体上继续沉积出 α 相晶体,直到最后剩余的液体 L_2 凝固成($\alpha +$

图 4-32　具有偏晶反应的平衡相图

β)共晶。如果 α 与 L_2 不润湿或 L_1 与 L_2 密度差别较大时,会发生分层现象。如 Cu-Pb 合金,偏晶反应产物 L_2 中 Pb 较多,以致 L_2 分布在下层,α 与 L_1 分布在上层。因此,这种合金的特点是容易产生大的偏析。

在任何人们所知道的偏晶相图中,反应产生的固相 α 的量总是大于反应产生的液相 L_2 的量。这意味着偏晶中的固相要连成一个整体,而液相 L_2 则是不连续地分布在 α 相基体之中,这样,其最终组织实际上和亚共晶组织没有什么区别。

2. 偏晶合金的单向凝固

偏晶反应与共晶反应类似,在一定的条件下,当其以稳定态定向凝固时,分解产物呈有规则的几何分布。当其以一定的凝固速度进行时,在底部由于液相温度低于偏晶反应温度 T_m,所以 α 相首先在这里沉积,而靠近固液界面的液相由于溶质的排出而使组元 B 富集,这样就会使 L_2 形核。L_2 是在固液界面上形核还是在原来的母液 L_1 中形核,要取决于界面能 $\sigma_{\alpha L_1}$,$\sigma_{\alpha L_2}$ 和 $\sigma_{L_1 L_2}$ 三者之间的关系。而偏晶合金的最终显微形貌将要取决于以上三个界面能、L_1 与 L_2 的密度差以及固液界面的推进速度。图 4-33 所示为液相 L_2 的形核与界面张力的平衡关系。

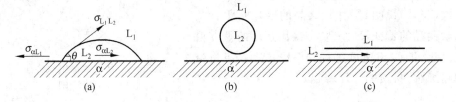

图 4-33　L_2 的形核与界面张力的关系示意图

以下讨论界面张力之间三种不同的情况。

（1）当 $\sigma_{\alpha L_1} = \sigma_{\alpha L_2} + \sigma_{L_1 L_2} \cos\theta$（图 4-33(a)）时，随着由下向上单向凝固的进行，α 相和 L_2 并排长大，α 相生长时将排出 B 原子，L_2 生长时将 B 原子吸收，这就和共晶结晶的情况一样。当达到共晶温度时，L_2 转变为共晶组织，只是共晶组织中的 α 相与偏晶反应产生的 α 相合并在一起。凝固后的最终组织为在 α 相的基底上分布着棒状或纤维状相。

（2）当 $\sigma_{\alpha L_2} > \sigma_{\alpha L_1} + \sigma_{L_1 L_2}$（图 4-33(b)）时，液相 L_2 不能在固相 α 相上形核，只能孤立地在液相 L_1 中形核。在这种情况下，L_2 是上浮还是下沉，将由斯托克斯（Stokes）公式来决定：

① 如果液滴 L_2 的上浮速度大于固液界面的推进速度 R，则它将上浮到液相 L_1 的顶部。在这种情况下，α 相将依温度的推移，沿铸型的垂直方向向上推进，而 L_2 将全部集中到试样的顶端，其结果是试样的下部全部为 α 相，上部全部为 β 相。利用这种方法可以制取 α 相的单晶，其优点是不发生偏析和成分过冷。半导体化合物 HgTe 单晶就是利用这一原理由偏晶系 Hg-Te 制取的。

② 如果固液界面的推进速度大于液滴的上升速度时，则液滴 L_2 将被 α 相包围，而排出的 B 原子继续供给 L_2，从而使在 L_2 长大方向拉长，使生长进入稳定态，如图 4-34 所示。在低于偏晶反应温度之后的冷却中，从液相 L_2 中将析出一些 α 相，新生的 α 相是从圆柱形 L_2 的四周沉积到原有的 α 相上，这样 L_2 将会变细。温度继续降低，L_2 将按共晶和包晶反应转变。最后的组织将是在 α 相的基体中分布着棒状或纤维状的 β 相晶体。β 相纤维之间的距离正如共晶组织中层片间距一样，取决于长大速度，即：$\lambda \propto R^{-n}, n = 0.5$。

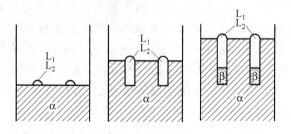

图 4-34　偏晶合金单向凝固示意图

（3）当 $\sigma_{\alpha L_1} > \sigma_{\alpha L_2} + \sigma_{L_1 L_2}$ 时，$\theta = 0°$，α 相和 L_2 完全湿润（图 4-33(c)）。这时，在 α 相上完全覆盖一层 L_2，使稳定态长大成为不可能，α 相只能断续地在 $L_1 - L_2$ 界面上形成，其最终组织将是 α 相和 β 相的交替分层组织。

4.5.3　包晶合金的凝固

1. 平衡凝固

很多工业上常用的合金都具有包晶反应。典型的包含包晶反应的平衡相图如

图 4-35 所示,其特点是:①液相完全互溶,固相中部分互溶或完全不互溶;②有一对固、液相线的分配系数大于 1。以图 4-35 中成分为 C_0 的合金为例,在冷却到 T_1 时析出 α,冷却到 T_P(包晶反应温度)时发生包晶反应:$\alpha_P + L_P \rightarrow \beta_P$。在包晶反应过程中,$\alpha$ 相要不断分解,直至完全消失;与此同时,β 相要形核长大。β 相的形核可以以 α 相为基底,也可以从液相中直接形成。平衡凝固要求溶质组元在两个固相及一个液相中进行充分的扩散,但实际上穿过固、液两相区时冷却速度很快,非平衡凝固则是经常的。

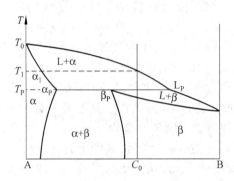

图 4-35　包晶平衡相图

2. 非平衡凝固

在非平衡凝固时,由于溶质在固相中的扩散不能充分进行,包晶反应之前凝固出来的 α 相内部的成分是不均匀的,即树枝晶的心部溶质浓度低,而树枝晶的边缘溶质浓度高,当温度达到 T_P 时,在 α 相的表面发生包晶反应。从形核功的角度看,β 相在 α 相表面上非均质形核要比在液相内部均质形核更为有利。因此,在包晶反应过程中,α 相很快被 β 相包围,此时,液相与 α 相脱离接触,包晶反应只能依靠溶质组元从液相一侧穿过 β 相向 α 相一侧进行扩散才能继续下去,因此将受到很大限制。当温度低于 T_P 后,β 相继续从液相中凝固。图 4-36 为非平衡凝固条件下的包晶反应示意图。

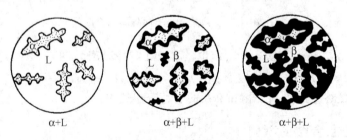

图 4-36　非平衡凝固条件下的包晶反应示意图

多数具有包晶反应的合金，其溶质组元在固相中的扩散系数很小，因此，在非平衡凝固条件下，包晶反应进行得是不完全的，图 4-37 所示为 Pb-20％Bi 合金在非平衡凝固条件下溶质分布及形成组织的示意图。不难看出，由于溶质组元在固相中扩散得不充分，本来是单相组织却变成了多相组织。当然，一些固相扩散系数大的溶质组元，如钢中的 C，包晶反应可以充分地进行，具有包晶反应的碳钢，初生 δ 相可以在冷却到奥氏体区后完全消失。

图 4-37(a) 中质量分数为 23％～33％ 的 Pb-Bi 合金在单向凝固条件下，如果 G/R 值足够高，可以获得 α+β 复合材料，说明包晶相 β 可从液相中直接沉积而增厚。这是由于随着凝固的进行，液相中溶质 Bi 逐渐富集，从而为 β 相的增厚长大提供了条件，在平直的等温面温度低于 T_P 时，剩余的液相将全部转变为 β 相。图 4-38 所示为具有包晶反应的合金单向凝固中固液界面示意图。

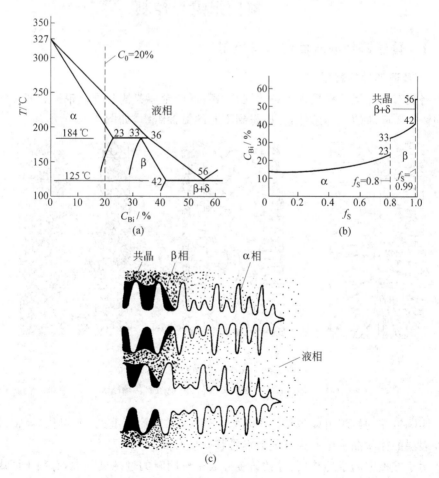

图 4-37　Pb-Bi 合金相图及非平衡凝固条件下的溶质分布和凝固组织示意图

利用包晶反应促使晶粒细化是非常有效的,如向 Al 合金液中加入少量 Ti,可以形成 $TiAl_3$,当 Ti 的质量分数超过 0.15% 时将发生包晶反应:$TiAl_3 + L \rightarrow \alpha$。包晶反应产物 α 为 Al 合金的主体相,它作为一个包层包围着非均质核心 $TiAl_3$,由于包层对于溶质组元扩散的屏障作用,使得包晶反应不易继续进行下去,也就是包晶反应产物 α 相不易继续长大,因而获得细小的 α 相晶粒组织。这种利用包晶反应而实现非均质形核的孕育作用之所以特别有效,其原因在于包晶反应提供了无污染的非均质晶核的界面。

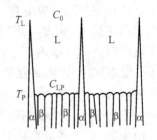

图 4-38　具有包晶反应的合金单向凝固过程中的固液界面示意图

4.6　凝固组织与控制

4.6.1　普通铸件的凝固组织与控制

1. 普通铸件的凝固组织特征

将液态金属浇入锭模中制备铸锭是最普通的金属凝固过程。根据金属化学成分和铸锭凝固时的冷却条件,可以得到不同的铸锭组织,如图 4-39 所示。

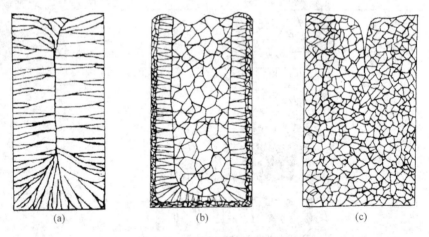

(a)　　　　　　　　　　(b)　　　　　　　　　　(c)

图 4-39　实际铸锭组织示意图
(a) 柱状穿晶;(b) 含有三个晶区;(c) 全部等轴晶区

实际铸锭的组织可能包括以下区域:外层(靠近锭模壁处)细粒状(等轴)晶、次外表层的柱状晶及中心区域的粗大粒状(等轴)晶。

由于锭模壁的激冷作用,导致铸锭外表层凝固时的过冷度很大,有利于形成大量结晶核心。同时,在铸锭模壁处也容易形成大量异质核心,从而在铸锭表层形成由大量细小晶粒组成的等轴晶区。

当铸锭表面的细小晶粒形成之后,大量晶核竞相生长,由于靠近锭模壁处的散热具有强烈的方向性,晶核在垂直于模壁方向上的生长速度远远大于其他方向,从而在邻近铸锭表层的一定范围内形成了垂直于模壁平行排列的柱状晶。

在一定条件下,垂直模壁平行排列的柱状晶生长到一定程度后会停止长大,而在铸锭中心区域出现尺寸粗大的等轴晶。

一般条件下,铸锭表层的细小等轴晶区很小,其厚度局限于几个晶粒尺寸大小,而其余两个区域尺寸相对较大。对于不同的金属成分和冷却条件,铸锭宏观组织中的晶区数量及相对大小也会发生相应的变化。如在一定条件下,柱状晶会一直生长直到铸锭中心,形成所谓"穿晶"组织(这时的铸锭组织由表层细等轴晶和柱状晶两个区域构成,见图 4-39(a))。而某些成分的金属在适当的冷却条件下,柱状晶的生长甚至会被完全抑制,整个铸锭宏观组织全部由等轴晶组成,而等轴晶的晶粒大小仍然符合表层区域小、中心区域大的规律(见图 4-39(c))。

关于铸锭中心区域粗大等轴晶的来源存在着两种不同的理论解释:一种认为源自凝固界面前沿液体中的成分过冷及异质晶核;而另一种则认为是铸锭模壁处形成的部分晶核或生长中的晶粒末端折断后受到液流冲击或浓差对流等作用而游离至中心区域后形成的。实际上,上述两种机制可能同时并存。

2. 普通铸件凝固组织的形成机制

(1) 表面细小等轴晶区

对于表面细晶粒区的形成曾经有过不同的理论解释。早期曾经有人认为,液态金属浇注到铸型中后,受到温度较低的型壁冷却作用,在型壁附近的液体中产生较大的过冷度而大量形核,这些晶核又在型壁较强的散热条件下迅速长大并相互接触,从而形成大量无规则排列的细小等轴晶粒。根据这种理论,表面细小晶粒的形成与型壁附近液体内的形核数量有关,形核量越大,表面细小等轴晶区就越大,晶粒尺寸也越小。因此,所有影响异质形核的因素,如外来核心的数量、铸型的冷却能力等传热条件都将直接影响表面细小等轴晶区的宽度和晶粒大小。而后来的研究表明,除异质形核作用外,由于各种因素引起的晶粒游移也是形成表面细小晶粒的晶核来源。大野笃美通过实验发现,由于溶质再分配导致生长中的枝晶根部发生"缩颈",而浇注及凝固过程中形成的液体流动对缩颈后的枝晶根部产生冲击作用,致使枝晶熔断和型壁处的晶粒脱落,在液体中产生游离晶粒。这些游离晶粒一部分沉积在型壁附近区域,形成表面细小等轴晶区。

需要指出,由于大量表面细小等轴晶粒相互接触后会形成具有一定厚度的凝固壳层,随着这一固体外壳产生而在型壁附近的液体中形成有利于单向散热的条件,促使晶体沿着与热流相反的方向择优生长成为柱状晶。而大量游离晶粒的存在会抑制稳定的凝固外壳的形成,因而有利于表面细小等轴晶区的形成。另外,铸型的激冷能力对于表面细小等轴晶区的形成具有双重作用,增强铸型的激冷作用一方面可以提高型壁附近液体的异质形核能力,促进表面细小等轴晶区的形成,但同时也使靠近型壁的晶粒数量大大增加,进而很快相互连接而形成稳定的凝固外壳,限制了表面细小等轴晶区的扩大。因此,如果没有较多的游离晶粒存在,增强铸型激冷作用反而不利于表面细小等轴晶区的形成与扩大。

(2) 柱状晶区

柱状晶最初是由表面细小等轴晶在一定条件下沿垂直型壁方向择优生长而形成的。表面细小等轴晶的形成与生长一旦形成稳定密实的凝固外壳,处于凝固界面前沿的晶粒原来的各向同性生长条件即被破坏,转而在垂直于型壁的单向热流作用下,以枝晶方式沿热流的反向延伸生长。最初,由于众多枝晶的主干互不相同,较之其他主干取向不利的枝晶,那些主干与热流方向平行的枝晶获得了更为有利的生长条件,优先向液体内部延伸生长并抑制了其他方向的枝晶生长,如此淘汰掉取向不利的枝晶后逐渐发展成为柱状晶(如图 4-40 所示)。由于晶体的择优生长,在柱状晶向前发展的过程中,离开型壁的距离越远,取向不利的晶体被淘汰得就越多,柱状晶的生长方向就越集中,垂直生长方向上的晶粒平均尺寸就越大。

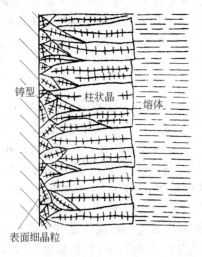

铸型   柱状晶   熔体

表面细晶粒

图 4-40   晶体择优生长形成柱状晶示意图

决定柱状晶持续发展的关键因素是其生长前端是否出现一定数量的等轴晶粒。如果柱状晶生长前沿的液体中始终不具备有利于等轴晶形成与生长的条件,其生长过程将持续进行,甚至一直延伸到铸件中心,直到与从对面型壁生长过来的柱状晶相遇为止,即形成除表面微小的等轴晶薄层以外由柱状晶贯穿整个铸件断面的所谓"穿晶组织"。一旦柱状晶生长前沿出现等轴晶形成、生长以及液体中的游离晶粒向柱状晶生长前沿沉积的有利条件,柱状晶的生长即被抑制,而在铸件中心形成又一个等轴晶区。不过,这一区域的等轴晶尺寸要比型壁附近的晶粒尺寸大得多。

(3) 内部粗大等轴晶区

由于表层等轴晶区和充分生长的柱状晶区极大地降低了铸型壁对液体的冷却作用,液体散热的方向性也完全丧失,因此,在柱状晶生长前沿形成或沉积在此处的等轴晶将在剩余液体内部自由生长,形成粗大的等轴晶区。关于内部等轴晶核来源及等轴晶区的形成过程,曾经有过激烈的争论,主要的理论与观点分述如下。

① 过冷液体中异质形核理论

随着柱状晶向内生长及相应的溶质再分配,在固液界面前沿的液体中产生成分过冷。当成分过冷的过冷度超过异质形核所需的临界过冷度时,就会在成分过冷液体中产生晶核并长大,形成内部等轴晶区。

② 型壁激冷作用产生的晶核卷入理论

液态金属在进入铸型过程中受到来自型壁等的激冷作用,通过异质形核在液体内形成大量游离状态的晶核,这些晶核随着液体的流动漂移到铸型的中心区域。如果液态金属的温度不致使这些游离漂移的晶核全部熔化,其中部分晶核就会存留下来成为内部等轴晶区的形成核心,如图 4-41 所示。

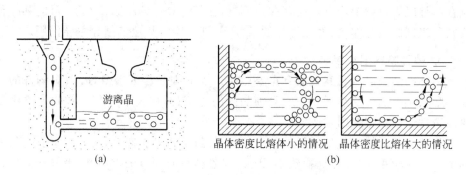

图 4-41 由异质形核形成游离晶粒示意图
(a) 液态金属进入铸型时形成的游离晶粒;(b) 受型壁激冷作用而形成的游离晶粒

以上两种观点均认为内部等轴晶区是由于异质形核产生游离晶粒并在液体中自由长大的结果,尤其是当液态金属内部存在有大量有效形核质点时,内部等轴晶区宽度加大,晶粒尺寸减小。

③ 型壁晶粒脱落和枝晶熔断理论

依附型壁形核的晶粒或枝晶生长过程中引起界面前沿溶质再分配,使相应的液相熔点降低,从而导致该区域的实际过冷度减小。溶质偏析程度越大,实际过冷度就越小,晶体的生长就越缓慢。由于紧靠型壁的晶体或枝晶根部的溶质在液体中扩散均化的条件最差,这些部位附近的液体中溶质偏析程度最为严重,因而其侧向生长受到强烈抑制。与此同时,远离枝晶根部的其他部位则由于界面前沿液体中的溶质易于通过扩散和对流而均匀化,容易获得较大的过冷,其生长速度要快得多。因此,枝晶根部在生长过程中会产生"缩颈"现象。在液体对流的机械冲刷和温度起伏引起的热冲击作用下,枝晶的缩颈部位很容易断裂,形成游离晶粒并被液体对流输运到铸件中心区域,从而形成内部等轴晶区。还需要特别说明,由于受到液体温度起伏与成分起伏的影响,这些游离晶粒在输运过程中始终处于局部熔化和生长的反复状态之中,结果会造成游离晶粒的增殖。

对 Sn-10%Bi 合金凝固过程的直接观察证实,凝固初期型壁附近晶粒的脱落形成了游离晶粒,对铸铁凝固过程中树枝晶的扫描电镜观察也证明了枝晶缩颈现象的存在。

④ "结晶雨"游离晶粒理论

凝固初期在型壁上表面附近的过冷液体中形成晶核并生长,或者枝晶根部缩颈脱落成为细小晶体,由于这些游离晶粒的密度大于液体而在液体中像雨滴一样降落,沉积在生长着的柱状晶前端抑制其生长,形成内部等轴晶区。需要说明的是,这种晶粒游离现象一般多发生在大型铸件中,而在一般的中小型铸件凝固过程中较少发生。

研究表明,上述四种理论均有实验依据,因此认为相应的内部等轴晶区形成机制在铸件凝固过程中均有可能存在。不过,在某一具体的凝固条件下,可能某一种或几种机制起主导作用,而在另外的条件下,则可能由其他机制起主导作用。

3. 铸件凝固组织控制

铸件的结晶组织对其性能有重要影响。表面细晶粒区很薄,因而对铸件的性能影响较小。而柱状晶区与中心等轴晶区的宽度、晶粒大小以及两者的比例则是决定铸件性能的主要因素。

柱状晶是晶体择优生长形成的单向细长晶体,排列位向一致,一般垂直生长方向的尺寸比较粗大,晶界面积较小,因此,其性能具有明显的方向性,沿柱状晶生长方向的性能优异,而垂直生长方向的性能则较差。另外,柱状晶生长过程中某些杂质元素、非金属夹杂物及气体等被排斥在晶体生长界面前沿,最后分布于柱状晶与柱状晶或中心等轴晶之间,从而在这些部位形成了性能的薄弱环节,凝固末期容易产生热裂纹。对于铸锭来说,还易于在以后的塑性加工或轧制过程中导致裂纹。因此,通常不希望铸件中出现粗大的柱状晶组织。然而,对于沿某一特殊方向要求高性能的零部件,如航空发动机叶片等,可以充分利用柱状晶性能的各向异性,通过采用定向凝固技术,控制单向散热,以获得全部单向排列的柱状晶组织,从而极大地提高这类特殊零件的使用性能和可靠性。

内部等轴晶区中的晶粒之间位向各不相同,晶界面积较大,而且偏析元素、非金属夹杂物和气体等比较分散,等轴枝晶彼此嵌合,结合比较牢固,因而不存在所谓"弱面",性能比较均匀,没有方向性,即所谓各向同性。但是,如果内部等轴晶区中的枝晶发达,显微缩松较多,凝固组织不够致密,从而使铸件性能显著降低。细化等轴晶可以使杂质元素和非金属夹杂物、显微缩松等缺陷弥散分布,因此能够显著提高力学性能和抗疲劳性能。生产上往往采取措施细化等轴晶粒,以获得较多甚至全部是细小等轴晶的组织。

控制铸件的宏观组织就是要控制铸件(锭)中柱状晶区和等轴晶区的相对比例。一般铸件希望获得全部细等轴晶组织,为了获得这种组织,可以通过创造有利于等轴晶形成的条件来抑制柱状晶的形成和生长。根据等轴晶的形成机制,凡是有利于小晶粒的产生、游离、漂移、沉积及增殖的各种因素和措施,都有利于抑制柱状晶区的形成和发展,扩大等轴晶区的范围,并细化等轴晶组织。具体措施不外乎从增大形核率和控制晶体生长条件两方面入手,分述如下。

（1）引入形核剂

向液态金属中添加形核剂（对于铸铁生产则称为孕育剂）是控制形核、细化金属和合金铸态组织的重要手段,具体内容参见 2.3 节。

（2）控制凝固条件

通过控制液态金属的凝固条件,可以有效调节晶体生长过程,从而实现对铸件组织的控制。具体措施如下。

① 较低的浇注温度

大量试验及生产实践表明,适当降低浇注温度可以有效减小柱状晶区比例,从而获得细小等轴晶组织,尤其是对于导热性较差的合金而言,效果更为显著。较低的浇注温度一方面有利于减少液态金属由于高温而引起的晶粒重熔的数量,使得先期形成的晶粒更多地存留下来;另一方面,液态金属过热温度的降低也有利于产生较多的游离晶粒。这两方面的作用均有利于抑制柱状晶的成长和等轴晶的细化。当然,浇注温度过低会引起液态金属流动性严重下降,导致浇不足或冷隔、夹杂等缺陷。

② 适当的浇注工艺

液态金属进入铸型及凝固初期受到激冷作用形成的微小晶粒游离后被输运到液体内部,成为等轴晶的主要来源。凡是凝固促进液体金属对流及其对型壁冲刷作用的因素均能增加等轴晶数量,扩大等轴晶区并细化其尺寸。

大野笃美进行了图 4-42 所示的对比试验,当采用单孔中间浇注时,由于对型壁的冲刷作用较弱,柱状晶发达,等轴晶区较窄且晶粒粗大;而采用沿型壁圆周均布6孔浇注时,液流对型壁的冲刷作用大大增强,因而获得了全部细小等轴晶组织。

③ 铸型性质和铸件结构

（i）铸型激冷能力的影响:铸型激冷能力对凝固组织的影响与铸件壁厚和液态金属的导热性有关。对于薄壁铸件而言,激冷可以使整个断面同时产生较大的过冷。铸型材料蓄热系数越大,液态金属就能获得较大的过冷,形核能力越强,有利于促进细小等轴晶组织的形成。对于壁厚较大和导热性较差的铸件而言,只有型壁附近的金属才受到激冷作用,因此,等轴晶区的形成主要依靠各种形式的游离晶粒。在这种情况下,铸型冷却能力的影响具有双重性:一方面,冷却能力较低（低蓄热系数）的铸型能延缓铸件表面稳定凝固壳层的形成,有助于凝固初期激冷晶粒的游离,同时也使液体金属内部温度梯度较小,固、液相共存区域较宽,从而对增加等轴晶数量有利;另一方面,铸型冷却能力低减缓了液体过热热量的散失,不利于游离晶粒的存留和增加等轴晶数量。通常,前者起主导作用。因此,在一般生产过程中,除薄壁铸件外,采用金属型比砂型铸造更易获得柱状晶,特别是高温浇注时更为明显。砂型铸造所形成的等轴晶粒比较粗大。如果存在有利于异质形核与晶粒游离的其他因素,如强形核剂的存在、低浇注温度、促进枝晶缩颈及强烈的

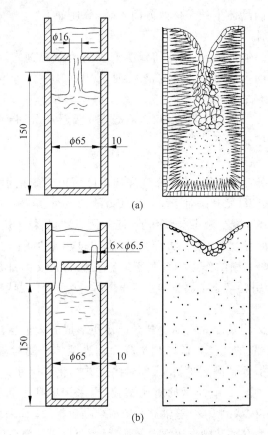

图 4-42　不同浇注条件下铸锭的宏观组织示意图
(a) 单孔中心浇注；(b) 沿型壁周围均布 6 孔浇注

液体对流与搅拌等足以抵消其不利影响,则无论是金属型还是砂型铸造,皆可获得细小的等轴晶组织。当然,在同样条件下金属型铸造获得的等轴晶更为细小。

(ii) 液态金属与铸型表面的润湿角:试验表明,液态金属与铸型表面的润湿性好,即接触角小,则在铸型表面易于形成稳定的凝固壳层,因而有利于柱状晶的形成与生长。反之,则有利于等轴晶的形成与细化。

(iii) 铸型表面的粗糙度:试验结果表明,随着铸型表面粗糙度的提高,不利于柱状晶生长,柱状晶区减小,而等轴晶区扩大。

④ 动态下的结晶有利于细化等轴晶

在铸件凝固过程中,采用某些物理方法,如振动(通过机械、超声波方法)、搅拌(通过机械、电磁方法)或铸型旋转等,均可以引起液相与固相的相对运动,导致枝晶的破碎、脱落及游离、增殖,在液相中形成大量晶核,有效地减小或消除柱状晶区,细化等轴晶组织。

（i）利用振动可以细化晶粒，细化程度与振幅、振动部位、振动时间等因素有关。试验表明，振幅对晶粒尺寸有明显影响，随着振幅的增大，细化效果增强。另外，对铸型上部或液态金属表面施加振动较铸型底部或整体振动具有更好的细化晶粒效果。最佳的振动开始时间是在凝固初期，即在稳定的凝固壳层未形成之前振动，可以抑制稳定凝固壳层的形成，从而抑制柱状晶区的形成与扩展，促进等轴晶区的形成及等轴晶细化。

（ii）在凝固初期，对液面周边进行机械搅拌可以收到与振动相同的细化晶粒效果。但在实际生产中，除连铸与铸锭过程外，一般对凝固中的铸件进行机械搅拌是较难以实现的。而电磁搅拌则不同，充满液态金属的铸型在旋转磁场作用下，其中的液态金属由于旋转而产生搅拌作用并冲刷型壁，从而促进型壁处的晶粒破碎、脱落及游离，细化等轴晶。

4.6.2 定向凝固条件下的组织与控制

前面对定向凝固条件下的溶质再分配过程及其对最终成分分布的影响进行了系统的分析，这种凝固条件使理论分析及数学处理合理简化，而且温度梯度和凝固速率这两个重要的凝固参数能够独立变化，从而可以分别研究它们对凝固过程的影响。定向凝固组织非常规则，便于准确测量其形态和尺度特征，因此，定向凝固方法为凝固理论的研究和发展提供了很好的实验基础。另一方面，采用定向凝固技术可以获得某些具有特殊取向的组织和优异性能的材料，因此，自它诞生以来得到了迅速的发展，目前已广泛地应用于高温合金材料、半导体材料、磁性材料以及自生复合材料的制备与铸件生产，成为提高传统材料的性能和开发新材料的重要途径。

1. 定向凝固方法及装置

（1）炉内法

铸件和炉子在凝固过程中都固定不动，铸件在炉内实现定向凝固，主要有发热铸型法和功率切断法。

发热铸型法的装置如图 4-43 所示。使用绝热化合物填充在铸型侧面，并用水冷却底板来控制冷却速度，在铸型顶部覆盖发热材料。在金属液和已凝固金属中建立起一个自上而下的温度梯度，使铸件自下而上进行凝固，实现单向凝固。这种装置的温度梯度较小，且金属液体注入铸型后温度梯度就无法控制。发热铸型法不适宜制造大型或优质铸件，但是，由于其工艺简单、成本低，可用于小批量制造零件。

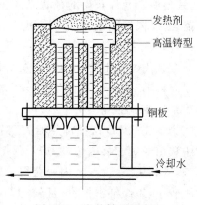

图 4-43　发热铸型法定向
凝固装置示意图

　　功率切断法简称 PD 法,通过外面的炉子来控制功率。将保温炉的加热器分成几组,分段加热。熔融金属置于炉内,在从底部冷却的同时,自下而上顺序关闭加热器,液态金属则自下而上逐渐凝固,从而在铸件中实现定向凝固。可以通过控制功率切断的速率来控制铸件的温度梯度,从而实现稳定的凝固速度。图 4-44 所示为用电阻加热的定向凝固装置。通过逐渐减少线圈电源,即先减少下部线圈、后减少上部线圈的方法来控制铸锭结晶时温度变化的陡度。柱状晶从激冷板开始生长。

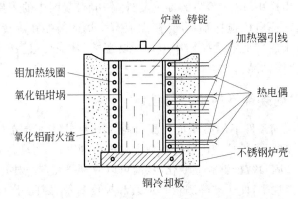

图 4-44　功率切断法定向凝固装置示意图

　　采用功率切断法时,在稳态凝固过程中,树枝晶生长前沿和结晶器(冷却源)之间的距离逐渐增大,温度梯度则随该距离的增大而减小。用叶片做试验时,温度梯度可从铸件底部的大约 15K/cm 逐渐减小到铸件顶部的大约 2K/cm。在这样的条件下,长度为 200mm 的涡轮叶片实现定向凝固大约需要 2 小时。通过选择合适的加热器件,可以获得较大的冷却速度,但是在凝固过程中温度梯度是逐渐减小的,致使所能允许获得的柱状晶区较短,且组织也不够理想。加之设备相对复杂,且能耗大,限制了该方法的应用。

　　(2) 炉外法

　　在凝固过程中铸件和炉子发生相对移动,铸件从炉内逐渐移出炉外。炉外法主要有在 Bridgman 晶体生长技术的基础上发展成的快速凝固(HRS)法、液态金属冷却(LMC)法等。

　　为了克服 PD 法在加热器关闭后冷却速度慢的缺点,将铸件以一定的速度从炉中移出或炉子移离铸件,炉子保持加热状态,而使铸件空冷。由于避免了炉膛的影响,且利用空气冷却,因而获得了较高的温度梯度和冷却速度,所获得的柱状晶间距较小,组织细密挺直,且较均匀,使铸件的性能得以提高,Bridgman 法的装置如图 4-45 所示。

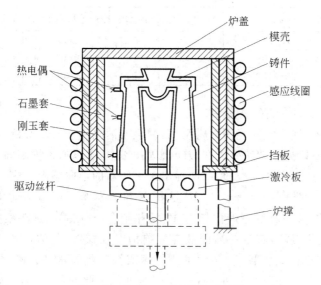

图 4-45　Bridgman 法装置示意图

HRS 法是通过辐射换热来冷却的,所能获得的温度梯度和冷却速度都很有限。为了获得更高的温度梯度和生长速度,在 HRS 法的基础上,将抽拉出的铸件部分浸入具有高导热系数的高沸点、低熔点、热容量大的液态金属中,形成了 LMC 法。这种方法提高了铸件的冷却速度和固液界面的温度梯度,而且在较大的生长速度范围内可使界面前沿的温度梯度保持稳定,结晶在相对稳态下进行,能得到比较长的单向柱晶。

常用的液态金属有 Ga_2In 合金和 Ga_2In_2Sn 合金以及 Sn 液,前两者熔点低,但价格昂贵,因此只适于在实验室条件下使用。Sn 液熔点稍高(232℃),但由于价格相对比较便宜,冷却效果也比较好,因而适于工业应用。该法已被美国、前苏联等国用于航空发动机叶片的生产。

上述传统定向凝固技术,不论是炉外法,还是炉内法,存在的主要问题是冷却速度太慢,即使是液态金属冷却法,其冷却速度仍不够高,使得凝固组织有充分的时间长大、粗化,以致产生严重的枝晶偏析,限制了材料性能的提高。造成冷却速度慢的主要原因是凝固界面与液相中最高温度面距离太远,固液界面并不处于最佳位置,因此所获得的温度梯度不大,这样为了保证界面前液相中没有稳定的结晶核心的形成,所能允许的最大凝固速度就有限。表 4-2 为不同定向凝固方法的主要冶金参数。

表 4-2　不同定向凝固方法的主要冶金参数

	温度梯度/(K/cm)	生长速度/(cm/h)	冷却速度/(K/h)	局域凝固时间/min
PD 法	7～11	8～12	90	85～88
HRS 法	26～30	23～27	700	8～12
LMC 法	73～103	53～61	4700	112～116

（3）定向凝固方法的新发展

为了进一步细化定向凝固材料组织，减轻或消除元素微观偏析，从而有效提高材料性能，需要提高冷却速率。在定向凝固技术中，可以通过提高固液界面处的温度梯度和生长速率来加速冷却，由此提出了一些新的定向凝固方法。

西北工业大学史正兴等在 LMC 法的基础上发明了区域熔化液态金属冷却法，即 ZMLMC 法。将区域熔化与 LMC 法相结合，利用感应加热集中作用于凝固界面前沿的液相，从而有效提高固液界面前沿温度梯度，其值可达 1300K/cm，所允许的抽拉速度也大为提高，达到了亚快速或快速凝固水平。应用 ZMLMC 法，可使高温合金定向凝固一次和二次枝晶明显细化。此外，采用激光表面重熔工艺也可以达到超高温度梯度和极高的冷却速度，从而显著细化表层组织。这类凝固技术称为超高温度梯度定向凝固。

20 世纪 80 年代初，开始发展了动力学过冷熔体定向凝固技术，通过改变铸型材料等措施使熔体获得了近 100K 的动力学过冷度，然后对过冷熔体施加一个小的温度梯度，从而实现了深过冷快速定向凝固（SDS）。

2. 柱状晶和单晶的凝固与控制

（1）柱状晶的生长与控制

柱状晶包括柱状枝晶和柱状胞晶，通常采用定向凝固技术制备柱状晶。获得定向凝固柱状晶的基本条件是液态金属凝固时的热流方向必须为单向，在固液界面前沿的液体中保持足够高的温度梯度，避免出现成分过冷和形成外来结晶核心。在这样的条件下，晶体沿着与热流方向相反的方向生长，垂直于晶体生长方向的横向晶界完全被消除。同时，由于晶体的定向生长，垂直于生长方向的溶质扩散过程受到有效抑制，偏析与缩松大大减少。这样生长的柱状晶体中只有平行于晶体生长方向的晶界存在，而且晶界组织致密，夹杂很少，因此，沿柱状晶生长方向的力学性能及热疲劳性能大幅度提高。

柱状晶生长过程中，除了保证单向散热以外，还应尽量抑制液态金属的形核能力，减少外来结晶核心，可以通过提高液态金属的纯净度，减少因氧化、吸气而形成的杂质污染等措施抑制形核，也可以加入适当的反形核元素或混合添加物，消除形核剂的作用。

合理控制凝固工艺参数也是柱状晶生长过程的有效控制手段。G_L/R 值决定着液态金属的凝固组织形态,对凝固组织中各组成相的尺寸也有重要影响。由于液体温度梯度 G_L 在很大程度上受到设备条件的限制,因此,凝固速度 R 就成为控制柱状晶组织的主要参数。生产中一般通过试验确定合理的凝固速度 R 值,既保证组织细化和足够的生产率,又避免固液界面前沿液体中出现成分过冷。

(2) 单晶生长及其控制

在柱状晶生长技术基础上,采取一定的措施(通常是设置选晶器),抑制大部分最初形成的晶体生长,只使其中一个晶体具备继续生长的条件,在液态金属中稳定生长为一个单晶体。由于完全消除了晶界,单晶体在高温力学、抗热疲劳、抗热腐蚀以及服役温度等方面都具有更为优异的性能,因而获得了广泛的应用。

单晶体是从液相中生长出来的,按其成分和晶体特征,可以分为三种:

① 晶体和液体的成分完全相同。单质和化合物的单晶体都属于此类。

② 晶体和液体成分不同。为了改善单晶材料的电学性质,通常要在单晶中掺入一定含量的杂质(掺杂),使这类材料实际上变为二元和多元系。这类材料凝固时在固液界面上会出现溶质再分配,很难得到均匀成分的单晶体,液体中的溶质扩散与对流对晶体中杂质元素的分布具有重要影响。

③ 有第二相或共晶出现的晶体。更高合金的铸造单晶组织中不仅含有大量基体相和沉淀析出的强化相,还有共晶在枝晶间析出。整个铸件由一个晶粒组成,该晶粒内部则有若干柱状枝晶,枝晶多为"十"字形花瓣状,枝晶干尺寸均匀,二次枝晶干互相平行,具有相同的取向。纵向截面是互相平行排列的一次枝干,这些枝干同属一个晶体,没有晶界存在。严格地说,这是一种"准单晶"组织,与晶体学意义上的单晶不同。由于是柱状晶单晶,在凝固过程中会产生成分偏析、显微缩松及柱状晶间的小角度($2°\sim3°$)位向差等,这些因素都会不同程度地损害晶体的完整性,但是这种单晶体内的缺陷比多晶结构的柱状晶晶界对力学性能的影响要小得多。

为了得到高质量的单晶体,首先要在液态金属中形成一个单个晶核,而后这个晶核向液态金属中不断长大而最终形成单晶体。单晶在生长过程中要严格避免固液界面失去稳定性而长出胞状晶或柱状晶,因而固液界面前沿的液体中不允许出现热过冷和成分过冷,结晶时释放出的潜热只能通过生长着的晶体导出。定向凝固技术可以满足上述单晶制备过程的热量传输要求,只要恰当地控制固液界面前沿液体的温度梯度和界面推进速度,就能够得到高质量的单晶。单晶生长根据生长过程中液体区域的特点分为正常凝固法和区域熔化法两类。

通过坩埚移动或炉体移动而实现的单向凝固过程都是由坩埚的一端开始,坩埚可以垂直放置在炉底,液体自下而上或自上而下凝固,也可以水平放置。最常用的方法是使尖底坩埚垂直沿炉体逐渐下降,单晶体从坩埚的尖底部位缓慢向上生长;也可以将"籽晶"放在坩埚底部,当坩埚向下移动时,从"籽晶"处开始结晶,随着固液界面移动,单晶不断长大。由于这类方法的过程中晶体与坩埚壁接触,容易产生应力或寄生形核,因而很少用于生产质量要求高的单晶。

对于内部完整性要求高的单晶体,如半导体工业的主要芯片材料——单晶硅等,常用晶体提拉方法制备。晶体提拉法是将欲生长的单晶材料置于坩埚中熔化,获得高纯液体后将籽晶插入其中,控制适当的温度,使籽晶既不熔化,也不长大,然后,缓慢向上提拉并转动晶杆。晶杆的旋转一方面是为了获得良好的晶体热对称性,另一方面也可以搅拌液体,使液体温度均匀。采用这种方法生长高质量的晶体,要求提拉和旋转速度平稳,液体温度控制精确。单晶体的直径取决于液体温度和提拉速度。减小功率和提拉速度,晶体直径增大,反之则直径减小。晶体提拉方法具有以下主要优点:①在生长过程中可以方便地观察晶体的生长状况;②晶体在液体的自由表面处生长,始终不与坩埚壁接触,晶体内部应力显著减小,并可避免在坩埚壁上寄生形核;③可以较高的速度生长具有低位错密度和高完整性的单晶,而且晶体直径可以控制。

区域熔化法是制备单晶体的另一类方法,可分为水平区熔法和悬浮区熔法。水平区熔法是将原材料置于水平陶瓷舟内,通过加热器加热,首先在舟端放置的籽晶和多晶材料之间形成熔区,然后以一定的速度移动熔区,使熔区从一端移至另一端,使多晶材料通过熔化—凝固而成为单晶体。这种方法的优点是减小了坩埚对熔体的污染,降低了加热功率,另外,区熔过程可以反复进行,从而可以有效提高晶体的纯度和使掺杂均匀化。水平区熔法主要用于材料的物理提纯,也可用于生产单晶体。

悬浮区熔是一种垂直区熔法,依靠表面张力支持着正在生长的单晶和多相棒之间的熔区,由于熔融硅有较大的表面张力和小的密度,因此,该方法是生产硅单晶的优良方法。该法不需要用坩埚,免除了坩埚污。此外,由于加热温度不受坩埚熔点的限制,因此可用于生长熔点高的单晶,如钨单晶等。

4.6.3　焊缝的凝固组织与控制

焊接方法大致分为熔化焊、压力焊和钎焊三类,熔化焊应用较为广泛,其中以电弧焊应用更为普遍,因此,这里以电弧焊为对象讨论焊缝的凝固组织与控制。

焊接时母材在高温热源作用下局部熔化,并与熔融的填充金属混合而形成熔池,同时,在熔池中进行着短暂而复杂的冶金反应。当热源离开时,熔池金属便开始凝固。整个接头由焊缝金属、热影响区和未受热影响的母材三部分组成。因此,焊接是在极短时间内使金属局部熔化而后凝固形成接头,既包括熔化过程,又包括凝固过程。尽管焊缝凝固有其自身的特点,但仍然是一种从液态到固态的转变过程,同样服从近代凝固理论所阐述的凝固规律,其结晶形态同样受焊接熔池中的成分过冷制约。由于熔池中的成分过冷分布不均匀,所以同一焊缝凝固时可以出现不同的结晶形态。例如,在熔池边界处,由于母材的温度低,熔池中的温度梯度较大;而同时晶体生长速度小,由成分过冷条件可知,此处的凝固组织多为平面晶。而越靠近熔池中心的部位,当热源离开、温度逐渐降低时,因固液界面处固相一侧是刚刚凝固的金属,温度梯度较小,因而此处的结晶形态往往呈胞状晶或由胞状晶向树枝晶的过渡。

1. 焊缝金属的凝固特点

(1) 熔池的体积小,冷却速度大

一般熔化焊接的熔池形状为半个近似椭球,如图 4-46 所示,其轮廓为母材金属熔点的等温面。当焊接电流增大时,熔池的最大深度 H_{max} 随之增大;当电弧电压增大时,熔池的最大宽度 B_{max} 随之增大;当焊接速度(即熔池移动速度)增大时,整个熔池的体积减小,且沿焊接方向(即熔池移动方向)上熔池伸长。

在电弧焊条件下,焊接熔池的体积很小,最大也只有 $30cm^3$,重量不超过 $100g$(对单丝埋弧自动焊)。如此小体积的液态金属又被温度较低的固体金属所包围,所以熔池的冷却速度很高,平均约为 $4\sim 100K/s$,超过一般铸锭的平均冷却速度近 10^4 倍。

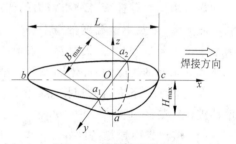

图 4-46 焊接熔池示意图

焊接熔池不仅冷却速度大,而且其中心和边缘之间的温度梯度也很大,甚至比铸件(锭)凝固时的温度梯度高 $10^3 \sim 10^4$ 倍。因此,焊缝金属组织一般很难得到等轴晶,多为具有明显方向性的柱状晶。

(2) 熔池的温度高

焊接熔池中的液态金属处于高度过热状态,过热度可高达 $250\sim 350℃$。在电弧焊的条件下,对于低碳钢和低合金钢来说,熔池的平均温度可达 $1770\pm 100℃$,钢液局部温度甚至高达 $2300℃$,而一般铸锭时的浇注温度则很少超过 $1550℃$,可见焊接熔池的过热度是很大的。

在如此高的过热度下,合金元素烧损比较严重,这使熔池中可以作为异质晶核的质点大为减少,因而进一步促使焊缝中的柱状晶得到发展。另外,对于合金钢,大的过热度易于导致出现粗大的魏氏组织。

(3) 焊缝金属在运动状态下结晶

熔化焊时,焊接熔池以等速随热源移动,其中的液态金属也随之处于运动状态,如图 4-47 所示。在熔池的头部,金属不断被熔化,而在熔池的尾部,液态金属不断地凝固,熔池中金属的熔化与凝固同时进行。因此,熔池各部位处于液态的时间十分短暂,一般只有几秒到几十秒,这也是焊接熔池凝固过程与一般铸锭或铸件凝固过程的重要区别之一。

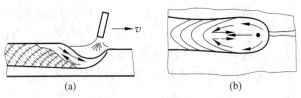

图 4-47　熔池中金属的流动

(a) 侧视图；(b) 俯视图

　　熔池中的液态金属一般是从熔池头部向熔池尾部流动,在小体积熔池中易于在尾部形成涡流。因此,生长中的树枝晶体前沿的向上运动的液体金属显然会受到一定的阻力,而熔池表面的液态金属运动时所受到的阻力相对较小。在热源移动过程中,处于熔池尾部表面的液态金属在重力作用下,有向熔池中心降落的趋势。

　　焊接熔池中存在着各种机械力的作用,如液滴落下的冲击力、电弧气流的吹力和电磁力等,以及由于温度分布不均匀而引起的金属密度差和表面张力差等,所以熔池不是处于平静状态,而是存在着搅拌和对流作用。这些作用有利于焊缝中的气体和夹杂物的排除、枝晶熔断及晶粒细化,从而获得致密的焊缝组织。

　　在运动状态下进行的焊接熔池的凝固速度很大,其固液界面的推进速度比一般铸锭(件)凝固过程高 10～100 倍。

　　(4) 熔池界面导热条件好

　　焊接熔池周围的母材金属对于熔池金属来说起着“模壁”的作用,而与一般铸锭(件)凝固过程不同的是熔池金属与“模壁”之间不存在中间层(包括气隙),同时,熔池的体积相对于母材而言非常小,这些条件均十分有利于熔池与母材金属之间的传热以及液态金属依附于母材金属表面形核结晶。因此,母材金属的组织和表面状况对焊缝组织与性能具有较大的影响。

2. 焊缝金属的结晶方式与组织形态

　　焊接熔池凝固组织形态如图 4-48 所示,其结晶过程与铸锭(件)一样都经历形核和晶核长大两个环节。然而,由于焊接熔池及其结晶过程的特点,使其凝固组织具有独特的形态。

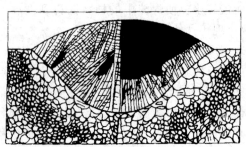

图 4-48　熔池金属的结晶形态示意图

（1）外生凝固与外延结晶

从前面的讨论可知，焊接熔池中液态金属具有大过热度和高冷却速度，同时熔池边缘和中心之间存在着大的温度梯度。在焊接熔池这样高度过热的条件下，均质形核的可能性很小，结晶只能通过异质形核方式进行。而熔池边界部分熔化的母材表面与熔池金属具有相近甚至一致的晶格结构及点阵常数，是非常理想的异质形核"基底"。这些特征都表明，焊缝金属的凝固方式必然为外生凝固，结晶从熔池边界开始，沿着与热流相反的方向向熔池中心生长。试验也证明，焊接熔池的凝固正是从边界开始，是一种异质形核过程。焊缝金属晶体呈柱状晶形态生长，好似母材晶粒的外延生长。这种依附于母材晶粒的现成表面，形成具有相同或相近晶格结构与晶粒尺寸晶体的凝固方式称为外延结晶，也称联生结晶或交互结晶。图 4-49 为外延结晶形态示意图，其中 WI 表示焊缝边界；WM 为焊缝金属；BM 为母材金属。

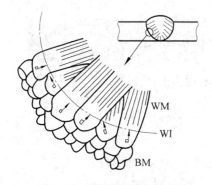

图 4-49　焊缝金属外延结晶
形态示意图

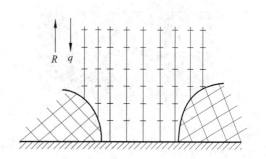

图 4-50　熔池边界的柱状-树枝晶
择优生长示意图

（2）柱状-树枝晶的择优生长

外生凝固方式决定了焊缝金属从熔池边界开始生长的晶体将以柱状晶的形式向熔池内部生长。由于结晶界面的不断减小，从熔池边界生长起来的柱状晶与相邻的晶体在熔池中竞相生长，势必因为生长空间而形成竞争，获得有利条件的晶粒得以继续向熔池中心不断生长，而处于不利条件下的晶粒生长受到抑制甚至停止生长，如图 4-50 所示。

根据金属凝固理论，柱状晶的主轴具有一定的结晶位向，如对于各种立方点阵金属，如 Cu,Fe,Ni,Al 等，最有利于晶体生长的位向为〈001〉。而在熔池边界处，作为现成晶核的母材金属晶粒的位向各不相同、杂乱无章，其中有的晶粒结晶位向〈001〉正好与熔池边界等温面相互垂直，即正好指向散热最快的方向，其生长自然最为有利；而其他晶粒的结晶位向〈001〉则程度不同地偏离于熔池边界等温面的垂直方向，其生长就不大有利或很不利，因而受到不同程度的抑制。这就导致了焊缝区柱状晶的择优生长。

由于焊接熔池金属的凝固在运动状态下进行,其柱状晶的生长方向在沿焊缝长度方向上与熔池的形状和焊接速度有关。在一般焊接速度下,焊缝的柱状晶偏向焊接方向(即熔池移动方向)并弯曲地指向焊缝中心,称为"偏向晶",如图4-51(a)所示。焊接速度越低,柱状晶主轴越偏向焊接方向。而在高速焊接条件下,柱状晶生长方向可垂直于焊缝边界,一直长到焊缝中心,称为"定向晶",如图4-51(b)所示。焊缝中柱状晶的生长方向之所以具有定向和偏向的特征,与熔池移动过程中的最快散热方向有关。由边界成长起来的柱状晶总是垂直于等温面而指向焊缝中心,如图4-52所示,其中G_{max}为散热最快的方向。当热源移动速度很快时,焊接熔池将变成细长条,此时,从理论上来说,沿热源运动方向的温度可视为均匀分布,即无温度梯度存在。所以,沿垂直于焊缝中心线的方向散热最快。因此,柱状晶只能垂直于焊缝的方向向焊缝中心生长,呈现典型的对向生长的结晶形态。

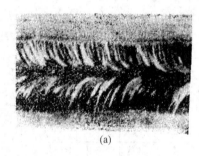
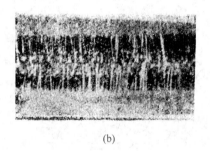

(a)   (b)

图4-51   焊缝柱状-树枝晶生长形态(Al板,TIG焊)

(a) 偏向晶($v=25cm/min$);(b) 定向晶($v=150cm/min$)

(3) 凝固速度

熔池中液态金属的凝固速度可以通过柱状晶的生长速度和凝固时间来反映。柱状晶的生长速度即柱状晶前沿的推进速度。在偏向晶的情况下,由于晶体生长方向在不断变化,而且各点的散热程度不同,所以生长速度应为平均生长线速度。平均生长线速度与焊接速度有关。

在焊缝边界刚开始凝固时,柱状晶的平均生长速度总是小于焊缝中、上部时的生长速度,而柱状晶生长的最大速度不可能超过焊接速度。

焊接熔池的实际凝固过程并非是完全连续的,而是时有停顿的断续过程。由于

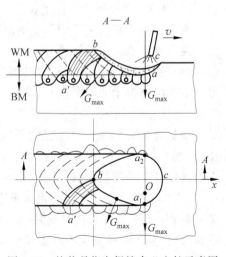

图4-52   柱状晶指向焊缝中心生长示意图

析出结晶潜热及其他附加热量的作用,柱状晶生长速度的变化并非很有规律,常常伴随有不规则的波动现象。

与铸锭(件)相比,焊缝金属的凝固速度非常高,对于某一定点来说,其凝固时间通常只有几秒钟。这样快速形成的凝固组织明显有别于铸造组织,焊件的强韧性往往高于铸件,这与焊缝金属独特的凝固过程有关。

(4)凝固组织形态

对焊缝断面的宏观观察表明,焊缝的晶体形态主要为柱状晶和少量的等轴晶。在显微镜下进行微观分析,还可以发现每个柱状晶内存在着不同的结晶形态,如平面晶、胞状晶及树枝晶等,而等轴晶内一般都呈现为树枝晶。焊缝金属中的晶体形态与焊接熔池的凝固过程密切相关。焊接熔池的凝固过程是一个动态过程,不仅在固相中,甚至在液相中溶质原子也来不及进行扩散均匀化,因此,在固液界面附近必然富集溶质($k<1$),而且存在着较大的浓度梯度。另外,焊接熔池中的温度分布不均匀,而且各处的温度梯度也不相同,从而导致熔池中不同部位处的成分过冷程度差别较大。在焊缝边界处,界面附近的溶质富集程度较低,而温度梯度较大,结晶速度很小,所以成分过冷很小,几乎接近于零,有利于平面晶生长。随着凝固过程的进行,界面附近溶质浓度的变化逐渐加剧,而温度梯度逐渐减小,结晶速度逐渐增大,因而必然增大成分过冷,因此结晶形态将由平面晶向胞状晶及树枝晶等过渡。在凝固的后期,在焊缝中心和弧坑中部可能看到对称等轴枝晶。焊缝凝固时结晶形态的变化可参见图 4-53。

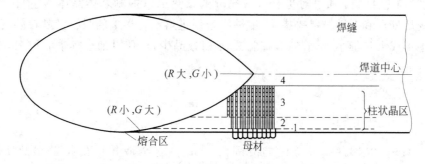

图 4-53 焊缝结晶形态变化示意图

在实际焊缝中,由于化学成分、焊件尺寸及接头形式、焊接工艺参数等因素的影响,不一定具有上述的全部结晶形态,而且在不同条件下的结晶形态也存在着较大的差别。

3. 多层焊缝的凝固组织

上述的焊缝柱状-树枝晶是在单层焊的焊道内形成的,而在多层焊接时情况则有所不同。例如在钢的多层焊接时,由于前层焊道被稍后层次的焊道再次加热,一部分柱状晶组织受到反复热处理(相当于正火或回火),因而可能变成微细的组织。如果前层的组织能够被部分甚至全部细化,则有利于提高焊缝金属的延伸率和韧性,特别是采用短段(每层焊缝长度约为 50~400mm)多层焊对改善焊缝金属和热影响区金属的组织与性能显得更为有效。

4. 焊缝金属组织与性能的控制

根据上述讨论,焊缝柱状-树枝晶通常在金属材料的焊接部位较为发达,明显地影响焊接接头的力学性能,尤其使冲击韧性大为降低,而一般的焊接构件焊后不再进行热处理,因此,控制焊缝金属凝固组织与性能对于保证焊接质量具有重要意义。焊缝凝固组织控制的主要目的是细化晶粒,尽量抑制柱状晶生长,以获得细小等轴晶组织。由于焊缝金属的外生凝固过程使母材晶粒外延生长,减少了熔池边界处"模壁"晶粒的游离机会,因而不利于获得等轴晶。因此,为了在焊接部位获得等轴晶组织,就要为熔池边界处的晶体游离创造有利条件,实际焊接过程中主要通过两条途径控制焊缝凝固组织。

(1) 焊缝合金化与变质处理:焊缝合金化是通过往焊缝中加入某些合金元素以产生强化作用,保证焊缝金属的焊态强度与韧性,如固溶强化(加入 Mn,Si 等合金元素)、细晶强化(加入 Ti,Nb,V 等合金元素)、弥散强化(加入 Ti,V,Mo 等合金元素)等。此外,在焊接熔池中加入少量 Ti,B,Zr 及稀土等元素有变质处理作用,可以有效地细化焊缝组织,提高韧性。

(2) 工艺措施:通过对母材进行充分的预热可以抑制基体晶体的生长,同时配合变质处理和振动结晶等措施,能够有效促进熔池边界上的"模壁"晶粒游离,在熔池中形成大量细小等轴晶粒,抑制柱状-树枝晶生长,获得细小等轴晶组织,提高焊缝性能。

习　题

1. Ge-0.001％Ga 合金定向凝固,设 Ga 在合金液体中的扩散系数 $D_L = 5 \times 10^{-5} \text{cm}^2/\text{s}$,平衡分配系数 $k = 0.1$,液相线斜率 $m_L = 4\text{K}/\%\text{Ga}$,界面推进速度 $R = 8 \times 10^{-3} \text{cm/s}$。试问:(1)若采取强制对流,边界层厚度 $\delta = 0.005\text{cm}$,当凝固到 50％时所形成的固相成分为多少?(2)若完全没有对流,当合金凝固到 50％时,为了保持平界面前沿,液相内的温度梯度应符合什么条件?

2. Al-1％Cu 合金,共晶成分 $C_E = 33\%$,Cu 在 Al 中的最大固溶度 $C_{SM} = 5.65\%$,Al 的熔点 $T_m = 660℃$,共晶温度 $T_E = 548℃$,假设平衡分配系数 k 和液相线斜率 m_L 均为常数。该合金定向凝固时,Cu 在合金液体中的扩散系数 $D_L = 3 \times 10^{-5} \text{cm}^2/\text{s}$,界面推进速度 $R = 3 \times 10^{-4} \text{cm/s}$,不考虑对流作用,求:(1)稳态下的

平界面温度;(2)要保持平界面所需的液相温度梯度。

3.采用习题2中的合金浇注一细长圆棒,使其从左至右单向凝固,冷却速度足以保持固液界面为平界面,当固相无Cu的扩散,液相中Cu充分扩散时,试求:(1)凝固10%时,固液界面处的固、液相成分;(2)共晶体所占的比例;(3)沿试棒长度方向Cu的浓度分布曲线,并标明各特征值;(4)证明:$T_L = T_m + m_L C_0 (1-f_S)^{k-1}$。

4.分别推导合金在平衡凝固和固相中无扩散、液相完全混合条件下凝固时,固液界面处的液相温度T_L^i与固相分数f_S的关系。

5.若采用定向凝固的方法将圆柱状金属锭的一部分提纯,需要何种界面形态?采用下面哪一种方法更好:短的初始过渡区?Scheil方式凝固?为什么?

6.试论证金属—金属共晶生长时,如果某一相的体积分数小于$\dfrac{1}{\pi}$,则该相将以棒状结构出现。

7.试分析影响铸件宏观凝固组织的因素,列举获得细等轴晶的常用方法。

8.焊接熔池的凝固有何特征?从凝固条件与凝固组织形态方面分析焊缝凝固与铸锭凝固的区别。

参 考 文 献

1 陈平昌,朱六妹,李赞主编.材料成形原理.北京:机械工业出版社,2002

2 [日]大野笃美著.唐彦斌,张正德译.金属凝固学.北京:机械工业出版社,1983

3 张承甫,肖理明,黄志光.凝固理论与凝固技术.武汉:华中工学院出版社,1985

4 胡汉起.金属凝固原理.北京:机械工业出版社,1991

5 陆文华,李隆盛,黄良余.铸造合金及其熔炼.北京:机械工业出版社,1997

6 吴德海,任家烈,陈森灿主编.近代材料加工原理.北京:清华大学出版社,1997

材料加工力学基础

材料加工过程中,尤其是热加工过程中不可避免地存在应力和变形问题,应力和变形是影响成形结果和缺陷产生的重要因素,是材料加工中的一个基本过程和重要研究分支。液态成形、焊接以及表面改性和热处理中存在由于温度分布不均匀或相变不均匀以及机械阻碍而产生的应力问题。在塑性成形中,力和变形是成形的必要条件,其中涉及的力学问题更为复杂,是塑性成形研究的重要内容:需要研究各种加工工序的金属坯料在塑性变形过程中的应力和应变状态;根据坯料内的应力状态计算加工时所需要的外力和功能消耗,以选用节约能源的工艺规程和合适的加工设备;根据坯料的应力状态可以分析变形过程焊合缺陷和防止开裂的工艺条件;根据静水压的分布来分析变形体内金属流动的趋向和对材料塑性的影响。已知工序的应变状态后可以分析工序的瞬时流动状态和变形分布状态,为合理设计原始毛坯形状和模具、模腔形状提供依据。因此,掌握各种加工工序中变形体的应力与应变状态是合理选择工序、分析产品质量、合理制定工艺规程和选用设备、研究新工艺的科学基础。

材料热加工过程中温度变化范围大、材料性能随温度的变化而显著改变,而且力和变形之间在较多的情况下呈现非线性关系,另外还存在多种变形形式,是一个应力状态复杂、力学行为复杂的过程。因此,进行应力与应变状态分析以及掌握复杂应力状态下的屈服准则与变形规律是研究材料加工力学过程的基础。本章主要介绍应力状态分析、应变状态分析、两种常用屈服准则、两种常用的塑性变形的流动理论及其本构关系,以及应用塑性理论求解金属塑性成形问题的近似方法,这里仅介绍主应力法及其应用。

5.1 应力状态分析

5.1.1 基本概念

1. 外力

作用于物体的外力可以分为表面力和体积力(质量力)。表面力作用于该物体的表面,可能是集中载荷也可能是分布载荷,简称为面力,例如风力、液体压力、两固体间的接触力等,它与物体表面面积成正比。作用在物体内部各质点上的力,如重力、电磁力或运动物体的惯性力等,称为体积力,简称体力,它与物体的质量成正比。

2. 内力

在外力的作用下,物体内部各质点之间就会产生相互作用的力,这种力就叫内力。

3. 应力

单位面积上的内力称为应力。受力物体内,任一质点皆处于其余质点的作用下,因此通过此点的任意平面上皆作用有一定大小、一定方向的应力。应力用来表示内力的强度,与位置和方向有关。

应力的数学定义：假想把受一组平衡力系作用的物体用任一平面 A 分为两部分(图 5-1),如果将虚线部分移去,则其对余下部分的作用可用分布在断面上的力来代替。在断面上截取一个微元面积 ΔA,微元面积的外法线方向的单位向量为 N,并假定作用在此微元面积上的合力等于 ΔF,则应力的数学定义式为

$$S = \lim_{\Delta A \to 0} \frac{\Delta F}{\Delta A} = \frac{\mathrm{d}F}{\mathrm{d}A}$$

应力 S 可以分解为其所在平面的外法线方向和切线方向两个应力分量。沿外法线方向的应力分量称为正应力,记为 σ；沿切线方向的应力分量称为切(剪)应力,记为 τ。

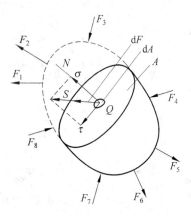

图 5-1　物体受力分析示意图

4. 点的应力状态

通过物体内一点的各个截面上的应力状况,通常被简称为物体内一点的应力状态。建立通过一点的无数不同方向的截面上的应力表达式,并研究它们之间的联系,就是应力状态分析的内容。在考虑应力应变状态时,将物体视为各向同性的均匀连续体。连续体(连续介质)的概念是一种数学模型,假设介质是连续分布在物体所占有的空间之内。

解决物体处于弹性阶段或塑性阶段的强度问题或屈服条件问题,特别是复杂应力状态下强度准则和屈服条件的建立,必须依靠有关应力状态的一些基本概念作为基础。

5.1.2　直角坐标系中坐标面上的应力

设在直角坐标系中有一承受外力作用的物体。物体中有一任意点 Q,围绕着 Q 切取一无限小的正六面体(又称单元体或体素),其棱边分别平行于三个坐标轴。

在一般情况下,单元体各个微面上均有应力矢量作用(图 5-2(a)),这些应力矢量沿坐标轴分解为三个分量,一个是正应力分量(又称法向应力分量),另两个为切应力分量,共有 9 个应力分量。应用弹性理论可以证明,一般情况下这一点的应力状态可由 9 个应力分量来描述(图 5-2(b))。每个应力分量的符号带有两个下角标,第一个下角标表示该应力分量作用面的法线方向;第二个下角标表示它的作用方向。显然,两个下角标相同的是正应力分量,例如 σ_{xx} 即表示 x 面上平行于 x 轴的正应力分量。一般简写为 σ_x;两个下角标不同的是切应力分量,例如 τ_{xy} 即表示 x 面上平行于 y 轴的切应力分量。

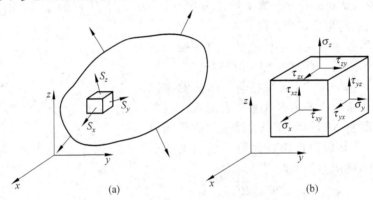

图 5-2   单元体的受力情况
(a) 物体内的单元体;(b) 单元体上的应力状态

应力分量的正负号规定如下:在单元体上外法线指向坐标轴正向的微分面叫做正面,反之称为负面;对于正面,指向坐标轴正向的应力分量为正,指向负向的为负;对于负面,情况正好相反。按此规定,正应力分量以拉为正,以压为负,而图 5-2(b)中各切应力分量均为正。

由于单元体处于静力平衡状态,绕单元体各轴的合力矩必为零。由此可导出切应力互等关系式

$$\tau_{xy} = \tau_{yx}; \quad \tau_{yz} = \tau_{zy}; \quad \tau_{zx} = \tau_{xz}$$

因此表示点的应力状态的 9 个应力分量中只有 6 个是独立的,也即点的应力状态是二阶对称张量。用矩阵表示为

$$\boldsymbol{\sigma}_{ij} = \begin{bmatrix} \sigma_x & \tau_{xy} & \tau_{xz} \\ \tau_{yx} & \sigma_y & \tau_{yz} \\ \tau_{zx} & \tau_{zy} & \sigma_z \end{bmatrix} \tag{5-1}$$

其中下标 i, j 表示其应力分量的下标可以是 x, y, z 中的一个或两个。

例 5-1   单向拉伸时,拉伸应力为 σ_1,若选坐标系如图 5-3 所示(实线坐标 (x, y, z)),此时的应力张量为

$$\boldsymbol{\sigma}_{ij} = \begin{bmatrix} \sigma_1 & 0 & 0 \\ 0 & 0 & 0 \\ 0 & 0 & 0 \end{bmatrix}$$

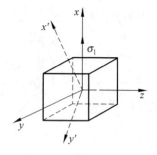

而当 xy 面绕 z 轴逆时针旋转 $30°$ 后,在新的坐标系下(图 5-3 所示的虚线),应力张量则变为

$$\boldsymbol{\sigma}_{ij} = \begin{bmatrix} \dfrac{3}{4}\sigma_1 & \dfrac{\sqrt{3}}{4}\sigma_1 & 0 \\ \dfrac{\sqrt{3}}{4}\sigma_1 & \dfrac{1}{4}\sigma_1 & 0 \\ 0 & 0 & 0 \end{bmatrix}$$

图 5-3 单向拉伸时的
应力状态

这一结果可以从线性代数的相似变换关系中得到证明。此例生动地说明,应力张量的 6 个分量的具体数值与坐标的选择有关,然而其所代表的点的应力状态(单向拉伸状态)却没有因坐标系的选择而改变。

5.1.3 任意斜面上的应力

已知某点 6 个直角应力分量,即可以求出通过该点的任意斜面上的应力。即若已知作用在三个相互垂直平面上的 6 个独立应力分量,则该点的应力状态就可完全确定。

如果单元体上的 9 个应力分量已知,则与其斜切的任意斜面上的应力分量亦可求出。如图 5-4 所示,设该斜面的法线为 $\boldsymbol{N}$,$\boldsymbol{N}$ 的方向余弦为

$$l = \cos(\boldsymbol{N},x); \qquad m = \cos(\boldsymbol{N},y); \qquad n = \cos(\boldsymbol{N},z)$$

斜面面积为 $\mathrm{d}A$,斜面上的全应力 $\boldsymbol{S}$ 在 x,y,z 方向的分量依次为 S_x,S_y 和 S_z,则由

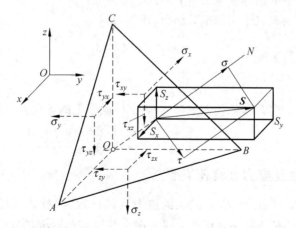

图 5-4 任意斜面上的应力

静力平衡条件 $\sum F_x = 0$，$\sum F_y = 0$，$\sum F_z = 0$ 可得

$$S_x \mathrm{d}A - \sigma_x \mathrm{d}A \cdot l - \tau_{yx} \mathrm{d}A \cdot m - \tau_{zx} \mathrm{d}A \cdot n = 0$$
$$S_y \mathrm{d}A - \tau_{xy} \mathrm{d}A \cdot l - \sigma_y \mathrm{d}A \cdot m - \tau_{zy} \mathrm{d}A \cdot n = 0$$
$$S_z \mathrm{d}A - \tau_{xz} \mathrm{d}A \cdot l - \tau_{yz} \mathrm{d}A \cdot m - \sigma_z \mathrm{d}A \cdot n = 0$$

化简得到

$$\left. \begin{array}{l} S_x = \sigma_x l + \tau_{yx} m + \tau_{zx} n \\ S_y = \tau_{xy} l + \sigma_y m + \tau_{zy} n \\ S_z = \tau_{xz} l + \tau_{yz} m + \sigma_z n \end{array} \right\} \tag{5-2}$$

于是有

$$S^2 = S_x^2 + S_y^2 + S_z^2 \tag{5-3}$$

将 S_x, S_y, S_z 沿斜面的法向和切向分解可得正应力 σ 和切应力 τ 为

$$\sigma = \boldsymbol{S} \cdot \boldsymbol{N} = |\boldsymbol{S}| \cos(\boldsymbol{S}, \boldsymbol{N}) = S_x l + S_y m + S_z n$$
$$= \sigma_x l^2 + \sigma_y m^2 + \sigma_z n^2 + 2(\tau_{xy} lm + \tau_{yz} mn + \tau_{zx} nl)$$

$$= \begin{bmatrix} l & m & n \end{bmatrix} \times \begin{bmatrix} \sigma_x & \tau_{yx} & \tau_{zx} \\ \tau_{xy} & \sigma_y & \tau_{zy} \\ \tau_{xz} & \tau_{yz} & \sigma_z \end{bmatrix} \times \begin{bmatrix} l \\ m \\ n \end{bmatrix} \tag{5-4}$$

$$\tau^2 = S^2 - \sigma^2 \tag{5-5}$$

例 5-2　已知某点应力张量为

$$\boldsymbol{\sigma}_{ij} = \begin{bmatrix} 1 & 2 & 3 \\ 2 & 3 & 2 \\ 3 & 2 & 1 \end{bmatrix} \mathrm{MPa}$$

求过该点与三个坐标轴等倾角的斜面上的正应力 σ 值。

解　由于斜面与三个坐标轴等倾角，所以有

$$l = m = n = \frac{1}{\sqrt{3}}$$

则

$$l^2 + m^2 + n^2 = 1$$

将各应力分量及方向余弦值代入式(5-4)则得等倾面上的正应力(法向应力)σ 为

$$\sigma = \frac{1}{3} + \frac{3}{3} + \frac{1}{3} + \frac{4}{3} + \frac{4}{3} + \frac{6}{3} = 6.33 \mathrm{MPa}$$

5.1.4　主应力及应力张量不变量

由式(5-4)、式(5-5)可见，如果点的应力状态已定，则过该点任意斜面上的正应力 σ 和切应力 τ 都将随该斜面的法线方向余弦也即 l, m, n 的数值而变化。可以证明，必然存在着惟一的三个相互垂直的方向，与此三个方向相垂直的微分面上的切应力 $\tau = 0$，只存在着正应力。这种特殊的微分面就叫主平面，面上作用的正应

力即称为主应力(其数值有时也可能为零),主平面的法线方向则称为应力主方向或应力主轴。

对于任一点的应力状态,一定存在相互垂直的三个主方向、三个主平面和三个主应力,这是应力张量的一个重要特征。若选取三个相互垂直的主方向作为坐标轴,那么应力张量的六个剪应力分量都将为零,可使问题大为简化。

下面讨论如何由已知的应力张量σ_{ij}求主应力和主方向。假定图5-4中法线方向余弦为l,m,n的斜切微分面ABC正好就是主平面,面上的切应力$\tau=0$,则由式(5-5)及$\tau^2=S^2-\sigma^2$可得$\sigma=S$。于是主应力σ在三个坐标轴方向上的投影S_x,S_y,S_z分别为

$$S_x = \sigma l; \quad S_y = \sigma m; \quad S_z = \sigma n$$

将上列诸式代入式(5-2)经整理后可得

$$\left.\begin{array}{l} (\sigma_x-\sigma)l + \tau_{yx}m + \tau_{zx}n = 0 \\ \tau_{xy}l + (\sigma_y-\sigma)l + \tau_{zy}n = 0 \\ \tau_{xz}l + \tau_{yz}m + (\sigma_z-\sigma)n = 0 \end{array}\right\} \tag{5-6}$$

式(5-6)是以l,m,n为未知数的齐次线性方程组,其解就是主应力的方向余弦,即应力主轴的方向余弦。此方程组的一组解为$l=m=n=0$,但由解析几何知,方向余弦之间必须保持下述关系:

$$l^2 + m^2 + n^2 = 1 \tag{5-7}$$

即l,m,n不可能同时为零,因此$l=m=n=0$并非方程组(5-6)的解。式(5-6)存在非零解的条件是方程组的系数所组成的行列式等于0。即

$$\begin{vmatrix} (\sigma_x-\sigma) & \tau_{yx} & \tau_{zx} \\ \tau_{xy} & (\sigma_y-\sigma) & \tau_{zy} \\ \tau_{xz} & \tau_{yz} & (\sigma_z-\sigma) \end{vmatrix} = 0$$

展开上述行列式并整理后可得

$$\sigma^3 - (\sigma_x+\sigma_y+\sigma_z)\sigma^2 + [\sigma_x\sigma_y + \sigma_y\sigma_z + \sigma_z\sigma_x - (\tau_{xy}^2+\tau_{yz}^2+\tau_{zx}^2)]\sigma$$
$$- [\sigma_x\sigma_y\sigma_z + 2\tau_{xy}\tau_{yz}\tau_{zx} - (\sigma_x\tau_{yz}^2+\sigma_y\tau_{zx}^2+\sigma_z\tau_{xy}^2)] = 0$$

设

$$\left.\begin{array}{l} I_1 = \sigma_x + \sigma_y + \sigma_z \\ I_2 = (\sigma_x\sigma_y + \sigma_y\sigma_z + \sigma_z\sigma_x) - (\tau_{xy}^2 + \tau_{yz}^2 + \tau_{zx}^2) \\ I_3 = \sigma_x\sigma_y\sigma_z + 2\tau_{xy}\tau_{yz}\tau_{zx} - (\sigma_x\tau_{yz}^2 + \sigma_y\tau_{zx}^2 + \sigma_z\tau_{xy}^2) \end{array}\right\} \tag{5-8}$$

于是可得到(考虑应力张量的对称性)

$$\sigma^3 - I_1\sigma^2 + I_2\sigma - I_3 = 0 \tag{5-9}$$

式(5-9)是一个以σ为未知数的三次方程式,叫做应力状态的特征方程,可以证明,

它必然有三个实根①,即主应力 $\sigma_1,\sigma_2,\sigma_3$。将解得的每一个应力代入式(5-6)并与式(5-7)联立求解,即可求得该主应力的方向余弦,这样便可最终求得三个主方向。可以证明这三个主方向是相互正交的。

对于一个确定的正交应力状态,三个主应力是惟一的。因此特征方程(5-9)的系数 I_1,I_2,I_3 应该是单值的,不随坐标而变。由此可以得出如下结论:尽管应力张量中的各个分量会随坐标的转动而变化,但按式(5-8)组合起来的函数值是不变的。我们把 I_1,I_2 和 I_3 分别称为应力张量第一、第二和第三不变量。存在不变量是张量的特性。当判别两个应力张量是否代表同一应力状态时,可以通过它们的三个应力张量不变量是否对应相等来确定。由于点的应力状态也可以通过三个主方向上的主应力来表示,人们常根据三个主应力的特点来区分各种应力状态。如:

单向应力状态:三个主应力中有两个为零(如单向拉伸)。

平面应力状态:只有一个主应力为零(如大多数板料成形即可看作这种应力状态)。

三向应力状态:三个主应力都不为零(所有体积成形)。

轴对称应力状态:三个主应力中有两个相等。

例 5-3 当采用例 5-1 中新坐标系下的应力张量计算 I_1,I_2 和 I_3 时,是否能得出主应力为单向拉伸应力。

解

$$\boldsymbol{\sigma}_{ij} = \begin{bmatrix} \dfrac{3}{4}\sigma_1 & \dfrac{\sqrt{3}}{4}\sigma_1 & 0 \\[2mm] \dfrac{\sqrt{3}}{4}\sigma_1 & \dfrac{1}{4}\sigma_1 & 0 \\[2mm] 0 & 0 & 0 \end{bmatrix}$$

此时

$$I_1 = \frac{3}{4}\sigma_1 + \frac{1}{4}\sigma_1 = \sigma_1$$

$$I_2 = \frac{3}{16}\sigma_1 - \frac{3}{16}\sigma_1 = 0$$

$$I_3 = 0$$

由式(5-9)可知方程的根为 $\sigma_1,0,0$,三个主应力中有两个为零,正是单向拉伸状态。

例 5-4 某点应力张量为

$$\boldsymbol{\sigma}_{ij} = \begin{bmatrix} -5 & 3 & 2 \\ 3 & -6 & 3 \\ 2 & 3 & -5 \end{bmatrix} \text{MPa}$$

---

① 此结论证明方法见:汪大年. 金属塑性成形原理. 北京:机械工业出版社,1982. P258

试求该点的三个主应力值。

解 由式(5-8)可以算出三个应力张量不变量为

$$I_1 = -16; \quad I_2 = 63; \quad I_3 = 0$$

将其代入式(5-9)可解出三个主应力之值为

$$\sigma_1 = 0; \quad \sigma_2 = -7\text{MPa}; \quad \sigma_3 = -9\text{MPa}$$

5.1.5 主剪应力和最大剪应力

剪应力有极值的切面叫做主剪应力平面,面上作用的剪应力叫做主剪应力。

物体的塑性变形是由剪应力产生的。当剪应力达到某个临界值时,物体便由弹性状态进入塑性(屈服)状态。下面讨论如何由点的应力状态求剪应力的极值。

如果取三个主方向为坐标轴(称此坐标系为主坐标系),则一般用 $1,2,3$ 代替 x,y,z,这时应力张量为

$$\boldsymbol{\sigma}_{ij} = \begin{bmatrix} \sigma_1 & 0 & 0 \\ 0 & \sigma_2 & 0 \\ 0 & 0 & \sigma_3 \end{bmatrix}$$

将上式中的各分量代入式(5-4)和式(5-5),即可得到主坐标系中斜切面上的正应力和剪应力公式

$$\sigma = \sigma_1 l^2 + \sigma_2 m^2 + \sigma_3 n^2 \tag{5-10}$$

$$\tau^2 = S^2 - \sigma^2 = \sigma_1^2 l^2 + \sigma_2^2 m^2 + \sigma_3^2 n^2 - (\sigma_1 l^2 + \sigma_2 m^2 + \sigma_3 n^2)^2 \tag{5-11}$$

以 $n^2 = 1 - l^2 - m^2$ 代入式(5-11)并消去 n 可得

$$\tau^2 = (\sigma_1^2 - \sigma_3^2) l^2 + (\sigma_2^2 - \sigma_3^2) m^2 + \sigma_3^2$$
$$- [(\sigma_1 - \sigma_3) l^2 + (\sigma_2 - \sigma_3) m^2 + \sigma_3]^2 \tag{5-12}$$

为求剪应力的极值,可将式(5-12)分别对 l,m 求偏导数并使之等于零:

$$\left. \begin{array}{l} (\sigma_1^2 - \sigma_3^2) l - 2[(\sigma_1 - \sigma_3) l^2 + (\sigma_2 - \sigma_3) m^2 + \sigma_3](\sigma_1 - \sigma_3) l = 0 \\ (\sigma_2^2 - \sigma_3^2) m - 2[(\sigma_1 - \sigma_3) l^2 + (\sigma_2 - \sigma_3) m^2 + \sigma_3](\sigma_2 - \sigma_3) m = 0 \end{array} \right\} \tag{5-13}$$

如 $\sigma_1 \neq \sigma_2 \neq \sigma_3$,可将方程组(5-13)第一式除以 $(\sigma_1 - \sigma_3)$,第二式除以 $(\sigma_2 - \sigma_3)$,整理后得

$$\left. \begin{array}{l} [(\sigma_1 - \sigma_3) - 2(\sigma_1 - \sigma_3) l^2 - 2(\sigma_2 - \sigma_3) m^2] l = 0 \\ [(\sigma_2 - \sigma_3) - 2(\sigma_1 - \sigma_3) l^2 - 2(\sigma_2 - \sigma_3) m^2] m = 0 \end{array} \right\} \tag{5-14}$$

满足方程组(5-14)的解有四种情况:

(1) $l = m = 0$,这时 $n = \pm 1$,它是主平面,剪应力为零,不是我们所需的解。

(2) $l = 0, m \neq 0$,也即斜切微分面始终平行于 l 轴(图 5-5(a)),则由式(5-14)的第二式得

$$(\sigma_2 - \sigma_3)(1 - 2m^2) = 0$$

由此解得

$$l = 0; \quad m = \pm\frac{1}{\sqrt{2}}; \quad n = \pm\frac{1}{\sqrt{2}}$$

（3）$m=0, l\neq0$，同样可由式（5-14）的第一式解得

$$l = \pm\frac{1}{\sqrt{2}}; \quad m = 0; \quad n = \pm\frac{1}{\sqrt{2}}$$

（4）另一组解是

$$n = 0; \quad l = \pm\frac{1}{\sqrt{2}}; \quad m = \pm\frac{1}{\sqrt{2}}$$

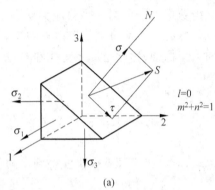

(a)

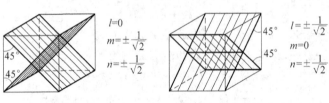

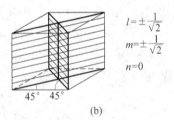

(b)

图 5-5　主剪应力平面

上列的三组解各表示一对相互垂直的主剪应力平面，它们分别与一个主平面垂直并与另两个主平面成 45°角，如图 5-5（b）所示。每对主剪应力平面上的主剪应力都相等。将上列三组方向余弦值代入式（5-11）即可求得三个主剪应力：

$$\left.\begin{array}{l}\tau_{23} = \pm \dfrac{\sigma_2 - \sigma_3}{2} \\[3mm] \tau_{31} = \pm \dfrac{\sigma_3 - \sigma_1}{2} \\[3mm] \tau_{12} = \pm \dfrac{\sigma_1 - \sigma_2}{2}\end{array}\right\} \tag{5-15}$$

主剪应力中绝对值最大的一个,也就是一点所有方向切面上剪应力的最大者,叫做最大剪应力,以 τ_{max} 表示,如设 $\sigma_1 > \sigma_2 > \sigma_3$,则

$$\tau_{max} = \pm \frac{\sigma_1 - \sigma_3}{2} \tag{5-16}$$

需要指出,主平面上只有法向应力即主应力,而无剪应力;而主剪应力平面上既有剪应力又有正应力。将上述三组方向余弦值代入式(5-10)即可求得主剪应力平面上的正应力:

$$\sigma_{23} = \frac{\sigma_2 + \sigma_3}{2};\ \sigma_{31} = \frac{\sigma_3 + \sigma_1}{2};\ \sigma_{12} = \frac{\sigma_1 + \sigma_2}{2} \tag{5-17}$$

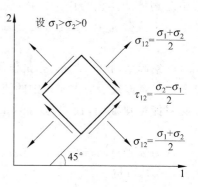

图 5-6　主剪应力平面上的正应力

应注意到,每对主剪应力平面上的正应力都是相等的,图 5-6 为 $\sigma_1 \sigma_2$ 坐标平面上的例子。

5.1.6　应力球张量和应力偏张量

应力张量和矢量一样,也是可以分解的。现设 σ_m 为三个正应力分量的平均值,即

$$\sigma_m = \frac{1}{3}(\sigma_x + \sigma_y + \sigma_z) = \frac{1}{3}I_1 = \frac{1}{3}(\sigma_1 + \sigma_2 + \sigma_3)$$

σ_m 一般叫做平均应力,又称静水压力,是不变量,与所取坐标无关,对于一个确定的应力状态,它是单值的。

于是,点的应力张量式(5-1)可以分解成以下两部分:

$$\boldsymbol{\sigma}_{ij} = \begin{bmatrix} \sigma_x & \tau_{xy} & \tau_{xz} \\ \tau_{yx} & \sigma_y & \tau_{yz} \\ \tau_{zx} & \tau_{zy} & \sigma_z \end{bmatrix}$$

$$= \begin{bmatrix} (\sigma_x - \sigma_m) & \tau_{xy} & \tau_{xz} \\ \tau_{yx} & (\sigma_y - \sigma_m) & \tau_{yz} \\ \tau_{zx} & \tau_{zy} & (\sigma_z - \sigma_m) \end{bmatrix} + \begin{bmatrix} \sigma_m & 0 & 0 \\ 0 & \sigma_m & 0 \\ 0 & 0 & \sigma_m \end{bmatrix} \tag{5-18}$$

式(5-18)右边第二个张量表示各向均匀的受力状态(球应力状态),称为球形

应力张量。当质点处于球应力状态下,过该点的任意方向均为主方向,且各方向的主应力相等,而任何切面上都没有剪应力。所以应力球张量的作用与静水压力相同,它只能引起物体的体积变化,而不能使物体发生形状变化和产生塑性变形。对于一般金属材料,应力球张量所引起的体积变化是弹性的,当应力去除后,体积变化便消失。

式(5-18)右边第一个张量称为应力偏张量,记为 σ'_{ij}。在应力偏张量中不再包含各向等应力的成分(因为应力偏张量的平均应力为零),因此应力偏张量不会引起物体的体积变化。再者,应力偏张量中的剪应力成分与整个应力张量中的剪应力成分完全相等,因此应力偏张量完全包括了应力张量作用下的形状变化因素。

归纳起来,物体在应力张量作用下所发生的变形,包括体积变化和形状变化两部分。前者取决于应力张量中的应力球形张量,而后者取决于应力偏张量。体积变化只能是弹性的,而当应力偏张量满足一定的数量关系时,则物体发生塑性变形。

应力偏张量同样有三个不变量,可用 I'_1,I'_2 和 I'_3 表示。将应力偏张量的分量代入式(5-8),可得

$$\left.\begin{aligned}
I'_1 &= (\sigma_x - \sigma_m) + (\sigma_y - \sigma_m) + (\sigma_z - \sigma_m) = 0 \\
I'_2 &= -\frac{1}{6}\left[(\sigma_x - \sigma_y)^2 + (\sigma_y - \sigma_z)^2 + (\sigma_z - \sigma_x)^2\right] - (\tau_{xy}^2 + \tau_{yz}^2 + \tau_{zx}^2) \\
I'_3 &= \begin{vmatrix} \sigma_x - \sigma_m & \tau_{xy} & \tau_{xz} \\ \tau_{yx} & \sigma_y - \sigma_m & \tau_{yz} \\ \tau_{zx} & \tau_{zy} & \sigma_z - \sigma_m \end{vmatrix} \\
&= \sigma'_x \sigma'_y \sigma'_z + 2\tau_{xy}\tau_{yz}\tau_{zx} - (\sigma'_x \tau_{yz}^2 + \sigma'_y \tau_{zx}^2 + \sigma'_z \tau_{xy}^2)
\end{aligned}\right\} \quad (5\text{-}19)$$

其中

$$\sigma'_x = \sigma_x - \sigma_m, \quad \sigma'_y = \sigma_y - \sigma_m, \quad \sigma'_z = \sigma_z - \sigma_m$$

当用主应力形式表示时:

$$\left.\begin{aligned}
I'_1 &= 0 \\
I'_2 &= -\frac{1}{6}\left[(\sigma_1 - \sigma_2)^2 + (\sigma_2 - \sigma_3)^2 + (\sigma_3 - \sigma_1)^2\right] \\
I'_3 &= \sigma'_1 \sigma'_2 \sigma'_3
\end{aligned}\right\} \quad (5\text{-}20)$$

其中

$$\sigma'_1 = \sigma_1 - \sigma_m, \quad \sigma'_2 = \sigma_2 - \sigma_m, \quad \sigma'_3 = \sigma_3 - \sigma_m$$

应力偏张量的第二不变量 I'_2 十分重要,它将被作为塑性变形的判据。它还可以使八面体(等倾面)剪应力的表达式简化。

例 5-5 设某点的应力状态为

$$\boldsymbol{\sigma}_{ij} = \begin{bmatrix} 1 & 3 & 5 \\ 3 & 2 & 4 \\ 5 & 4 & 6 \end{bmatrix} \text{MPa}$$

试写出其应力偏张量 $\boldsymbol{\sigma}'_{ij}$。

解 $\sigma_m = (\sigma_x + \sigma_y + \sigma_z)/3 = (1+2+6)/3 = 3\text{MPa}$

$$\boldsymbol{\sigma}'_{ij} = \boldsymbol{\sigma}_{ij} - \boldsymbol{\delta}_{ij} \cdot \sigma_m = \begin{bmatrix} -2 & 3 & 5 \\ 3 & -1 & 4 \\ 5 & 4 & 3 \end{bmatrix} \text{MPa}$$

5.1.7 八面体应力和等效应力

当用主应力表示应力张量不变量时，三个应力张量不变量可表示为

$$I_1 = \sigma_1 + \sigma_2 + \sigma_3$$
$$I_2 = (\sigma_1\sigma_2 + \sigma_2\sigma_3 + \sigma_3\sigma_1)$$
$$I_3 = \sigma_1\sigma_2\sigma_3$$

而 $\dfrac{1}{3}I_1$ 刚好是平均应力 σ_m，即

$$\sigma_m = \frac{1}{3}(\sigma_x + \sigma_y + \sigma_z) = \frac{1}{3}I_1 = \frac{1}{3}(\sigma_1 + \sigma_2 + \sigma_3)$$

它正是与三个坐标轴（应力主轴）等倾角的平面（等倾面、八面体平面）上的正应力 σ_8。

取八面体的第一象限部分可得到一个四面体（如图 5-7 所示），与主平面相一致的三个坐标面上作用着主应力 $\sigma_1, \sigma_2, \sigma_3$，而为斜面的八面体平面是等倾面（其法线与三根坐标轴的夹角都相等，即 $|l| = |m| = |n| = \dfrac{1}{\sqrt{3}}$），由式（5-4）及式（5-5）可计算出此八面体平面上的正应力 σ_8 及剪应力 τ_8 分别为

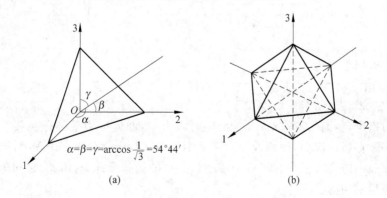

图 5-7 四面体单元（八面体的八分之一）

$$\sigma_8 = \sigma_1 l^2 + \sigma_2 m^2 + \sigma_3 n^2 = \left(\frac{1}{\sqrt{3}}\right)^2 (\sigma_1 + \sigma_2 + \sigma_3)$$

$$= \frac{1}{3}(\sigma_1 + \sigma_2 + \sigma_3) = \sigma_m = \frac{1}{3} I_1 \tag{5-21}$$

$$\tau_8^2 = \frac{1}{3}(\sigma_1^2 + \sigma_2^2 + \sigma_3^2) - \frac{1}{9}(\sigma_1 + \sigma_2 + \sigma_3)^2$$

$$= \frac{1}{9}[(\sigma_1 - \sigma_2)^2 + (\sigma_2 - \sigma_3)^2 + (\sigma_3 - \sigma_1)^2]$$

$$\tau_8 = \pm \frac{1}{3}\sqrt{(\sigma_1 - \sigma_2)^2 + (\sigma_2 - \sigma_3)^2 + (\sigma_3 - \sigma_1)^2} = \pm\sqrt{\frac{2}{3}(-I_2')}$$

$$= \pm \frac{1}{3}\sqrt{2I_1^2 - 6I_2} \tag{5-22}$$

由上可见，σ_8 就是平均应力或静水压力，是不变量；τ_8 则是与应力球张量无关的不变量。对于一个确定的应力偏张量，τ_8 是确定的。将式(5-21)和式(5-22)中的 I_1 和 I_2' 分别用式(5-8)和式(5-19)中的函数式代入，即可得到以任意坐标系应力分量表示的八面体应力：

$$\sigma_8 = \frac{1}{3}(\sigma_x + \sigma_y + \sigma_z) \tag{5-23}$$

$$\tau_8 = \pm \frac{1}{3}\sqrt{(\sigma_x - \sigma_y)^2 + (\sigma_y - \sigma_z)^2 + (\sigma_z - \sigma_x)^2 + 6(\tau_{xy}^2 + \tau_{yz}^2 + \tau_{zx}^2)}$$
$$\tag{5-24}$$

将八面体剪应力 τ_8 取绝对值并乘以系数 $\frac{3}{\sqrt{2}}$，所得到的参量仍是一个不变量，我们把它叫做"等效应力"，也称广义应力或应力强度，以 $\bar{\sigma}$ 表示。对于主轴坐标系，等效应力的表达式为

$$\bar{\sigma} = \frac{3}{\sqrt{2}}\tau_8 = \sqrt{3(-I_2')} = \sqrt{\frac{1}{2}[(\sigma_1 - \sigma_2)^2 + (\sigma_2 - \sigma_3)^2 + (\sigma_3 - \sigma_1)^2]}$$
$$\tag{5-25}$$

对于任意坐标系则为

$$\bar{\sigma} = \sqrt{\frac{1}{2}[(\sigma_x - \sigma_y)^2 + (\sigma_y - \sigma_z)^2 + (\sigma_z - \sigma_x)^2 + 6(\tau_{xy}^2 + \tau_{yz}^2 + \tau_{zx}^2)]} \tag{5-26}$$

应当指出，前面讨论过的主应力、主剪应力、八面体应力等都是在某些特殊微分面上实际存在的应力，而等效应力则是不能在某特定微分面上出现的，但是等效应力可以在一定意义上"代表"整个应力状态中的偏张量部分，因此，它和塑性变形的关系是很密切的。

物体在变形过程中，一点的应力状态是会变化的，这时就需判断是加载还是卸

载。在塑性理论中,一般是根据等效应力的变化来判断的。

如 $\bar{\sigma}$ 增大,即 $d\bar{\sigma}>0$,就叫**加载**。其中各应力分量都按同一比例增加,则叫比例加载或简单加载;

如 $\bar{\sigma}$ 不变,即 $d\bar{\sigma}=0$,就叫**中性载荷**。如在 $\bar{\sigma}$ 不变的条件下,各应力分量彼消此长而变化,也可叫中性变载;

如果 $\bar{\sigma}$ 减小,即 $d\bar{\sigma}<0$,就是**卸载**。

5.1.8　应力莫尔(Mohr)圆

应力莫尔圆也是应力状态的一种几何表达。

设已知某应力状态的主应力,并且 $\sigma_1>\sigma_2>\sigma_3$。以应力主轴为坐标轴,作一斜切微分面,方向余弦为 l,m,n,斜切微分面上的正应力为 σ、剪应力为 τ,则可得到如下三个熟悉的方程:

$$\sigma = \sigma_1 l^2 + \sigma_2 m^2 + \sigma_3 n^2$$
$$\tau^2 = \sigma_1^2 l^2 + \sigma_2^2 m^2 + \sigma_3^2 n^2 - \sigma^2$$
$$l^2 + m^2 + n^2 = 1$$

上列三式可看成是以 l^2, m^2, n^2 为未知数的方程组。联立解此方程组可得

$$l^2 = \frac{(\sigma-\sigma_2)(\sigma-\sigma_3)+\tau^2}{(\sigma_1-\sigma_2)(\sigma_1-\sigma_3)}$$

$$m^2 = \frac{(\sigma-\sigma_3)(\sigma-\sigma_1)+\tau^2}{(\sigma_2-\sigma_3)(\sigma_2-\sigma_1)}$$

$$n^2 = \frac{(\sigma-\sigma_1)(\sigma-\sigma_2)+\tau^2}{(\sigma_3-\sigma_1)(\sigma_3-\sigma_2)}$$

将上列各式分子中含 σ 的括号展开并对 σ 配方,整理后可得

$$\left.\begin{aligned}
\left(\sigma-\frac{\sigma_2+\sigma_3}{2}\right)^2 + \tau^2 &= l^2(\sigma_1-\sigma_2)(\sigma_1-\sigma_3)+\left(\frac{\sigma_2-\sigma_3}{2}\right)^2 \\
\left(\sigma-\frac{\sigma_3+\sigma_1}{2}\right)^2 + \tau^2 &= m^2(\sigma_2-\sigma_3)(\sigma_2-\sigma_1)+\left(\frac{\sigma_3-\sigma_1}{2}\right)^2 \\
\left(\sigma-\frac{\sigma_1+\sigma_2}{2}\right)^2 + \tau^2 &= n^2(\sigma_3-\sigma_1)(\sigma_3-\sigma_2)+\left(\frac{\sigma_1-\sigma_2}{2}\right)^2
\end{aligned}\right\} \quad (5\text{-}27)$$

在 $\sigma\text{-}\tau$ 坐标平面上,上式表示三个圆,圆心都在 σ 轴上,距原点分别为 $\frac{(\sigma_2+\sigma_3)}{2}$, $\frac{(\sigma_3+\sigma_1)}{2}$, $\frac{(\sigma_1+\sigma_2)}{2}$,它们在数值上就是主剪应力平面上的正应力,三个圆的半径随方向余弦值而变。对于每一组 $|l|,|m|,|n|$,都将有图 5-8 所示的三个圆。应注意到,式(5-27)的三个式子中,每个都只包含一个方向余弦值,表示某一方向余弦值为定值时 σ 和 τ 的变化规律。例如第一式只含 l,故圆 O_1 即表示 l 为定值而 m,n 变化时,σ 和 τ 的变化规律。因此,对于一个确定的微分面,三个圆必

然有共同的交点,交点 P 的坐标即该面上的正应力和剪应力。

根据 $l^2 \geqslant 0, m^2 \geqslant 0, n^2 \geqslant 0$ 以及 $\sigma_1 > \sigma_2 > \sigma_3$ 的假设,由式(5-27)可推导出:

$$
\left.
\begin{aligned}
\left(\sigma - \frac{\sigma_2 + \sigma_3}{2}\right)^2 + \tau^2 &\geqslant \left(\frac{\sigma_2 - \sigma_3}{2}\right)^2 \\
\left(\sigma - \frac{\sigma_3 + \sigma_1}{2}\right)^2 + \tau^2 &\leqslant \left(\frac{\sigma_1 - \sigma_3}{2}\right)^2 \\
\left(\sigma - \frac{\sigma_1 + \sigma_2}{2}\right)^2 + \tau^2 &\geqslant \left(\frac{\sigma_1 - \sigma_2}{2}\right)^2
\end{aligned}
\right\}
\tag{5-28}
$$

式(5-28)表明,任意斜切微分面上的正应力 σ 和剪应力 τ 的取值范围应满足以上三个不等式。三式取等号时分别对应图 5-9 中的三个圆,这三个圆叫做应力莫尔圆。任意斜切微分面上的正应力 σ 和剪应力 τ 必然落在三个莫尔圆之间,也即图 5-9 中画阴影线的部分。

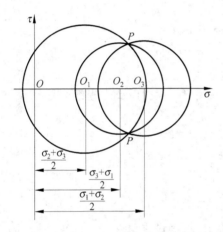
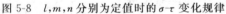
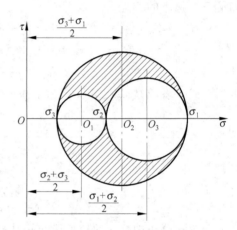

图 5-8 l, m, n 分别为定值时的 σ-τ 变化规律   图 5-9   应力莫尔圆

5.1.9   应力平衡微分方程

一般情况下受力物体内各点的应力状态是不同的,下面讨论平衡情况下相邻各点之间的应力关系。

设物体内有一点 Q,其坐标为 x, y, z。以 Q 为顶点切取一个边长为 $\mathrm{d}x, \mathrm{d}y, \mathrm{d}z$ 的直角平行微六面体,其另一个顶点 Q' 的坐标为 $x + \mathrm{d}x, y + \mathrm{d}y, z + \mathrm{d}z$。由于物体是连续的,应力的变化也是坐标的连续函数。

现设 Q 点的应力状态为 $\boldsymbol{\sigma}_{ij}$,其 x 面上有正应力分量为

$$\sigma_x = f(x, y, z)$$

在 Q' 点的 x 面上,由于坐标变化了 $\mathrm{d}x$,其正应力分量将为

$$\sigma_{x+\mathrm{d}x} = f(x+\mathrm{d}x, y, z) \approx f(x,y,z) + \frac{\partial f}{\partial x}\mathrm{d}x = \sigma_x + \frac{\partial \sigma_x}{\partial x}\mathrm{d}x$$

Q' 点的其余 8 个应力分量可用同样方法推出，参见图 5-10。

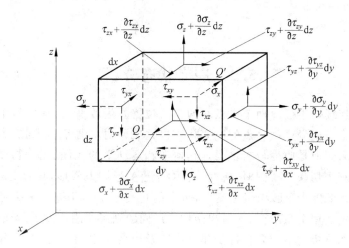

图 5-10　微元体的应力状态分析

当该微元体处于静力平衡状态，且不考虑体积力时，则由力的平衡条件 $\sum F_x = 0$，有

$$\left(\sigma_x + \frac{\partial \sigma_x}{\partial x}\mathrm{d}x\right)\mathrm{d}y\mathrm{d}z + \left(\tau_{yx} + \frac{\partial \tau_{yx}}{\partial y}\mathrm{d}y\right)\mathrm{d}z\mathrm{d}x$$
$$+ \left(\tau_{zx} + \frac{\partial \tau_{zx}}{\partial z}\mathrm{d}z\right)\mathrm{d}x\mathrm{d}y - \sigma_x\mathrm{d}y\mathrm{d}z - \tau_{yx}\mathrm{d}z\mathrm{d}x - \tau_{zx}\mathrm{d}x\mathrm{d}y = 0$$

整理后得

$$\frac{\partial \sigma_x}{\partial x} + \frac{\partial \tau_{yx}}{\partial y} + \frac{\partial \tau_{zx}}{\partial z} = 0$$

同样根据 $\sum F_y = 0$ 和 $\sum F_z = 0$，还可推得两个公式，最后可得微元体应力平衡微分方程为

$$\left. \begin{array}{l} \dfrac{\partial \sigma_x}{\partial x} + \dfrac{\partial \tau_{yx}}{\partial y} + \dfrac{\partial \tau_{zx}}{\partial z} = 0 \\[2mm] \dfrac{\partial \tau_{xy}}{\partial x} + \dfrac{\partial \sigma_y}{\partial y} + \dfrac{\partial \tau_{zy}}{\partial z} = 0 \\[2mm] \dfrac{\partial \tau_{xz}}{\partial x} + \dfrac{\partial \tau_{yz}}{\partial y} + \dfrac{\partial \sigma_z}{\partial z} = 0 \end{array} \right\} \tag{5-29}$$

式(5-29)是求解塑性成形问题的基本方程。但该方程组包含有 6 个未知数，是超静定的。为使方程能解，还应从几何和物性方面寻找补充方程。

对于平面应力状态和平面应变状态，前者 $\sigma_z = \tau_{zx} = \tau_{zy} = 0$，后者 $\tau_{zx} = \tau_{zy} = 0$，

σ_z 和 z 轴无关,此时式(5-29)可简化成

$$\left.\begin{array}{l} \dfrac{\partial \sigma_x}{\partial x} + \dfrac{\partial \tau_{yx}}{\partial y} = 0 \\[3mm] \dfrac{\partial \tau_{xy}}{\partial x} + \dfrac{\partial \sigma_y}{\partial y} = 0 \end{array}\right\} \tag{5-30}$$

5.2 应变状态分析

当一个连续体中任意两个质点间的相对位置发生改变时,认为这个物体已发生变形或其中有应变产生。点的应变状态也是二阶对称张量,它与应力张量有许多相似的性质。但是应变分析主要是几何学和运动学的问题,它和物体中的位移场或速度场有密切联系。同时,应变分析对于小变形和大变形,其应变的表示方法是不同的;对于弹性变形和塑性变形,考虑的角度也不尽相同。解决弹性和小塑性变形问题主要用全量应变,而解决塑性成形问题则主要用应变增量或应变速率。

应变状态分析的最主要目标是建立应变及应变速率的几何方程,并为描述应力应变关系作准备。

5.2.1 应变的概念

1. 定义(以单向均匀拉伸为例)

杆受单向均匀拉伸,变形前杆长为 l_0,变形后杆长为 l(如图 5-11 所示)。

(1) 工程应变 ε(相对应变、条件应变)

这是工程上经常使用的应变指标,有时称为条件应变或称为相对应变。

$$\varepsilon = \frac{l - l_0}{l_0}$$

等于每单位原长的伸长量。

(2) 对数应变(自然应变、真实应变)ε^*

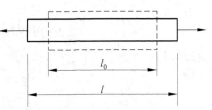

图 5-11　单向拉伸杆件

$$\varepsilon^* = \int_{l_0}^{l} \frac{\mathrm{d}l}{l} = \ln \frac{l}{l_0}$$

对数应变的物理意义是代表一尺寸的无限小增量与该变形瞬时尺寸的比值的积分。

$$\varepsilon^* = \ln \frac{l}{l_0} = \ln\left(\frac{l - l_0}{l_0} + 1\right) = \ln(1 + \varepsilon)$$

$$= \varepsilon - \frac{\varepsilon^2}{2} + \frac{\varepsilon^3}{3} - \frac{\varepsilon^4}{4} + \cdots + \frac{(-1)^{n-1}\varepsilon^n}{n} + \cdots$$

当 $|\varepsilon|>1$ 时，该级数发散；当 $-1<\varepsilon\leqslant+1$ 时，该级数收敛。

同时，由

$$\varepsilon=\frac{l-l_0}{l_0}, \quad \mathrm{d}\varepsilon=\mathrm{d}\left(\frac{l-l_0}{l_0}\right)=\frac{\mathrm{d}l}{l_0}$$

可以看到，工程应变的无限小增量表示直线单元长度的变化与它原来长度 l_0 之比。

而由

$$\mathrm{d}\varepsilon^*=\mathrm{d}\left(\ln\frac{l}{l_0}\right)=\frac{\mathrm{d}l}{l}=\mathrm{d}[\ln(1+\varepsilon)]=\frac{\mathrm{d}\varepsilon}{1+\varepsilon}$$

看出，对数应变的无限小增量表示直线单元长度的变化与它的瞬时长度 l 之比。

对于微小应变，用这两种量度求出来的应变（和应变增量）值几乎是一样的。

2. 分析

假设两质点相距 l_0，经变形后距离为 l_n，则其变形程度一般用 ε 表示，即

$$\varepsilon=\frac{l_n-l_0}{l_0}$$

但在变形程度极大的情况下，上述表示方法不足以反映实际的变形情况。因为在实际变形过程中，长度 l_0 是经过无穷多个中间数值而逐渐变成 l_n，如 $l_0,l_1,l_2,\cdots,l_{n-1},l_n$，其中相邻两长度相差极其微小。由 l_0 至 l_n 的总变形程度，可以近似看作是各个阶段相对变形之和：

$$\frac{l_1-l_0}{l_0}+\frac{l_2-l_1}{l_1}+\frac{l_3-l_2}{l_2}+\cdots+\frac{l_n-l_{n-1}}{l_{n-1}}$$

或用微分概念，设 $\mathrm{d}l$ 是每一变形阶段的长度增量，则物体的总变形程度为

$$\varepsilon^*=\int_{l_0}^{l_n}\frac{\mathrm{d}l}{l}=\ln\frac{l_n}{l_0}$$

ε^* 反映了物体变形的实际情况，所以称之为自然应变或对数应变。在大变形问题中，只有用自然应变才能得出合理的结果，原因如下。

（1）相对应变（工程应变）不能表示变形的实际情况，而且变形程度愈大，误差也愈大。

如将自然应变以相对应变表示，并按 Taylor 级数展开，有

$$\varepsilon^*=\ln\frac{l}{l_0}=\ln(1+\varepsilon)=\varepsilon-\frac{\varepsilon^2}{2}+\frac{\varepsilon^3}{3}-\frac{\varepsilon^4}{4}+\cdots$$

由此可见，只有当变形程度很小时，ε 才近似等于 ε^*。如图 5-12 所示，当变形程度小于 10%，ε 与 ε^* 的数值比较接近；当变形程度大于 10%，以工程应变表示实际应变的误差逐渐增加。

（2）自然应变为可加应变，相对应变为不可加应变。

假设某物体从原长 l_0，经历 l_1,l_2 变为 l_3，总相对应变为

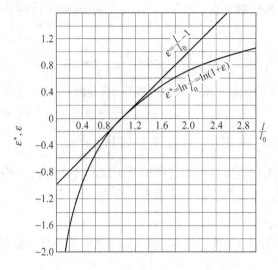

图 5-12   相对应变与自然应变

$$\varepsilon = \frac{l_3 - l_0}{l_0}$$

而各阶段的相对应变为

$$\varepsilon_1 = \frac{l_1 - l_0}{l_0}; \quad \varepsilon_2 = \frac{l_2 - l_1}{l_1}; \quad \varepsilon_3 = \frac{l_3 - l_2}{l_2}$$

显然

$$\varepsilon \neq \varepsilon_1 + \varepsilon_2 + \varepsilon_3$$

但用对数应变 $\varepsilon^* = \ln\dfrac{l_3}{l_0}$ 表示变形程度时，则无上述问题，因为各阶段的自然应变为

$$\varepsilon_1^* = \ln\frac{l_1}{l_0}; \quad \varepsilon_2^* = \ln\frac{l_2}{l_1}; \quad \varepsilon_3^* = \ln\frac{l_3}{l_2}$$

$$\varepsilon_1^* + \varepsilon_2^* + \varepsilon_3^* = \ln\frac{l_1}{l_0} + \ln\frac{l_2}{l_1} + \ln\frac{l_3}{l_2} = \ln\frac{l_1 l_2 l_3}{l_0 l_1 l_2} = \ln\frac{l_3}{l_0} = \varepsilon^*$$

所以自然应变又称为可加应变。

（3）自然应变为可比应变，相对应变为不可比应变。

假设某物体由 l_0 拉长一倍后变为 $2l_0$，其相对应变为

$$\varepsilon_{拉} = \frac{2l_0 - l_0}{l_0} = 1 = 100\%$$

如果该物体缩短一倍，变为 $0.5l_0$，则其相对应变为

$$\varepsilon_{压} = -\frac{0.5l_0}{l_0} = -0.5 = -50\%$$

拉长一倍与缩短一倍,物体的变形程度应该是一样的(体积不变)。然而如用相对应变表示拉、压的变形程度,则数值相差悬殊,失去可以比较的性质。

但用自然应变表示拉压两种不同性质的变形程度,并不失去可以比较的性质。例如在上例中,拉长一倍的自然应变为

$$\varepsilon_{拉}^{*} = \ln \frac{2l_0}{l_0} = \ln 2 = 69\%$$

缩短一倍的自然应变为

$$\varepsilon_{压}^{*} = \ln \frac{0.5l_0}{l_0} = \ln \frac{1}{2} = -69\%$$

其应变的绝对值相同,只是符号不同,因此具有可比性。

5.2.2　应变与位移的关系(小变形几何方程)

物体受力作用发生变形时,其内部质点将产生位移,设某一质点的位移矢量为 u,它在三个坐标轴上的投影用 u,v,w 表示,称为位移分量。由于物体在变形后仍保持连续,位移分量应为坐标的连续函数,即

$$u = u(x,y,z); \quad v = v(x,y,z); \quad w = w(x,y,z)$$

当物体中任意两个质点之间发生相对位移时,则认为该物体已发生变形,即存在应变。应变用位移的相对变化表示,这纯粹是几何学的问题,所以应变分析不论对弹性问题还是塑性问题均适用。

如同应力有正应力和切应力之分,应变也有正应变(又称线应变)和切应变两种基本方式。正应变以线元长度的相对变化来表示,而切应变以相互垂直线元之间的角度变化来表示(定义)。

现设有边长为 dx 和 dy 的微面素 $ABCD$ 仅在 xy 坐标平面内发生很小的正变形(图 5-13(a)),暂不考虑其刚性位移,此时线元 AB 伸长 du,线元 AD 缩短 dv,则其正应变分别为

$$\varepsilon_x = \frac{du}{dx}; \quad \varepsilon_y = -\frac{dv}{dy}$$

前者为正,称为拉应变;后者为负,称为压应变。

又若该微面素发生了切变形(图 5-13(b)),此时线元 AB 与 AD 的夹角缩小了 γ,此角度即为切应变。显然 $\gamma = \alpha_{yx} + \alpha_{xy}$。在一般情况下,$\alpha_{xy} \neq \alpha_{yx}$。但如将微面素加一刚性转动(图 5-13(c)),使 $\gamma_{xy} = \gamma_{yx} = \frac{1}{2}\gamma$,则切应变的大小不变,纯变形效果仍然相同,$\gamma_{xy}$ 和 γ_{yx} 分别表示 x 和 y 方向的线元各向 y 方向和 x 方向偏转的角度。

注:单元体的变形可分两种形式,一种是线尺寸的伸长或缩短,叫做正变形或线变形;一种是单元体发生偏斜,叫做剪变形和角变形。正变形和剪变形也可统

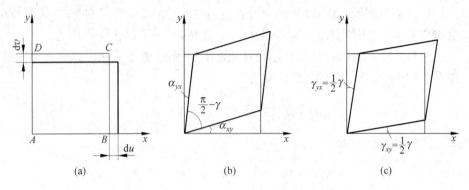

图 5-13　微面素在 xy 坐标平面内的纯变形

称"纯变形"。

在材料力学以及一般弹、塑性理论中所讨论的变形大多不超过 $10^{-3}\sim10^{-2}$ 数量级,这种很小的变形统称小变形。

对空间变形体内的任一微元体而言,应变共有 9 个分量:3 个正应变,6 个剪应变(与应力相似)。在小变形条件下微元体的应变状态可以仿照应力张量的形式表示为

$$\boldsymbol{\varepsilon}_{ij} = \begin{bmatrix} \varepsilon_x & \gamma_{xy} & \gamma_{xz} \\ \gamma_{yx} & \varepsilon_y & \gamma_{yz} \\ \gamma_{zx} & \gamma_{zy} & \varepsilon_z \end{bmatrix}$$

式中

$$\left.\begin{aligned}
\varepsilon_x &= \frac{\partial u}{\partial x}; \quad \gamma_{xy} = \gamma_{yx} = \frac{1}{2}\left(\frac{\partial u}{\partial y} + \frac{\partial v}{\partial x}\right) \\
\varepsilon_y &= \frac{\partial v}{\partial y}; \quad \gamma_{yz} = \gamma_{zy} = \frac{1}{2}\left(\frac{\partial w}{\partial y} + \frac{\partial v}{\partial z}\right) \\
\varepsilon_z &= \frac{\partial w}{\partial z}; \quad \gamma_{zx} = \gamma_{xz} = \frac{1}{2}\left(\frac{\partial u}{\partial z} + \frac{\partial w}{\partial x}\right)
\end{aligned}\right\}$$

(5-31)

式(5-31)称为小变形几何方程,也叫柯西方程。

如变形体内的位移场 u_i 已知,则可由柯西方程求得各质点的应变状态 ε_{ij},再根据应力应变关系(本构关系),求得应力状态 $\boldsymbol{\sigma}_{ij}$。而当整个变形体的位移场、应变场和应力场确定后,就可进一步分析变形体的流动情况、力能参数、工件的内部质量等问题。

因此柯西方程(小变形几何方程)是求解塑性成形问题的重要基本方程。

5.2.3　应变张量分析

1. 主应变、应变张量不变量、主剪应变和最大剪应变

分析研究表明,应变张量和应力张量十分相似,应力分析中的某些结论和公

式,也可类推于应变理论,只要把 σ 换成 ε,τ 换成 γ 即可。

通过一点,存在着三个相互垂直的应变主方向和主轴。在主方向上的线元没有角度偏转,只有正应变,该正应变称为主应变,一般以 ε_1,ε_2 和 ε_3 表示,它们是惟一的。对于小变形而言,可认为应变主轴和应力主轴对应重合,且如果主应力中 $\sigma_1 > \sigma_2 > \sigma_3$,则主应变的次序亦为 $\varepsilon_1 > \varepsilon_2 > \varepsilon_3$。如取应变主轴为坐标轴,则应变张量就简化为

$$\boldsymbol{\varepsilon}_{ij} = \begin{bmatrix} \varepsilon_1 & 0 & 0 \\ 0 & \varepsilon_2 & 0 \\ 0 & 0 & \varepsilon_3 \end{bmatrix}$$

主应变也可由应变张量的特征方程求得

$$\varepsilon^3 - I_1\varepsilon^2 + I_2\varepsilon - I_3 = 0$$

式中的 I_1,I_2 和 I_3 就是应变张量的第一、第二和第三不变量:

$$\left.\begin{aligned} I_1 &= \varepsilon_x + \varepsilon_y + \varepsilon_z = \varepsilon_1 + \varepsilon_2 + \varepsilon_3 \\ I_2 &= (\varepsilon_x\varepsilon_y + \varepsilon_y\varepsilon_z + \varepsilon_z\varepsilon_x) - (\gamma_{xy}^2 + \gamma_{yz}^2 + \gamma_{zx}^2) = (\varepsilon_1\varepsilon_2 + \varepsilon_2\varepsilon_3 + \varepsilon_3\varepsilon_1) \\ I_3 &= \varepsilon_x\varepsilon_y\varepsilon_z + 2\gamma_{xy}\gamma_{yz}\gamma_{zx} - (\varepsilon_x\gamma_{yz}^2 + \varepsilon_y\gamma_{zx}^2 + \varepsilon_z\gamma_{xy}^2) = \varepsilon_1\varepsilon_2\varepsilon_3 \end{aligned}\right\} \quad (5\text{-}32)$$

应指出,塑性变形时体积不变,故 $I_1 = 0$。

知道了三个主应变,同样可以画出三向应变莫尔圆。

在与应变主方向成 $\pm 45°$ 角的方向上,存在三对各自相互垂直的线元,它们的剪应变有极值,叫做主剪应变,其大小为

$$\left.\begin{aligned} \gamma_{12} &= \pm\frac{\varepsilon_1 - \varepsilon_2}{2} \\ \gamma_{23} &= \pm\frac{\varepsilon_2 - \varepsilon_3}{2} \\ \gamma_{31} &= \pm\frac{\varepsilon_3 - \varepsilon_1}{2} \end{aligned}\right\} \quad (5\text{-}33)$$

三个主剪应变中的最大者,称为最大剪应变。如 $\varepsilon_1 > \varepsilon_2 > \varepsilon_3$,则最大剪应变为

$$\gamma_{max} = \pm\frac{\varepsilon_1 - \varepsilon_3}{2} \quad (5\text{-}34)$$

2. 应变偏张量和应变球张量、八面体应变和等效应变

设三个正应变分量的平均值为 ε_m,即

$$\varepsilon_m = \frac{1}{3}(\varepsilon_x + \varepsilon_y + \varepsilon_z) = \frac{1}{3}(\varepsilon_1 + \varepsilon_2 + \varepsilon_3) = \frac{1}{3}I_1$$

则应变张量可以分解成两个张量:

$$\boldsymbol{\varepsilon}_{ij} = \begin{bmatrix} \varepsilon_x - \varepsilon_m & \gamma_{xy} & \gamma_{xz} \\ \gamma_{yx} & \varepsilon_y - \varepsilon_m & \gamma_{yz} \\ \gamma_{zx} & \gamma_{zy} & \varepsilon_z - \varepsilon_m \end{bmatrix} + \begin{bmatrix} \varepsilon_m & 0 & 0 \\ 0 & \varepsilon_m & 0 \\ 0 & 0 & \varepsilon_m \end{bmatrix} = \boldsymbol{\varepsilon}_{ij}' + \boldsymbol{\delta}_{ij}\varepsilon_m \quad (5\text{-}35)$$

式(5-35)右边第一项为应变偏张量,表示单元体的形状变化;第二项为应变球张量,表示单元体的体积变化。应注意,塑性变形时体积不变,$\varepsilon_m = 0$,其应变偏张量就是应变张量。

如以应变主轴为坐标轴,同样可作出八面体,八面体平面法线方向的线元的应变称为八面体应变:

$$\varepsilon_8 = \frac{1}{3}(\varepsilon_1 + \varepsilon_2 + \varepsilon_3) = \varepsilon_m$$

$$\gamma_8 = \pm\frac{1}{3}\sqrt{(\varepsilon_x - \varepsilon_y)^2 + (\varepsilon_y - \varepsilon_z)^2 + (\varepsilon_z - \varepsilon_x)^2 + 6(\gamma_{xy}^2 + \gamma_{yz}^2 + \gamma_{zx}^2)}$$

$$= \pm\frac{1}{3}\sqrt{(\varepsilon_1 - \varepsilon_2)^2 + (\varepsilon_2 - \varepsilon_3)^2 + (\varepsilon_3 - \varepsilon_1)^2} \tag{5-36}$$

将八面体剪应变 γ_8 乘以系数 $\sqrt{2}$,所得的参量叫做等效应变,也称广义应变或应变强度:

$$\bar{\varepsilon} = \frac{\sqrt{2}}{3}\sqrt{(\varepsilon_x - \varepsilon_y)^2 + (\varepsilon_y - \varepsilon_z)^2 + (\varepsilon_z - \varepsilon_x)^2 + 6(\gamma_{xy}^2 + \gamma_{yz}^2 + \gamma_{zx}^2)}$$

$$= \frac{\sqrt{2}}{3}\sqrt{(\varepsilon_1 - \varepsilon_2)^2 + (\varepsilon_2 - \varepsilon_3)^2 + (\varepsilon_3 - \varepsilon_1)^2} \tag{5-37}$$

单向应力状态时,其主应变为 ε_1,$\varepsilon_2 = \varepsilon_3$。塑性变形时,$\varepsilon_1 + \varepsilon_2 + \varepsilon_3 = 0$,故有

$$\varepsilon_2 = \varepsilon_3 = -\frac{1}{2}\varepsilon_1$$

代入式(5-37)得

$$\bar{\varepsilon} = \frac{\sqrt{2}}{3}\sqrt{\left(\frac{3}{2}\varepsilon_1\right)^2 + \left(-\frac{3}{2}\varepsilon_1\right)^2} = \varepsilon_1$$

3. 塑性变形时的体积不变条件

设单元体的初始边长为 dx, dy, dz;体积为 $V_0 = dxdydz$。小变形时,可以认为只有正应变才引起边长和体积的变化,而切应变引起的边长和体积变化可以忽略。因此变形后单元体的体积为

$$V_1 = (1 + \varepsilon_x)dx(1 + \varepsilon_y)dy(1 + \varepsilon_z)dz \approx (1 + \varepsilon_x + \varepsilon_y + \varepsilon_z)dxdydz$$

于是单元体的体积变化率为

$$\Delta V = \frac{V_1 - V_0}{V_0} = \varepsilon_x + \varepsilon_y + \varepsilon_z$$

弹性变形时,体积变化率必须考虑。塑性变形时,虽然体积也有微量变化,但与塑性应变相比是很小的,可以忽略不计。因此,一般认为塑性变形时体积不变,则有

$$\varepsilon_x + \varepsilon_y + \varepsilon_z = 0 \tag{5-38}$$

式(5-38)即为塑性变形时的体积不变条件。它常作为对塑性成形过程进行力学分

析的一种前提条件,也可用于工艺设计中计算原毛坯的体积。

式(5-38)还表明:塑性变形时,应变球张量为零,应变张量即为应变偏张量;三个正应变分量或三个主应变分量不可能全部是同号的,而且如果其中的两个分量已知,则第三个正应变分量或主应变分量即可确定。

5.2.4 应变协调方程

由柯西方程(5-31)可知,6 个应变分量取决于 3 个位移分量对 x,y,z 的偏导数,所以 6 个应变分量不能是相互无关的函数,它们之间应有一定的关系,才能保证物体中的所有单元体在变形之后仍然可以连续地组合起来,这样的关系就叫变形连续方程或应变协调方程。该方程共有 6 个式子,可分成两组。现简略推导如下。

将柯西方程(几何方程)式(5-31)中的 ε_x 对 y 求两次偏导数;将 ε_y 对 x 求两次偏导数,可得如下两式:

$$\frac{\partial^2 \varepsilon_x}{\partial y^2} = \frac{\partial^2}{\partial x \partial y}\left(\frac{\partial u}{\partial y}\right)$$

$$\frac{\partial^2 \varepsilon_y}{\partial x^2} = \frac{\partial^2}{\partial x \partial y}\left(\frac{\partial v}{\partial x}\right)$$

将上列两式相加,得

$$\frac{\partial^2 \varepsilon_x}{\partial y^2} + \frac{\partial^2 \varepsilon_y}{\partial x^2} = \frac{\partial^2}{\partial x \partial y}\left(\frac{\partial u}{\partial y} + \frac{\partial v}{\partial x}\right) = 2\frac{\partial^2 \gamma_{xy}}{\partial x \partial y}$$

用同样的方法还可以得到其他两个式子,连同上式共三个等式:

$$\left.\begin{array}{l}\dfrac{\partial^2 \gamma_{xy}}{\partial x \partial y} = \dfrac{1}{2}\left(\dfrac{\partial^2 \varepsilon_x}{\partial y^2} + \dfrac{\partial^2 \varepsilon_y}{\partial x^2}\right) \\[3mm] \dfrac{\partial^2 \gamma_{yz}}{\partial y \partial z} = \dfrac{1}{2}\left(\dfrac{\partial^2 \varepsilon_y}{\partial z^2} + \dfrac{\partial^2 \varepsilon_z}{\partial y^2}\right) \\[3mm] \dfrac{\partial^2 \gamma_{zx}}{\partial z \partial x} = \dfrac{1}{2}\left(\dfrac{\partial^2 \varepsilon_z}{\partial x^2} + \dfrac{\partial^2 \varepsilon_x}{\partial z^2}\right)\end{array}\right\} \tag{5-39a}$$

上式表明,每个坐标平面内,两个正应变分量一经确定,则剪应变分量也即确定。

将式(5-31)中的 ε_x 对 y 及 z 求偏导数,γ_{xy} 对 x 及 z 求偏导数,γ_{zx} 对 x 及 y 求偏导数,γ_{yz} 对 x 求两次偏导数,可得下列四个式子:

$$\frac{\partial^2 \varepsilon_x}{\partial y \partial z} = \frac{\partial^3 u}{\partial x \partial y \partial z} \tag{a}$$

$$\frac{\partial^2 \gamma_{xy}}{\partial x \partial z} = \frac{1}{2}\left(\frac{\partial^3 v}{\partial x^2 \partial z} + \frac{\partial^3 u}{\partial x \partial y \partial z}\right) \tag{b}$$

$$\frac{\partial^2 \gamma_{zx}}{\partial x \partial y} = \frac{1}{2}\left(\frac{\partial^3 w}{\partial x^2 \partial y} + \frac{\partial^3 u}{\partial x \partial y \partial z}\right) \tag{c}$$

$$\frac{\partial^2 \gamma_{yz}}{\partial x^2} = \frac{1}{2}\left(\frac{\partial^3 v}{\partial x^2 \partial z} + \frac{\partial^3 w}{\partial x^2 \partial y}\right) \tag{d}$$

将上面的式(b)加式(c)减去式(d),则等号右面消去四项,余下的两项之和则与式(a)的右边相同,因此可得

$$\frac{\partial}{\partial x}\left(\frac{\partial \gamma_{zx}}{\partial y} + \frac{\partial \gamma_{xy}}{\partial z} - \frac{\partial \gamma_{yz}}{\partial x}\right) = \frac{\partial^2 \varepsilon_x}{\partial y \partial z}$$

同理可得另外两式,组成方程组:

$$\left.\begin{array}{l}
\dfrac{\partial}{\partial x}\left(\dfrac{\partial \gamma_{zx}}{\partial y} + \dfrac{\partial \gamma_{xy}}{\partial z} - \dfrac{\partial \gamma_{yz}}{\partial x}\right) = \dfrac{\partial^2 \varepsilon_x}{\partial y \partial z} \\[3mm]
\dfrac{\partial}{\partial y}\left(\dfrac{\partial \gamma_{xy}}{\partial z} + \dfrac{\partial \gamma_{yz}}{\partial x} - \dfrac{\partial \gamma_{zx}}{\partial y}\right) = \dfrac{\partial^2 \varepsilon_y}{\partial z \partial x} \\[3mm]
\dfrac{\partial}{\partial z}\left(\dfrac{\partial \gamma_{yz}}{\partial x} + \dfrac{\partial \gamma_{zx}}{\partial y} - \dfrac{\partial \gamma_{xy}}{\partial z}\right) = \dfrac{\partial^2 \varepsilon_z}{\partial x \partial y}
\end{array}\right\} \tag{5-39b}$$

式(5-39b)表明,在空间内三个剪应变分量一经确定,则正应变分量也即确定。式(5-39a)和式(5-39b)即所谓应变连续方程或应变协调方程。

如果已知位移分量 u_i,则用几何方程(柯西方程)求得的应变分量 ε_{ij} 自然满足连续方程。

如果先用其他方法求得应变分量,则它们必须同时满足连续方程,才能求得正确的位移分量。

最后需要指出,上述所有应变分析,虽然都是针对小变形情况,但所得结论可推广用于大变形。因为大变形是由小变形积累而成的,若将大塑性变形过程分成若干个很小的变形阶段,则每个阶段的变形仍可看成是小变形。

5.3 屈服准则

材料处于单向应力状态时,只要该单向应力达到某一数值,材料即行屈服,进入塑性状态。例如,标准试样拉伸时,若拉伸应力达到屈服极限,则试样开始由弹性变形转为塑性变形。但在复杂应力状态下,显然不能仅用其中某一、两个应力分量的数值来判断材料是否进入塑性状态,而必须同时考虑所有的应力分量。研究表明,只有当各应力分量满足一定的关系时,材料才能进入塑性状态。这种关系称为屈服准则,也称塑性条件或塑性方程。屈服准则的数学表达式一般呈如下形式:

$$f(\sigma_{ij}) = C$$

上式左边是应力分量的函数,右边 C 为与材料在给定变形条件下的力学性能有关的常数。屈服准则是针对质点而言的,质点在整个塑性变形过程中,上述应力分量之间的关系始终保持着,对于塑性成形,变形体或变形区内所有质点都应符合屈服准则。所以屈服准则是求解塑性成形问题的必要的补充方程。

对于各向同性的材料,经实践检验并被普遍接受的屈服准则有两个:Tresca

(特雷斯卡)屈服准则和 Mises(米泽斯)屈服准则。

5.3.1 Tresca 屈服准则

1864 年,法国工程师 Tresca 公布了关于冲压和挤压的一些初步实验报告。根据这些实验,提出了如下假设:当变形体内部某点的最大剪应力达到某一临界值时,该点的材料发生屈服;该临界值取决于材料在变形条件下的性质,而与应力状态无关。因此 Tresca 屈服准则又称为最大剪应力准则(材料力学中称为第三强度理论),其表达式为

$$\tau_{max} = C$$

设 $\sigma_1 > \sigma_2 > \sigma_3$,则根据式(5-16)可得

$$\tau_{max} = \frac{1}{2}(\sigma_1 - \sigma_3) = C \tag{5-40}$$

式中 C 可通过实验求得。由于 C 值与应力状态无关,因此常采用简单拉伸试验确定。当拉伸试样屈服时,$\sigma_2 = \sigma_3 = 0$,$\sigma_1 = \sigma_S$,代入式(5-40)得 $C = \frac{1}{2}\sigma_S$。于是 Tresca 屈服准则的数学表达式为

$$\sigma_1 - \sigma_3 = \sigma_S \tag{5-41}$$

在事先不知道主应力大小次序时,Tresca 屈服准则的普遍表达式为

$$\left.\begin{array}{l} |\sigma_1 - \sigma_2| = \sigma_S \\ |\sigma_2 - \sigma_3| = \sigma_S \\ |\sigma_3 - \sigma_1| = \sigma_S \end{array}\right\} \tag{5-42}$$

只要其中任何一式得到满足,材料即屈服。

在薄壁管扭转时,即在纯剪应力作用下,根据材料力学的结论,有 $\sigma_3 = -\sigma_1 = \tau$,屈服时 $\tau = k$(剪切强度极限)。将以上结论代入式(5-40)便得到实用的 Tresca 屈服条件即

$$\sigma_1 - \sigma_3 = 2k = \sigma_S \tag{5-43}$$

因而 $k = \sigma_S/2$。

应当指出,Tresca 屈服条件表达式结构简单,计算方便,故较常用。但不足之处是未反映出中间主应力 σ_2 的影响,会带来一定的误差。

5.3.2 Mises 屈服条件

Mises 注意到 Tresca 屈服准则未考虑到中间主应力的影响,且在主应力大小次序不明确的情况下难以正确选用,于是从纯数学的观点出发,建议采用如下的屈服准则:

$$\frac{1}{6}\left[(\sigma_x - \sigma_y)^2 + (\sigma_y - \sigma_z)^2 + (\sigma_z - \sigma_x)^2 + 6(\tau_{xy}^2 + \tau_{yz}^2 + \tau_{zx}^2)\right] = C_1$$

若用主应力表示,则为

$$\frac{1}{6}\left[(\sigma_1-\sigma_2)^2+(\sigma_2-\sigma_3)^2+(\sigma_3-\sigma_1)^2\right]=C_1 \qquad (5\text{-}44)$$

等号右边的 C_1 取决于材料在变形条件下的性质,而与应力状态无关。已知单向拉伸试样屈服时,$\sigma_2=\sigma_3=0$,$\sigma_1=\sigma_S$;将此条件代入式(5-44),得 $C_1=\dfrac{\sigma_S^2}{3}$。而薄壁管扭转时 $C_1=\tau_S^2$。于是 Mises 屈服准则的表达式为

$$(\sigma_x-\sigma_y)^2+(\sigma_y-\sigma_z)^2+(\sigma_z-\sigma_x)^2+6(\tau_{xy}^2+\tau_{yz}^2+\tau_{zx}^2)=2\sigma_S^2=6\tau_S^2$$
$$(5\text{-}45)$$

用主应力表示则为

$$(\sigma_1-\sigma_2)^2+(\sigma_2-\sigma_3)^2+(\sigma_3-\sigma_1)^2=2\sigma_S^2 \qquad (5\text{-}46)$$

显然上述统一的方程式,既考虑了中间主应力的影响,且无需事先区分主应力的大小次序。

Mises 在提出上述准则时,并没有考虑到它所代表的物理意义。但实验结果却表明,对于塑性金属材料,这个准则更符合实际。

为了说明 Mises 屈服准则的物理意义,H. Hencky(汉基,1924)将式(5-46)两边各乘以 $\dfrac{1+\mu}{6E}$,其中 E 为弹性模量,μ 为泊松比,于是得

$$\frac{1+\mu}{6E}\left[(\sigma_1-\sigma_2)^2+(\sigma_2-\sigma_3)^2+(\sigma_3-\sigma_1)^2\right]=\frac{1+\mu}{3E}\sigma_S^2 \qquad (5\text{-}47)$$

可以证明,式(5-47)等号左边项即为材料单位体积弹性形状变化能(歪形能),而右边项即为单向拉伸屈服时单位体积的形状变化能。

按照 Hencky 的上述分析,Mises 屈服准则又可以表述为:材料质点屈服的条件是其单位体积的弹性形状变化能达到某个临界值;该临界值只取决于材料在变形条件下的性质,而与应力状态无关。故此,Mises 屈服准则又称为弹性形状变化能准则。

Nadai(1937)对 Mises 方程作了另一种解释,他认为当八面体剪应力(式(5-22))τ_8 达到某一常数时,材料即开始进入塑性状态。即

$$\tau_8=\frac{1}{3}\sqrt{(\sigma_1-\sigma_2)^2+(\sigma_1-\sigma_2)^2+(\sigma_1-\sigma_2)^2}=C=\frac{\sqrt{2}}{3}\sigma_S$$

时材料屈服,这个方程式也与 Mises 方程相同。

A. A. Ипьющин(伊留辛)认为当等效应力 $\bar{\sigma}$(应力强度)等于单向拉伸的屈服极限 σ_S 时,即

$$\bar{\sigma}=\sigma_S$$

材料便进入塑性状态。

Ипьющин(伊留辛)把复杂应力状态的应力强度与单向拉伸的屈服极限 σ_S 联

系起来,对于建立小弹塑性变形理论,具有重要意义。

5.3.3 屈服准则的几何表示

由式(5-42)和式(5-46)可以看出,屈服条件均可表示为主应力 $\sigma_1,\sigma_2,\sigma_3$ 的函数,无论是 Tresca 还是 Mises 准则均如此。若我们以 $\sigma_1,\sigma_2,\sigma_3$ 这三个互相正交的应力分量为坐标轴,构造一个直角坐标系,则此空间坐标被称为主应力空间,它可被用来描述变形物体内某一点的应力状态及屈服条件。

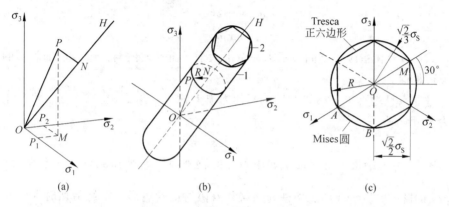

图 5-14 屈服条件的几何表示
(a) 主应力空间;(b) 塑性曲面;(c) π 平面

在主应力空间中,物体内任一点的应力状态都可用相应点的坐标矢量 $\overrightarrow{OP}$ 来描述,如图 5-14(a)所示。若以 $\boldsymbol{i},\boldsymbol{j},\boldsymbol{k}$ 表示三个坐标轴上的单位矢量,则 $\overrightarrow{OP}$ 为

$$\overrightarrow{OP} = \sigma_1\boldsymbol{i} + \sigma_2\boldsymbol{j} + \sigma_3\boldsymbol{k}$$

过原点 O,作等倾线 OH,则 OH 线上每一点的坐标分量均相等,即线上各点的 $\sigma_1 = \sigma_2 = \sigma_3$,因此该等倾线上的点均表示静水压力状态。若从 P 点引一直线 $PN\perp OH$ 交 OH 于 N 点,则 $\overrightarrow{OP}$ 可分解为

$$\overrightarrow{OP} = \sigma_1'\boldsymbol{i} + \sigma_2'\boldsymbol{j} + \sigma_3'\boldsymbol{k} + (\sigma_\mathrm{m}\boldsymbol{i} + \sigma_\mathrm{m}\boldsymbol{j} + \sigma_\mathrm{m}\boldsymbol{k}) = \overrightarrow{NP} + \overrightarrow{ON}$$

$\overrightarrow{NP}$ 为应力偏张量矢量,$\overrightarrow{ON}$ 为应力球张量矢量。

$$|\overrightarrow{OP}|^2 = \sigma_1^2 + \sigma_2^2 + \sigma_3^2$$

$$|\overrightarrow{ON}|^2 = \frac{1}{3}(\sigma_1 + \sigma_2 + \sigma_3)^2 = 3\sigma_\mathrm{m}^2$$

$$|\overrightarrow{NP}|^2 = |\overrightarrow{OP}|^2 - |\overrightarrow{ON}|^2 = \frac{1}{3}\left[(\sigma_1-\sigma_2)^2 + (\sigma_2-\sigma_3)^2 + (\sigma_3-\sigma_1)^2\right] = \frac{2}{3}\bar{\sigma}^2$$

Mises 屈服准则为 $\bar{\sigma}=\sigma_\mathrm{S}$,因此 $|\overrightarrow{NP}|=\sqrt{\dfrac{2}{3}}\sigma_\mathrm{S}$ 时进入屈服状态,所以 Mises 屈服准则在主应力空间的几何表示为:以 N 为圆心,以 $\sqrt{\dfrac{2}{3}}\sigma_\mathrm{S}$ 为半径,在垂直于等

倾线 OH 的平面上作一圆,则该圆上各点都是进入屈服的应力状态。由于静水压力不影响屈服,所以以 OH 为轴线、以 $\sqrt{\dfrac{2}{3}}\sigma_S$ 为半径作的无限长倾斜圆柱面上的应力状态均满足 Mises 屈服准则,此圆柱面即 Mises 屈服准则的塑性曲面(图 5-14(b))。

将 Tresca 屈服准则的数学表达式推广到主应力空间的一般情况,则有

$$\left.\begin{array}{l} \sigma_1-\sigma_2=\pm 2k=\pm\sigma_S \\ \sigma_2-\sigma_3=\pm 2k=\pm\sigma_S \\ \sigma_3-\sigma_1=\pm 2k=\pm\sigma_S \end{array}\right\} \tag{5-48}$$

式(5-48)在主应力空间表示为一个由六个平面构成的与 $\sigma_1,\sigma_2,\sigma_3$ 轴等倾的正六棱形柱面。

过原点且垂直于等倾线 OH 的平面习惯上称为 π 平面,在 π 平面上平均正应力为零,即

$$\sigma_1+\sigma_2+\sigma_3=0$$

图 5-14(c)绘出了 π 平面上屈服条件的轨迹,Mises 屈服条件为一半径为 $r=\sqrt{\dfrac{2}{3}}\sigma_S$ 的圆,而 Tresca 屈服条件为一与其内切的正六边形。在纯剪切时即图 5-14(c)中的 M 点处,二者差别最大。

应该指出,若表示应力状态的点 $P(\sigma_1,\sigma_2,\sigma_3)$ 在柱面以内,则物体处于弹性状态;若塑性变形继续增加并产生加工硬化,则随 σ_S 和 k 值的增加,柱面的半径将加大,可见此点必在柱面上,即实际应力状态不可能处于柱面之外。

例 5-6　一点的应力张量为

$$\boldsymbol{\sigma}_{ij}=\begin{bmatrix} 750 & 150 & 0 \\ 150 & 150 & 0 \\ 0 & 0 & 0 \end{bmatrix}\text{MPa}$$

若在此应力张量作用下,刚好引起屈服,问:

(1) 根据 Tresca 屈服准则

(2) 根据 Mises 屈服准则

此材料的屈服应力 σ_S 各为多少?

解　由于给定的应力状态为平面状态,则按材料力学中求主应力的公式

$$\sigma_{1,2}=\frac{1}{2}(\sigma_x+\sigma_y)\pm\frac{1}{2}\sqrt{(\sigma_x-\sigma_y)^2+4\tau_{xy}^2}$$

得

$$\sigma_1=\frac{1}{2}(750+150)+\frac{1}{2}\sqrt{(750-150)^2+4\times 150^2}=785.41\text{MPa}$$

$$\sigma_2 = \frac{1}{2}(750 + 150) - \frac{1}{2}\sqrt{(750 - 150)^2 + 4 \times 150^2} = 114.59\text{MPa}$$

而 $\sigma_3 = 0$(平面应力状态),根据 Tresca 屈服准则应有

$$\sigma_S = \sigma_1 - \sigma_3 = 785.41\text{MPa}$$

根据 Mises 屈服准则有

$$2\sigma_S^2 = (785.41 - 114.59)^2 + (114.59 - 0)^2 + (0 - 785.41)^2 = 1079999.21$$

$$\sigma_S = 734.85\text{MPa}$$

显然,按不同的屈服条件计算出的单向屈服应力并不相等。

5.4　塑性变形时的应力应变关系(本构方程)

本构方程是物体变形时应力状态和应变状态之间关系的数学表达式,也称物理方程。本构方程也是求解弹性或塑性问题的补充方程。

5.4.1　物体变形时应力应变关系的特点

线性弹性体变形时的应力应变关系具有如下特点:①应力与应变成线性关系;②弹性变形是可逆的,应力应变之间是单值关系,一种应力状态总是对应一种应变状态,而与加载历史无关;③应力主轴与应变主轴重合;④应力球张量使物体产生弹性体积变化,所以泊松比小于0.5。

塑性变形时全量应变与应力之间的关系则完全不同:①塑性变形时可以认为体积不变,应变球张量为零,泊松比等于0.5;②塑性变形时应力应变关系是非线性的;③全量应变与应力主轴不一定重合;④塑性变形是不可恢复的,应力与应变之间没有一般的单值关系,而是与加载历史或应变路线有关。

简单加载状态:加载过程中各应力分量始终保持比例关系且主轴的方向、顺序不变,则塑性应变分量也按比例增加,这时塑性应变全量与应力状态就有相对应的函数关系。

到目前为止,所有描述塑性应力应变关系的理论可分为两大类:

(1) 增量理论——描述材料在塑性状态下应力和应变增量(或应变速度)之间的关系,如 Levy-Mises 理论和 Prandtl-Reuss 理论。

(2) 全量理论——描述材料在塑性状态下应力和应变全量之间的关系,如 Hencky 方程和 Ипыющин(伊留辛)理论。

一般而言,全量理论在数学描述上比较简单,便于实际应用,但其应用范围有限,主要适用于简单加载及小塑性变形(弹、塑性变形处于同一量级)的情况;而增量理论则不受加载方式限制,然而由于它所描述的是应力和应变增量(或应变速度)之间的关系,故在实际应用中需沿加载过程中的变形路径进行积分,计算相当复杂。

5.4.2 弹性应力应变关系

弹性变形的应力应变关系服从广义胡克定律。单向应力状态时的弹性应力应变关系就是我们所熟知的胡克定律,将它推广到复杂应力状态的各向同性材料,就叫广义胡克定律:

$$
\left.
\begin{aligned}
\varepsilon_x &= \frac{1}{E}[\sigma_x - \mu(\sigma_y + \sigma_z)] \\[4pt]
\varepsilon_y &= \frac{1}{E}[\sigma_y - \mu(\sigma_z + \sigma_x)] \\[4pt]
\varepsilon_z &= \frac{1}{E}[\sigma_z - \mu(\sigma_x + \sigma_y)] \\[4pt]
\gamma_{yz} &= \frac{\tau_{yz}}{2G} \\[4pt]
\gamma_{zx} &= \frac{\tau_{zx}}{2G} \\[4pt]
\gamma_{xy} &= \frac{\tau_{xy}}{2G}
\end{aligned}
\right\}
\tag{5-49a}
$$

式中,E 为弹性模量;μ 为泊松比;G 为剪切弹性模量,$G = \dfrac{E}{2(1+\mu)}$。

将式(5-49a)的前三式左右两边相加后,则有

$$
\varepsilon_x + \varepsilon_y + \varepsilon_z = \frac{1}{E}[(\sigma_x + \sigma_y + \sigma_z) - 2\mu(\sigma_x + \sigma_y + \sigma_z)] = \frac{1-2\mu}{E}(\sigma_x + \sigma_y + \sigma_z)
$$

因为体积变形

$$
\theta = \varepsilon_x + \varepsilon_y + \varepsilon_z = 3\varepsilon_0
$$

而

$$
\sigma_x + \sigma_y + \sigma_z = 3\sigma_m
$$

所以

$$
\varepsilon_m = \frac{1-2\mu}{E}\sigma_m
$$

上式表明,体积变形 θ 与三个正应力之和成正比。

广义胡克定律的张量表达式为

$$
\boldsymbol{\varepsilon}_{ij} = \frac{1}{2G}\boldsymbol{\sigma}'_{ij} + \frac{1-2\mu}{E}\sigma_m\boldsymbol{\delta}_{ij}
\tag{5-49b}
$$

$\boldsymbol{\delta}_{ij}$ 为克氏符号(Kronecker delta),当 $i=j$ 时,$\boldsymbol{\delta}_{ij}=1$;当 $i\neq j$ 时,$\boldsymbol{\delta}_{ij}=0$。

而以应力偏量和应变偏量来表达时,广义胡克定律的表达式为

$$
\boldsymbol{\varepsilon}'_{ij} = \frac{1+\mu}{E}\boldsymbol{\sigma}'_{ij} = \frac{1}{2G}\boldsymbol{\sigma}'_{ij}
\tag{5-49c}
$$

由此可见,在弹性阶段应力莫尔圆和应变莫尔圆是成比例的,应力主轴和应变主轴是重合的。

5.4.3 塑性变形的增量理论

增量理论亦称流动理论,在历史上发展较早,它不受加载条件限制,能反映变形的历史,在使用时需要按照加载过程中的变形路径进行积分才能获得最后的结果,计算比较复杂。

1. Levy-Mises 理论

早在 1870 年 B. Saint-Venant 就根据塑性力学中应力应变之间没有一一对应关系的特点,提出应变增量的主轴与应力主轴相重合的假定,这个假定后来被理论和实验证实是正确的。Levy 在此基础上进一步提出了在塑性变形的过程中,应变偏量分量的增量与相应的应力偏量成同一比例,但比例系数却随物体变形程度的大小而变化,从而最早建立了塑性力学中的本构关系。此后 Mises 又发展了这个理论,从而形成了 Levy-Mises 理论。

Levy-Mises 理论的基本假设与要点:

① 材料为理想刚塑性材料,即弹性应变增量为零,塑性应变增量就是总应变增量,即 $\mathrm{d}\varepsilon_{ij} = \mathrm{d}\varepsilon_{ij}^{\mathrm{p}}$;

② 材料服从 Mises 屈服准则,即 $\bar{\sigma} = \sigma_{\mathrm{s}}$;

③ 塑性变形时体积不变,即 $\mathrm{d}\varepsilon_x + \mathrm{d}\varepsilon_y + \mathrm{d}\varepsilon_z = \mathrm{d}\varepsilon_1 + \mathrm{d}\varepsilon_2 + \mathrm{d}\varepsilon_3 = 0$,则应变增量与应变偏量增量相等,即 $\mathrm{d}\varepsilon_{ij} = \mathrm{d}\varepsilon_{ij}'$;

④ 应变增量主轴与应力主轴重合,即应变偏量分量的增量与相应的应力偏量成正比。

则应力应变有如下关系:

$$\frac{\mathrm{d}\varepsilon_x'}{\sigma_x'} = \frac{\mathrm{d}\varepsilon_y'}{\sigma_y'} = \frac{\mathrm{d}\varepsilon_z'}{\sigma_z'} = \frac{\mathrm{d}\gamma_{xy}}{\tau_{xy}} = \frac{\mathrm{d}\gamma_{yz}}{\tau_{yz}} = \frac{\mathrm{d}\gamma_{zx}}{\tau_{zx}} = \mathrm{d}\lambda \tag{5-50}$$

简记为

$$\mathrm{d}\boldsymbol{\varepsilon}_{ij}' = \boldsymbol{\sigma}_{ij}' \mathrm{d}\lambda$$

式中,$\boldsymbol{\sigma}_{ij}'$ 为应力偏张量; $\mathrm{d}\lambda$ 为正的瞬时比例系数。

由于

$$\mathrm{d}\boldsymbol{\varepsilon}_{ij} = \mathrm{d}\boldsymbol{\varepsilon}_{ij}'$$

由此有

$$\mathrm{d}\boldsymbol{\varepsilon}_{ij} = \mathrm{d}\boldsymbol{\varepsilon}_{ij}' = \boldsymbol{\sigma}_{ij}' \mathrm{d}\lambda \tag{5-51}$$

利用式(5-50)并对照等效应力式(5-25)和等效应变式(5-37)可求得 $\mathrm{d}\lambda$ 为

$$\mathrm{d}\lambda = \frac{3}{2} \frac{\mathrm{d}\bar{\varepsilon}}{\bar{\sigma}} \tag{5-52}$$

式中:$\mathrm{d}\bar{\varepsilon}$ 为增量形式的等效应变,称为等效应变增量;$\bar{\sigma}$ 为等效应力,由 Mises 屈服准则知 $\bar{\sigma} = \sigma_{\mathrm{s}}$。将式(5-52)代入式(5-51)可得 Levy-Mises 理论的张量表达式为

$$\mathrm{d}\boldsymbol{\varepsilon}_{ij} = \frac{3}{2}\frac{\mathrm{d}\bar{\varepsilon}}{\bar{\sigma}}\boldsymbol{\sigma}'_{ij} \tag{5-53}$$

将式(5-53)展开得

$$
\left.
\begin{aligned}
\mathrm{d}\varepsilon_x &= \frac{\mathrm{d}\bar{\varepsilon}}{\bar{\sigma}}\left[\sigma_x - \frac{1}{2}(\sigma_y + \sigma_z)\right] \\[4pt]
\mathrm{d}\varepsilon_y &= \frac{\mathrm{d}\bar{\varepsilon}}{\bar{\sigma}}\left[\sigma_y - \frac{1}{2}(\sigma_z + \sigma_x)\right] \\[4pt]
\mathrm{d}\varepsilon_z &= \frac{\mathrm{d}\bar{\varepsilon}}{\bar{\sigma}}\left[\sigma_z - \frac{1}{2}(\sigma_x + \sigma_y)\right] \\[4pt]
\mathrm{d}\gamma_{xy} &= \frac{3}{2}\frac{\mathrm{d}\bar{\varepsilon}}{\bar{\sigma}}\tau_{xy} \\[4pt]
\mathrm{d}\gamma_{yz} &= \frac{3}{2}\frac{\mathrm{d}\bar{\varepsilon}}{\bar{\sigma}}\tau_{yz} \\[4pt]
\mathrm{d}\gamma_{zx} &= \frac{3}{2}\frac{\mathrm{d}\bar{\varepsilon}}{\bar{\sigma}}\tau_{zx}
\end{aligned}
\right\}
\tag{5-54}
$$

式(5-54)前三个式子中的 $\frac{1}{2}$ 即为体积不变时的泊松比。

利用式(5-54),可根据已知的应变增量来确定应力偏量,但一般求不出应力分量。如果已知应力分量,则能求得应力偏量,但不能求得应变增量的分量数值,只能求得它们之间的一个比例值,因为对于理想塑性材料而言,应变分量的增量和应力分量之间没有单值的关系,$\mathrm{d}\bar{\varepsilon}$ 尚未求出。

2. Prandtl-Reuss 理论

Prandtl-Reuss 理论是在 Mises 理论的基础上发展的。这个理论认为对于变形较大的问题,忽略弹性应变是可以的;但当变形较小时,如当弹性应变与塑性应变部分相比属于同一量级时,略去弹性应变显然会带来较大误差,因而提出在塑性区应考虑弹性变形部分,即总应变增量等于弹性应变增量与塑性应变增量之和,其表达式为

$$\mathrm{d}\boldsymbol{\varepsilon}_{ij} = \mathrm{d}\boldsymbol{\varepsilon}_{ij}^{\mathrm{p}} + \mathrm{d}\boldsymbol{\varepsilon}_{ij}^{\mathrm{e}}$$

所以应变偏量增量的表达式为

$$\mathrm{d}\boldsymbol{\varepsilon}'_{ij} = \mathrm{d}\boldsymbol{\varepsilon}'^{\,\mathrm{p}}_{ij} + \mathrm{d}\boldsymbol{\varepsilon}'^{\,\mathrm{e}}_{ij} \tag{5-55}$$

其中,塑性应变偏量增量 $\mathrm{d}\boldsymbol{\varepsilon}'^{\,\mathrm{p}}_{ij}$ 与应力之间的关系和 Levy-Mises 理论相同,即

$$\mathrm{d}\boldsymbol{\varepsilon}_{ij}^{\mathrm{p}} = \mathrm{d}\boldsymbol{\varepsilon}'^{\,\mathrm{p}}_{ij} = \mathrm{d}\lambda\boldsymbol{\sigma}'_{ij} = \frac{3}{2}\frac{\mathrm{d}\bar{\varepsilon}^{\mathrm{p}}}{\bar{\sigma}}\boldsymbol{\sigma}'_{ij} \tag{5-56}$$

而弹性应变偏量的增量 $\mathrm{d}\boldsymbol{\varepsilon}'^{\,\mathrm{e}}_{ij}$ 则可由广义胡克定律式(5-49c)微分得到,即

$$\mathrm{d}\boldsymbol{\varepsilon}'^{\,\mathrm{e}}_{ij} = \frac{1}{2G}\mathrm{d}\boldsymbol{\sigma}'_{ij} \tag{5-57}$$

将式(5-56)和式(5-57)代入式(5-55)得到 Prandtl-Reuss 方程如下：

$$d\boldsymbol{\varepsilon}_{ij} = \left(\frac{3}{2}\frac{d\bar{\varepsilon}^p}{\bar{\sigma}}\right)\boldsymbol{\sigma}'_{ij} + \frac{1}{2G}d\boldsymbol{\sigma}'_{ij} \tag{5-58}$$

显然 Prandtl-Reuss 理论要比 Levy-Mises 理论复杂得多，必须借助计算机来求解。

5.5　主应力法及其应用

主应力法又称切块法(slab method)、平截面法、初等解析法或工程法。

5.5.1　主应力法的概念

这是一种近似的解析法，它通过对物体应力状态所作的一些简化假设，建立以主应力表示的简化平衡方程和塑性条件，然后联立求解，求得该接触面上的应力大小和分布。主应力法的基本要点如下：

(1) 把问题简化成轴对称问题或平面问题。对于形状复杂的变形体，必须将其分成几块，在每一块上可以按平面问题或轴对称问题处理。

(2) 根据金属流动方向，沿变形体整个截面切取基元体，切面上的正应力假定为主应力，且均匀分布，由此建立的该基元体的平衡方程为一常微分方程。

(3) 在列出该基元体的塑性条件时，通常假设接触面上的正应力为主应力，即忽略了摩擦应力的影响，从而使塑性条件简化。

主应力法的数学演算比较简单。主应力法除用于计算变形力外，还可用来解决某些变形问题，如计算环形毛坯镦粗时的中性层位置等。从所得的数学表达式中，可以看出各有关参数(如摩擦系数、变形体几何尺寸、模孔角度等)的影响。

但主应力法只能确定接触面上的应力大小和分布。计算结果的准确性和所作假设与实际情况的接近程度有关。

5.5.2　长矩形板镦粗时的变形力和单位流动压力

假设矩形板长度 l 远大于高度 h 和宽度 a，故可近似地认为坯料沿长度方向的变形为零，即当作平面应变问题处理。

(1) 在垂直于 x 轴方向上切取一基元体，厚度为 dx。假定两个切面上分别作用着均匀分布的主应力 σ_2 和 $\sigma_2 + d\sigma_2$，与工具接触的面上作用着主应力 σ_1（图 5-15）。

(2) 假定接触面上的摩擦力 τ 服从库仑摩擦定律，即 $\tau = k\sigma_1$，k 为摩擦系数。

(3) 列出基元体的静力平衡方程式：

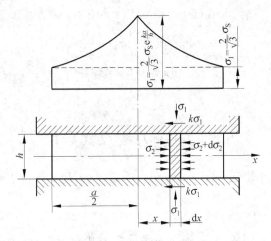

图 5-15 平面镦粗时作用在基元体上的应力分量

$$\sum P_x = \sigma_2 lh - (\sigma_2 + \mathrm{d}\sigma_2)lh - 2k\sigma_1 l\mathrm{d}x = 0$$

整理后得

$$\mathrm{d}\sigma_2 = -2k\sigma_1 \frac{\mathrm{d}x}{h} \tag{5-59}$$

（4）列出塑性条件。Mises 屈服条件为

$$\sigma_S^2 = \frac{1}{2}\big[(\sigma_1 - \sigma_2)^2 + (\sigma_2 - \sigma_3)^2 + (\sigma_3 - \sigma_1)^2\big]$$

而根据平面应变假设

$$\varepsilon_z = \varepsilon_3 = 0$$

可以推出

$$\sigma_z = \sigma_3 = \frac{1}{2}(\sigma_1 + \sigma_2)$$

则此时塑性屈服方程可转化为 $\sigma_S^2 = \frac{3}{4}(\sigma_1 - \sigma_2)^2$，微分后得 $\mathrm{d}\sigma_S = 0$，则

$$\mathrm{d}\sigma_2 = \mathrm{d}\sigma_1 \tag{5-60}$$

（5）联立解平衡方程式和塑性条件。将式（5-60）代入式（5-59），得

$$\frac{\mathrm{d}\sigma_1}{\sigma_1} = -\frac{2k}{h}\mathrm{d}x$$

积分后得

$$\ln\sigma_1 = -\frac{2k}{h}x + \ln C \quad 或 \quad \sigma_1 = ce^{\frac{2k}{h}x} \tag{5-61}$$

（6）利用边界条件确定积分常数 C

当 $x = \frac{a}{2}$ 时，$\sigma_2 = 0$（自由表面），故 $\sigma_1 = \frac{2}{\sqrt{3}}\sigma_S$。代入式（5-61）得

$$C = \frac{2}{\sqrt{3}}\sigma_S e^{\frac{a}{h}k}$$

再将 C 值代入式(5-61)得

$$\sigma_1 = \frac{2}{\sqrt{3}}\sigma_S e^{\frac{2k}{h}\left(\frac{a}{2}-x\right)} \tag{5-62}$$

接触面上压力 σ_1 的分布如图 5-15 所示。

（7）求变形力 P 和单位流动压力 p

$$P = \int_F \sigma_1 \mathrm{d}F \tag{5-63}$$

$$p = \frac{P}{F} = \frac{1}{la}\int_F \sigma_1 \mathrm{d}F \tag{5-64}$$

积分式(5-63)及式(5-64)即可求得变形力 P 和单位流动压力 p。

上述求解过程采用的是库仑摩擦条件。但实际塑性镦粗时，接触面上的摩擦情况较为复杂，通常存在几种摩擦条件，因此求接触面上的压力分布时需分区考虑。

习　题

1. 设在物体中某一点的应力张量为 $\boldsymbol{\sigma}_{ij} = \begin{bmatrix} 0 & 10 & 20 \\ 10 & 20 & 0 \\ 20 & 0 & 10 \end{bmatrix}$ MPa，求作用在

此点的平面 $x+3y+z=1$ 上的应力向量（设外法线为离开原点的方向），求应力向量的法向与切向分量。

2. 物体中某一点的应力分量（相对于直角坐标系 $Oxyz$）为

$\boldsymbol{\sigma}_{ij} = \begin{bmatrix} 10 & 0 & 10 \\ 0 & -10 & 0 \\ -10 & 0 & 10 \end{bmatrix}$ MPa。求不变量 I_1, I_2, I_3，主应力数值，应力偏量不变量

I_1', I_2', I_3'。

3. 已知物体中某一点的应力张量为 $\boldsymbol{\sigma}_{ij} = \begin{bmatrix} 100 & 0 & 150 \\ 0 & 200 & -150 \\ 150 & -150 & 0 \end{bmatrix}$ MPa，试将其

分解为球形张量和应力偏量。计算应力偏量的第二不变量。

4. 已知薄壁圆筒受拉应力 $\sigma_z = \dfrac{\sigma_S}{2}$ 作用，若使用 Mises 塑性条件，试求屈服时扭转应力为多少？并求出此时塑性应变增量的表达式。

5. 单元体的应力状态如图 5-16,若 $\sigma_x =$ 100MPa,$|\tau_{xy}| = 50$MPa,已知,求主应力的大小及主平面的位置。

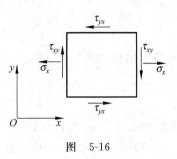

图 5-16

6. 某点应力分量为 $\begin{bmatrix} 100 & 40 & -20 \\ 40 & 50 & 30 \\ -20 & 30 & -10 \end{bmatrix}$ MPa,试

求该点中主应力的大小和方向,同时计算主剪应力的大小。

7. 一点的应力分量 $\boldsymbol{\sigma}_{ij} = \begin{bmatrix} 10 & 10 & 0 \\ 10 & 20 & 10 \\ 0 & 10 & 10 \end{bmatrix}$ MPa,求主应力。

8. 一点的应力分量 $\boldsymbol{\sigma}_{ij} = \begin{bmatrix} 30 & 0 & 0 \\ 0 & 40 & 10\sqrt{3} \\ 0 & 10\sqrt{3} & 60 \end{bmatrix}$ MPa,求主应力。

9. 平面应变 $\varepsilon_x = -140 \times 10^{-6}$,$\varepsilon_y = -500 \times 10^{-6}$,$\gamma_{xy} = -360 \times 10^{-6}$,求主应变及其方向,并画出应变莫尔圆及单元体示意图。

10. 已知如下两组位移分量:

$$\left. \begin{array}{l} u = a_1 + a_2 x + a_3 y \\ v = a_4 + a_5 x + a_6 y \\ w = 0 \end{array} \right\}, \quad \left. \begin{array}{l} u = a_1 + a_2 x + a_3 y + a_4 x^2 + a_5 xy + a_6 y^2 \\ v = a_7 + a_8 x + a_9 y + a_{10} x^2 + a_{11} xy + a_{12} y^2 \\ w = 0 \end{array} \right\}$$

式中 $a_i(i = 1, 2, \cdots, 12)$ 均为常数,试求应变分量 ε_{ij}。

11. 某一应变状态的应变分量 γ_{xy} 及 γ_{yz} 等于零,此条件是否能说明 ε_x,ε_y,ε_z 中之一为主应变?

图 5-17

12. 若物体内 x 方向的应变为 ε,y 方向的应变为 $-\varepsilon$,z 方向的应变为零,试求与 x 轴成 $\pm 45°$ 方向上的剪应变。

13. 如图 5-17 所示,薄壁圆管受拉力 σ 和剪应力 τ 的作用,试写出在此情况下的 Mises 条件和 Tresca 条件。

14. 已知半径为 50mm、厚为 3mm 的薄壁圆管,保持 $\dfrac{\tau_{r\theta}}{\sigma_z} = 1$,材料拉伸屈服极限为 400MPa,试求此圆管屈服时的轴向载荷 P 和扭矩 M_{s}。

15. 已知三个主应力如下表所示情况时,试求塑性应变 $d\varepsilon_1^{\mathrm{p}}$,$d\varepsilon_2^{\mathrm{p}}$,$d\varepsilon_3^{\mathrm{p}}$ 的表达式。

主应力＼情况	1	2	3	4	5	6	7
σ_1	2σ	σ	0	σ	0	0	σ
σ_2	σ	0	$-\sigma$	0	$-\sigma$	0	σ
σ_3	0	σ	-2σ	0	$-\sigma$	$-\sigma$	0

参 考 文 献

1　吴德海,任家烈,陈森灿. 材料加工原理. 北京:清华大学出版社,1997

2　汪大年. 金属塑性成形原理. 北京:机械工业出版社,1982

3　陈金德. 材料成形工程. 西安:西安交通大学出版社,2000

4　钟春生,韩静涛. 金属塑性变形力计算基础. 北京:冶金工业出版社,1994

5　杨雨牲,曹桂荣,阮中燕,王秀燕. 金属塑性成形力学原理. 北京:北京工业大学出版社,1999

6　陈平昌,朱六妹,李赞. 材料成形原理. 北京:机械工业出版社,2002

6

材料加工过程中的化学冶金

6.1 概　　述

6.1.1 材料加工过程中的化学冶金问题

除切削加工和冷作成形外，很多加工方法如铸造、焊接、表面改性和锻造等热加工方法，在加工过程中均需要把金属加热到高温或熔化，金属将与其周围介质发生各种各样的冶金反应，其结果必然导致金属成分和性能的变化。反应程度及其引起的化学成分和性能的变化除与加热温度有关外，还有两个重要的影响因素，其一为加工时金属所接触的介质的特性，如熔炼中的熔渣和焊接熔渣的酸碱性、周围气体的成分及其氧化还原性，浇注时铸型材质和表面特性等；其二为金属本身的活性，如活性金属钛在 300℃ 以上就能快速吸氢，600℃ 以上快速吸氧，700℃ 以上快速吸氮，因此它的熔炼和浇铸需在真空或氩气保护等的特殊条件下进行。它在焊接时所要求的保护范围比钢材焊接时大，除了液体熔池需要用氩气保护外，其熔池周围 400℃ 以上的区域均需用氩气保护，以免金属吸收气体杂质后变脆。同样，镁合金在液态下剧烈氧化和燃烧，所以镁合金必须在熔剂覆盖下或保护气氛中熔炼。

热加工过程中金属与周围介质的冶金反应引起的各种变化大多数情况下是有害的，但通过控制可以减小或避免这些有害反应，并促使进行一些有益的反应。例如当金属直接暴露在大气中进行加热和熔化时（如无保护的焊接），必将引起金属的强烈氧化和吸氮吸氢等反应，使金属中的含氧、含氮和含氢量急剧增加。相反，一些有益的合金元素则被氧化烧损，并在金属中形成氧化物夹杂，使金属的成分和性能发生恶化。但若在加工过程中采取一些相应的冶金措施（如焊接时采用带有药皮的焊条）后，结果就能得到很大的改善。表 6-1 中所列的资料正好说明了这一问题。由表 6-1 可知，当用光焊丝在大气中对低碳钢进行无保护的手工电弧焊时，熔敷金属中的 C，Si 和 Mn 等元素都有明显烧损，而气体杂质的含量则有大幅度提高。由于大气主要是由氮和氧组成的,因此其中氮含量增加约27倍,氧含量增加约9倍,从而使金属的塑性和冲击韧性降到低于要求的水平。当采用带有药皮的焊条进行焊接时,通过保护和冶金处理的措施使熔敷金属的性能达到了要求。

表 6-1　相同焊丝不同保护条件下的低碳钢熔敷金属成分及性能

分析对象		各化学成分的质量分数/%						常温力学性能			
		C	Si	Mn	N	O	H	σ_s/MPa	σ_b/MPa	δ_5/%	E_{KV}/J
焊丝		0.13	0.07	0.66	0.005	0.021	0.0001	—	—	—	—
钢板		0.20	0.18	0.44	0.004	0.003	0.0005	235	412	26	102
熔敷金属	无保护光焊丝	0.03	0.02	0.20	0.140	0.210	0.0002	302	410	7.5	12
	酸性焊条	0.06	0.07	0.36	0.013	0.099	0.0009	321	460	25	75
	碱性焊条	0.07	0.23	0.43	0.026	0.051	0.0005	345	459	29	121

上述情况表明,热加工与冷加工不同,它不仅改变了材料的外形,而且在加工过程中还伴随有材料内部成分和性能的变化。因此,它不仅是一个简单的机械加工过程,而且是一个复杂的冶金过程。为确保加工过程中金属不被有害杂质严重污染和性能不被恶化,就必须对加工过程中可能出现的各种冶金反应进行分析和研究,以便予以控制。因此,研究材料热加工过程中的化学冶金反应并掌握其一般规律,为分析金属在加工过程中可能产生的冶金缺陷和性能变化,以及采取有效的冶金防护措施和制定合理的加工工艺提供重要的理论依据。

6.1.2　材料加工过程中的化学冶金特点

1. 焊接过程中的化学冶金特点

焊接冶金过程与一般钢铁的冶炼过程相比,无论在原材料方面还是在反应条件方面都有很大的不同,因此不能完全用普通的化学冶金规律来研究焊接化学冶金问题。在各种焊接方法中,手工电弧焊的冶金反应过程最为复杂,这里主要以手工电弧焊(药皮焊条)的冶金反应为例,介绍焊接过程的化学冶金反应特点。

焊接冶金反应过程是分区域或分阶段连续进行的,且各区的反应条件(如反应物的性质、浓度、温度、反应时间、相接触面积、对流和搅拌的程度等)存在较大的差别,因而反应的可能性、进行的方向以及反应进行的程度等也各不相同。一般来讲,反应开始于焊接材料(焊条、焊丝)的起弧熔化,经熔滴过渡最后到达熔池之中,且各阶段又是互相依赖的。手工电弧焊的化学反应大体可分为三个冶金反应区,即药皮反应区、熔滴反应区和熔池反应区。

（1）药皮反应区

药皮反应区的加热温度较低,一般为 100℃ 到药皮的熔点(对于钢焊条约为 1200℃)。反应部位在焊条前端的套筒附近。在药皮反应区所进行的冶金反应,主要是各种形式的水(吸附水和结晶水)的蒸发和药皮中某些碳酸盐(如菱苦土—$MgCO_3$、大理石—$CaCO_3$)和高价氧化物(如赤铁矿—Fe_2O_3 和锰矿—MnO_2 等)以及有机物如木粉、纤维素和淀粉等的分解,形成 CO_2,CO,O_2,H_2 和 H_2O 等气体,除此之外还有铁合金的先期脱氧反应等。因此药皮反应区是焊接冶金反应的准备阶段,为冶金反应提供了气体和熔渣。

（2）熔滴反应区

从熔滴形成、长大到过渡至熔池中都属于熔滴反应区,从反应条件上看,该反应区存在如下特点:

① 熔滴的温度高:焊接区的弧柱空间温度可达 5000～6000℃(等离子弧可达 30000℃),采用电焊条焊接钢时熔滴的平均温度根据焊接规范的不同在 1800～2400℃ 范围内变化,而气体保护焊和埋弧焊时的熔滴平均温度均可接近钢的沸点,约为 2800℃ 左右。

② 熔滴金属与气体和熔渣的接触面积大:由于熔滴的尺寸小,其比表面积可达 $10^3～10^4 cm^2/kg$,比炼钢时大 1000 倍左右。比表面积大可促进冶金反应的进行,因此熔滴反应区是焊接冶金反应最激烈的部位,许多反应可达到终了的程度,对焊缝的化学成分影响很大。

③ 各相之间的反应时间(接触时间)短:熔滴在焊条端部的停留时间只有 0.01～0.1s。熔滴向熔池过渡的速度高达 2.5～10m/s,经过弧柱区间的时间极短,只有 0.0001～0.001s。在此区各相之间接触的平均时间约为 0.01～1s。由此可知,熔滴阶段的反应主要在焊条末端进行。

④ 熔滴金属与熔渣发生强烈的混合:在熔滴形成、长大和过渡过程中,它不断改变自己的形状,使其表面不断局部收缩或扩张。这时总有可能拉断覆盖在熔滴表面的渣层,使熔渣被熔滴金属所包围。这种混合作用增加了相的接触面积,有利于反应物进入或离开反应表面,从而促使反应的进行。

在熔滴反应区进行的冶金反应有:气体的分解和溶解、金属的蒸发、金属及其合金元素的氧化与还原,以及合金化等。但由于反应时间短,一般少于 1s,故不利于冶金反应达到平衡状态。

（3）熔池反应区

熔滴和熔渣落入熔池后,与熔化的母材金属混合或接触,并向熔池尾部和四周运动；与此同时，各相之间进一步发生物理化学反应，直至金属凝固，形成固态焊缝金属。

由于熔池的平均温度比熔滴低（钢的熔池温度约为 $1600\sim1900\,℃$，平均可达 $1770\pm100\,℃$），比表面积相对较小（$300\sim1300\,cm^2/kg$），所以熔池中的化学反应强烈程度要比熔滴反应区小一些。此外，由于熔池中的温度分布极不均匀，在熔池的不同部位，液态金属存在的时间不同，因而冶金反应进行的程度也不相同，尤其是头部和尾部更为复杂。熔池的头部处于升温阶段，有利于发生金属的熔化和气体的吸收等吸热反应。而熔池的尾部温度低，有利于发生金属的凝固和气体逸出等放热反应。

熔池反应区反应物的相对浓度要比熔滴反应区小，故其反应的速度也比熔滴反应区小一些。但由于熔池区的反应时间较长，一般为几秒或几十秒（如手工电弧焊时为 $3\sim8\,s$，埋弧焊时为 $6\sim25\,s$），并且熔池中存在着对流和搅拌现象，这有助于熔池成分的均匀化和冶金反应的进行。因此熔池反应区对焊缝的化学成分具有决定性的影响。

总之，焊接化学冶金过程是分区域连续进行的，熔滴阶段所进行的反应，多数会在熔池阶段中继续进行，但也有少数会停止或向相反的方向进行。各阶段冶金反应的综合才能决定焊缝金属的最终成分。

2. 铸造过程中的化学冶金特点

铸造的化学冶金反应，主要发生在金属的熔炼阶段。以电弧炉炼钢为例，其工艺过程包括装料、熔化期、氧化期、还原期和出钢。主要的化学冶金反应有气体杂质的溶入与污染、金属及其合金元素的氧化烧损和脱氧，金属的脱磷、脱硫、脱碳和渗合金反应等。由于金属在熔炼过程中的温度较低，一般比金属的熔点温度稍高（如熔炼碳钢的温度约为 $1600\sim1700\,℃$），温度变化的范围不大，而且，与焊接熔池相比，液态金属的体积较大，熔炼的时间相对较长，因此冶金反应进行得较充分，可以采用物理化学中的平衡方程式来进行计算与分析，能较为容易地控制钢铁中各种元素的含量，保证钢铁的化学成分达到设计的要求。

此外，铸造在浇注时液态金属还会与铸型表面进行物理化学反应，主要是水蒸气与合金元素反应导致合金元素氧化，以及固态碳和有机物的燃烧反应导致金属表面增碳等。通过系列物理化学反应，在金属与铸型之间的界面和铸型中会形成 H_2O，H_2，CO，CO_2，N_2 和 CH_4 等混合气体的平衡。

3. 其他热加工方法的化学冶金特点

热处理和热塑性成形过程的化学冶金反应主要是指在加热过程中金属表面与周围介质（主要是气体）之间的氧化、脱碳与增碳、渗硫等，其反应过程相对较简单。

粉末冶金的化学冶金主要发生在粉末的制备过程和烧结过程，其中烧结是决定粉末烧结体密度和强度的关键环节。对于液相烧结方法,其烧结温度一般为 $0.67 \sim 0.80 T_m$(T_m 为粉末基体的熔点),烧结过程中将发生扩散和生核,以及液相与固相之间的化学冶金反应。

6.2 气体与液态金属的反应

6.2.1 气体的来源

1. 熔焊时焊接区的气体及其来源

焊接区内的气体主要来源于焊接材料,如焊条药皮、焊剂及药芯焊丝中的造气剂、高价氧化物和水分等都是气体的重要来源;气体保护焊时焊接区内的气体主要来自所采用的保护气体及其中的杂质(如氧、氮、水气等);热源周围的空气也是一种难以避免的气体源;被加工金属表面与加工工具表面的氧化膜、吸附水、油污及一些有机物等,在焊接加热时也会释放出气体。值得注意的是,一般情况下,焊丝和母材中因冶炼而残留的气体是很少的,对气相的成分影响不大。

除了直接进入焊接区内的气体(如空气、保护气体等)外,焊接区内的气体主要是通过以下物理化学反应而产生的。

(1) 有机物的分解和燃烧

制造焊条时常用的淀粉、纤维素等(它主要是作为造气剂和涂料的增塑剂),焊丝和母材表面的油污、油漆等,这些物质被加热到 $200 \sim 250 ℃$ 后,将发生复杂的分解和燃烧,生成的气态产物主要是 CO_2,还有少量的 CO、H_2、烃和水汽。

(2) 碳酸盐和高价氧化物的分解

焊接材料中常用的碳酸盐有 $CaCO_3$、$MgCO_3$、白云石 $CaMg(CO_3)_2$ 及 $BaCO_3$,当这些物质加热到一定温度后,开始发生分解并放出 CO_2 气体(分解反应式如式(6-1)和式(6-2))

$$CaCO_3 = CaO + CO_2 \tag{6-1}$$

$$MgCO_3 = MgO + CO_2 \tag{6-2}$$

在空气中,$CaCO_3$ 开始分解的温度为 $545℃$,$MgCO_3$ 为 $325℃$。而 $CaCO_3$ 激烈分解的温度为 $910℃$,$MgCO_3$ 为 $650℃$。可见,在焊接条件下,它们能完全分解。

焊接材料中常用的高价氧化物主要有 Fe_2O_3 和 MnO_2,它们在焊接过程中将发生逐级分解(见反应式(6-3)~式(6-7)),反应结果生成大量的氧气和低价氧化物 FeO 和 MnO。

$$6Fe_2O_3 = 4Fe_3O_4 + O_2 \tag{6-3}$$

$$2Fe_3O_4 = 6FeO + O_2 \tag{6-4}$$

$$4MnO_2 = 2Mn_2O_3 + O_2 \tag{6-5}$$

$$6Mn_2O_3 = 4Mn_3O_4 + O_2 \tag{6-6}$$

$$2Mn_3O_4 = 6MnO + O_2 \tag{6-7}$$

（3）材料的蒸发

焊接过程中，除了焊接材料中的母材表面的水分发生蒸发外，金属及其合金元素和熔渣中的各种成分也在电弧的高温作用下发生蒸发，并形成相当多的蒸气。

进入焊接区内的气体，如 N_2，H_2，O_2，CO_2 和 H_2O 等，在电弧的高温（一般在6000℃左右）作用下还将发生分解（图 6-1），如

$$H_2 = H + H \tag{6-8}$$

$$CO_2 = CO + \frac{1}{2}O_2 \tag{6-9}$$

$$H_2O = 2H + O \tag{6-10}$$

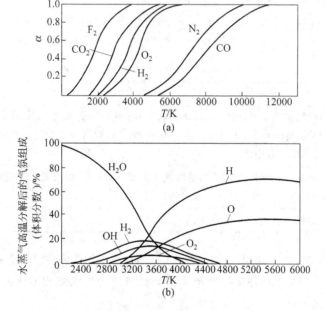

图 6-1 气体的分解

(a) 气体的分解度 α(100kPa)；(b) 水蒸气的分解（$p_{H_2O} = 100$kPa）

某些气体还能发生电离，由分子或原子变为离子，如 $H \rightarrow H^+$、$N \rightarrow N^+$，$NO \rightarrow NO^-$。

综上所述，焊接区内的气体是由 CO，CO_2，H_2O，O_2，H_2，N_2 和金属蒸气，以及它们分解或电离的产物所组成的混合物。几种焊条焊接区气氛的组成如表 6-2 所示。可见，低氢型焊条气相中含 H_2 最低，即 p_{H_2} 最小；所有酸性焊条的 p_{H_2} 均较高，其中纤维素型焊条的 p_{H_2} 最大。

表 6-2　各类钢焊条的焊接气氛组成（烘干条件为 110℃,2h）　　　　　%

药皮类型	CO	CO_2	H_2	H_2O
高钛型(J421)	46.7	5.3	34.5	13.5
钛钙型(J422)	50.7	5.9	37.7	5.7
钛铁矿型(J423)	48.1	4.8	36.6	10.5
氧化铁型(J424)	55.6	7.3	24.0	13.1
纤维素型(J325)	42.3	2.9	41.2	12.6
低氢型(J427)	79.8	16.9	1.8	1.5

2. 铸造过程中的气体及其来源

铸造过程中的气体来源主要有如下三个方面:

(1) 熔炼过程:主要来自各种炉料的铁锈和水分,以及周围环境气氛中的水分、空气、CO_2、CO、SO_2、H_2 及有机物燃烧产生的碳氢化合物,如表 6-3 所示。

表 6-3　铸造合金熔炼过程中气体的来源

气体种类	气 体 来 源
氢	(1)炉气中的水分、氢气;(2)炉前附加物(孕育剂等)所含的氢、水分及有机物等;(3)炉料中的水分、氢氧化合物及有机物;(4)炉衬及炉前工具中的水分;(5)出炉时周围气氛中的水分
氧	(1)炉料中的氧化物;(2)熔炼时使用的氧化剂;(3)炉气及出炉时周围气氛中的氧和水汽;(4)潮湿的炉衬及熔炼用具所带来的水分
氮	(1)炉料中的氮;(2)炉气及出炉时周围气氛中的氮气

(2) 铸型:来自铸型中的气体如表 6-4 所示。烘干的铸型在浇注前的吸水,粘土在液态金属的热作用下其结晶水的分解,此外,有机物的燃烧分解也能放出大量气体。

表 6-4　铸型中气体的来源

气体种类	气 体 来 源
氢	(1)混砂时加入的水分;(2)各种有机粘结剂及附加剂的分解;(3)粘土砂中的结晶水;(4)铸型返潮
氧	(1)粘土砂中加入碳酸盐等的分解;(2)各种有机粘结剂及附加剂的分解;(3)型砂空隙中的氧气;(4)型砂中的水分
氮	含氮的各种树脂粘结剂

（3）浇注过程：浇包未烘干,当铸型的浇注系统设计不当时,型腔内的气体不能及时排出,也会进入液态金属。

由上述分析可知,金属在高温加工过程中,即使采取了一定的保护措施,但总是难免要和一些气体相接触。其中能引起金属中气体杂质(N,H,O)含量增加的气体有 N_2,H_2,O_2 和水蒸气 H_2O,有时还有 CO_2 等。但这些分子状态的气体都不能直接溶入金属,只有分解成氮、氢、氧的原子或离子后才能溶入金属,而金属在高温加工时(如熔炼、浇注、焊接以及激光表面重熔和表面合金化等)刚好为它们的分解和溶入创造了有利的温度条件。一般情况下,温度越高则溶入金属的气体杂质也越多。因此,当加工过程中采用的工艺不恰当时就可能有大量的气体溶入液态金属,使金属的性能变坏或形成气孔、裂纹等缺陷。

6.2.2 氮对金属的作用

1. 氮的溶解

除少数金属如铜和镍外,氮能以原子的形式溶于大多数的金属中。但由于氮分子分解为原子时所需的温度很高(见图 6-1(a)),因此即使在电弧焊的高温下(5000～6000K),它的分解度也很小。所以一般加工条件下气相中很少存在能直接溶于金属的原子态氮。此时它的溶解过程较为复杂,包括如下四个阶段:首先是气相中的氮分子向金属表面移动,之后被金属表面吸附,被吸附的分子在金属表面分解为原子态的氮,最后原子穿过金属表面层向金属深处扩散即溶入液态金属,如图 6-2 所示。因此,这是一种纯化学溶解的过程,符合化学平衡法则。

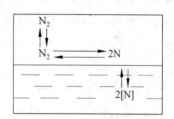

图 6-2　氮的溶解过程示意图

其反应式为

$$N_2 = 2[N] \tag{6-11}$$

因此,一定温度和一定氮分压的条件下,氮在金属中达到平衡时的浓度即溶解度 $w_{[N]}$ 为

$$w_{[N]} = K_{N_2} \sqrt{p_{N_2}} \tag{6-12}$$

式中,K_{N_2} 为氮溶解反应的平衡常数；p_{N_2} 为气相中分子氮的分压。

式(6-12)就是一般双原子气体在金属中溶解度的平方根定律。它说明了平衡状态下,高温时双原子气体 N_2 在液态金属中所达到的浓度与该气体分压的平方根成比例。

式(6-12)中的 K_{N_2} 与温度、金属的种类及其状态和结构有关。当金属为液态铁时 K_{N_2} 与温度的关系为

$$\lg K_{N_2} = \frac{-1050}{T} - 0.815 \tag{6-13}$$

将式(6-13)代入式(6-12)得

$$\lg[N] = -\frac{1050}{T} - 0.815 + \frac{1}{2}\lg p_{N_2} \tag{6-14}$$

当 $p_{N_2} = 100kPa$ 时,氮在铁(含1%Mn)中的溶解度与温度的关系如图6-3所示。由图6-3可知,在液态铁中氮的溶解度随温度升高而增加,但当温度超过2300℃以后溶解度反而急剧减少,直至铁的沸点(2750℃)时减至零值。其原因是由于金属大量蒸发而引起 p_{N_2} 减小的结果。另外,从图6-3中还可以看到在凝固和冷却过程中由于相结构发生变化而引起溶解度的突变。此外,当气相中存在有原子和离子状态的氮时,其溶解度就要比仅为分子状态时高得多。此时氮在金属中的溶解量已不受平方根定律的限制。因此,在用高能量密度的热源(如激光束)加工金属时,熔化金属吸收的气体量比用上述平方根定律计算出来的溶解度高得多。

氮在金属中的溶解度除了与其分压和温度有关外,还与金属的种类和合金的成分有关。一般来说,在活性金属中氮的溶解度更大,在钢中加入不同合金元素时也会影响到它的溶解度(见图6-4)。

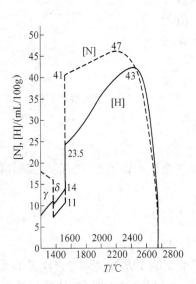

图6-3　氮与氢在铁(Fe-1%Mn合金)
中的溶解度(p_{H_2} , p_{N_2} =100kPa)

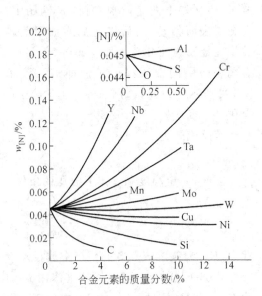

图6-4　钢中合金元素对氮的
溶解度的影响(1600℃)

2. 氮对金属性能的影响

（1）氮的有害作用

氮经常作为一种有害杂质存在于金属中，其有害作用主要是引起气孔和金属的脆化。

① 形成氮气孔：氮是促使铸件或焊缝产生气孔的主要原因之一。液态金属在高温时可以溶解大量的氮，而在凝固时氮的溶解度突然下降，这时，过饱和的氮以气泡的形式从液态金属中逸出。当液态金属的结晶速度大于气泡的逸出速度时，就会形成气孔（如铁液中含氮量超过 0.01% 时，易导致形成铸件中的气孔缺陷），导致铸件或焊缝承载能力的下降，甚至由于应力集中而成为断裂的裂纹源。

② 引起金属脆化：氮引起金属脆化的主要原因是由于高温下溶入了大量的氮，在冷却过程中由金属内直接析出粗大的氮化物而引起脆化，如含氮量高的钢冷到 $590℃$ 以下时，过饱和的氮会以针状 Fe_4N 析出，分布于晶界和晶内，引起金属脆化，其脆化作用随含氮量的增加而增加（见图 6-5），尤其是对低温韧性的影响更为严重。

此外，当氮以过饱和固溶体存在于钢中时，则在随后的加工过程中会引起时效脆化（见图 6-6）。例如，将含有过饱和氮的钢材（如含氮量高的沸腾钢）进行冷冲、滚圆和弯边等工序后再进行焊接，则会在焊接热的作用下引起钢材的时效脆化。这种情况下冷作引起的塑性变形和焊接引起的再次加热是促使氮的过饱和固溶体发生时效的外界条件。

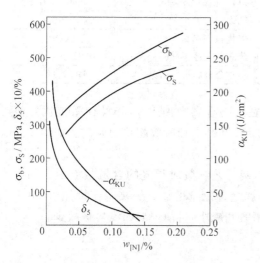

图 6-5　氮对焊缝金属常温力学性能的影响

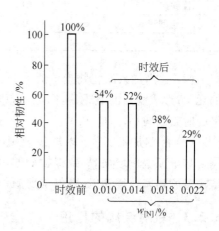

图 6-6　应变时效前后低碳钢（$0.11\%\sim$ $0.17\%C$）冲击韧性的变化（预拉形变量 10%）

（2）氮的有益作用

在一些低合金高强正火钢如 15MnVN 钢中，氮可以与一些合金元素生成氮化物弥散质点，起沉淀强化作用和细化晶粒的作用。为满足大线能量焊接的需要，在一些大线能量焊接用钢中加入微量钛，利用微小的氮化钛质点起阻止晶粒长大的作用。另外，在有些含镍量低的奥氏体钢中常采用氮来稳定奥氏体，如 1Cr18Mn8Ni5N 钢。

3. 氮的控制

（1）加强保护：对氮的控制主要是加强对金属的保护，防止空气的侵入。因为氮一旦进入液态金属，脱氮就比较困难。

在金属熔炼时，应根据不同的冶炼期配制不同组成和数量足够的熔渣，以加强对液态金属的保护。液态金属出炉后应在浇包的液面上用覆盖剂覆盖，以免液态金属与空气接触。

在焊接时，采用不同的焊接方法其保护效果不同，可以从焊缝的氮含量反映出来，如表 6-5 所示。保护效果主要与不同焊接方法所采用的保护方式（如气保护、渣保护或气渣联合保护）、焊条药皮的成分和数量等有关。

表 6-5　用不同方法焊接低碳钢时焊缝的氮含量

	焊接方法	$w_{[N]}/\%$	焊接方法	$w_{[N]}/\%$
手弧焊	光焊丝电弧焊	$0.08\sim0.228$	埋弧焊	$0.002\sim0.007$
	纤维素焊条	0.015	CO_2 气体保护焊	$0.008\sim0.015$
	钛型焊条	0.013	气焊	$0.015\sim0.020$
	钛铁矿型焊条	0.014	熔化极氩弧焊	0.0068
	低氢型焊条	0.010	药芯焊丝手弧焊	$0.015\sim0.04$
			实心合金焊丝自动保护焊	<0.12

（2）适当加入氮化物形成元素：若在液态金属中加入 Ti，Al，Zr 等能固定氮的元素，形成稳定的氮化物，则可显著降低气孔倾向和时效脆化的倾向。如铝镇静钢的时效倾向小。

（3）控制加工工艺：以焊接为例，焊接工艺参数对焊缝的含氮量有明显的影响。如电弧电压增加，导致保护变差，使焊缝含氮量增加。焊接电流增加时，由于熔滴过渡频率的增加，导致氮与熔滴作用时间减小，可使焊缝的氮含量减少。

6.2.3　氢对金属的作用

1. 氢的溶解

氢分子在高温下比氮容易分解为原子氢（见图 6-1（a））。当热加工温度较高如在焊接电弧温度（5000～6000K）环境中，氢分子几乎全部分解为原子氢；而当热加工温度较低时,如在普通的熔炼(熔炼炉中的温度约为 1600～1700℃)条件下,大部分氢还是分子状态。

氢能溶于所有金属。根据与氢的相互作用和吸氢规律的不同,金属可分为两大类:与氢不形成稳定化合物的第 I 类金属以及与氢能形成稳定化合物的第 II 类金属。

(1) 氢在第 I 类金属中的溶解

第 I 类金属包括 Fe,Ni,Cu,Cr,Mo,Al,Mg 和 Sn 等,所吸收的氢都溶解于金属,因此这类金属所能吸氢的量或称"吸容氢"(即某温度条件下能被金属吸收的氢总含量)与其溶解度(即某温度条件下氢能在金属中形成溶液或形成固溶体的最大值)是一致的,且氢的溶解是吸热反应。

分子态的氢必须分解为原子态或离子态(主要是 H^+)才能向金属中溶解。在一般熔炼条件下,当气相中的氢以分子状态存在时,这类金属的吸氢规律服从一般双原子气体在金属中溶解的平方根定律,即 $w_{[H]} = K_{H_2}\sqrt{p_{H_2}}$,此时氢在金属中的溶解过程如图 6-7(a)所示。在电弧焊条件下,因为弧柱温度高,弧柱气氛中存在大量的氢原子和离子,因此焊接熔池中液态金属的吸氢量不受平方根定律的控制,大大超过了一般熔炼时的吸氢量,其溶解过程以图 6-7(b)的方式为主。从图 6-3 中可以看到氢在铁(含 1‰Mn)中的溶解度变化与氮基本类似。铁在凝固点时,氢的溶解度有突变,在随后的冷却过程中,发生点阵结构改变时,氢的溶解度还有跳跃式的变化,即在面心立方点阵的 γ-Fe 中,比在体心立方点阵的 δ-Fe 及 α-Fe 中,能溶解更多的氢。

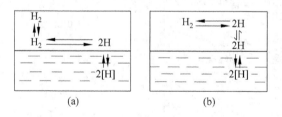

图 6-7　氢在金属中的溶解过程示意图

(a) 较低温度如熔炼时的溶解过程;(b) 较高温度如电弧焊时的溶解过程

氢在这类金属中的溶解度随温度提高而增加(见图 6-8、图 6-9 和图 6-10)。因此,它们在加工过程中温度愈高吸氢愈多。

另外,金属中的合金元素也会不同程度地影响氢的吸收量,如 Ti,Ta,Cr,C,Si 等合金元素对铁中氢的溶解度影响如图 6-11 所示。

(2) 氢在第 II 类金属中的溶解

第 II 类金属包括 Ti,Zr,V,Nb 和稀土等,它们的吸氢能力很强,其吸氢过程为放热反应。在温度不太高的固态下就能吸氢,首先与氢形成固溶体,当吸氢量超过

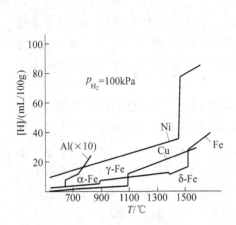

图 6-8　氢在第Ⅰ类金属中的溶解度变化

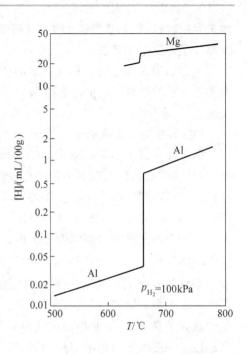

图 6-9　氢在铝和镁中的溶解度

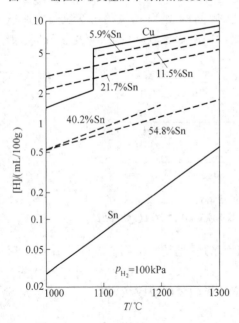

图 6-10　氢在铜、锡和铜锡合金中的溶解度

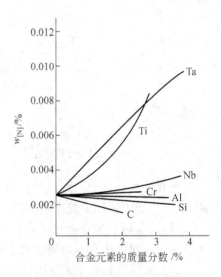

图 6-11　合金元素对氢在铁中
溶解度的影响（1600℃）

了它的固溶度后就以氢化物析出。因此,这类金属所能吸收氢的量超过了它的溶解度。但当温度超过了氢化物稳定的临界温度后(相应于图 6-12 上溶解曲线的拐点温度),氢化物分解为自由氢原子,并扩散外逸。所以,这类金属的吸氢量比第 I 类金属的大得多,而且在加热到不太高温度的固态时就能吸氢。因此,在加工这类金属时要特别注意氢的污染。除了焊接和铸造这类金属及其合金时必须在真空或惰性气体保护条件下进行外,锻造加热时也要防止吸氢,如钛合金在加热、酸洗以及模锻过程中与油等碳氢化合物接触时都可能产生吸氢现象。当合金中氢含量超过一定数量(0.015%)后,便会发生氢脆。

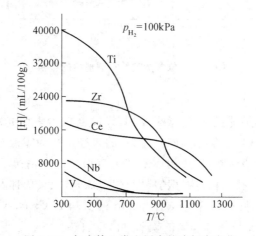

图 6-12 氢在第 II 类金属中的溶解度变化

2. 氢的有害作用

一般来说,氢的有害作用主要是导致脆化和形成气孔,体现在如下四个方面。

(1) 氢脆

金属的氢脆一般可分为两类。

① 第一类脆化是由氢化物引起的。例如在钛及其合金中,当含氢量超过了它的溶解度后,在冷却过程中会由于溶解度降低而在金属中析出脆性的片状氢化物 TiH_2,成为脆断时的裂源。这类脆化的特点是其脆化程度随加载变形速度加大而增大,而且温度越低脆化越严重。

② 第二类脆化是由于过饱和的氢原子在金属慢速变形时的扩散聚集以及与位错的交互作用引起的。其脆化机理为:在试件拉伸过程中,金属的位错发生运动和堆积,从而形成显微空腔;与此同时,溶解在晶格中的原子氢,不断沿位错运动方向扩散,最后聚集于显微空腔内,并形成分子氢,使空腔内产生很高的压力,加速微裂纹的扩展,而导致金属的变脆。它产生于一定的温度范围和小的变形速度下。当温度较高时氢易扩散外逸;当温度很低时氢的活动能力太低,不易扩散聚

集。一般低碳钢和低合金钢在室温附近时氢脆最明显,如图 6-13 所示。当加载速度很大(如冲击试验)时,位错运动的速度很大,而氢的扩散聚集来不及进行,因此不出现脆化。与第一类脆化相反,其特点为脆化程度随加载变形速度加大而减小。

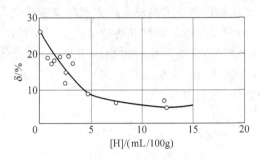

图 6-13 氢含量对低碳钢塑性的影响

（2）白点

白点是钢材内部氢脆引起的微裂纹,其纵向断口为表面光滑的圆形或椭圆形银白色斑点,故称为白点(俗称鱼眼)。白点的直径一般为零点几毫米到几毫米,或更大一些,其周围为塑性断口,故用肉眼即可辨识。许多情况下,白点的中心存在小尺寸的夹杂物或气孔。白点一般容易产生于珠光体、贝氏体及马氏体组织的中、大型截面的锻件中,尤其是含 Cr,Ni 和 Mo 的材料如 Cr-Ni,Cr-Ni-W,Cr-Ni-Mo 钢以及含碳量高于 0.4%～0.5%的碳钢对白点敏感。

（3）氢气孔

一般情况下,在金属熔点温度,氢在金属中的溶解度有明显的突变,即液态金属吸收氢的能力大,而在固态金属中的溶解度明显小,如表 6-6 所示。由于合金通常是在一定的温度范围内熔化或凝固,而气体溶解度的突变也正是发生在液相线和固相线之间的温度范围,因而当液态合金中含有饱和的氢时,在合金降温凝固过程中,因溶解度的突然降低而超过溶解饱和极限,就会有大量氢气析出。一旦合金表面已凝固,在其内部析出的氢就不能逸出,从而在工件内部形成气孔缺陷。例如,由表 6-6 可知,溶于铝液内的氢虽然少于其他金属,但其在固态铝中的溶解度非常小,液相和固相中的溶解度相差悬殊,其$(C_L - C_S)/C_S = 16.5$。这就是铝及其合金铸造过程中容易出现氢气孔的主要原因。为防止合金过多吸氢,加工时合金不宜过热及长期保温。

（4）产生冷裂纹

冷裂纹是金属冷却到较低温度下产生的一种裂纹,这种裂纹也是由于氢的扩散引起的,有时在工件运行过程中都有可能发生,危害性很大。其机理及影响因素将在第 7 章详细阐述。

表 6-6　熔点温度时氢在金属中的溶解度

金属	熔点/℃	溶解度/(mL/100g)		$(C_L - C_S)/C_S$
		液态(C_L)	固态(C_S)	
Al	660	0.7	0.04	16.5
Cu	1083	5.5	2.0	1.75
Mg	650	26	18	0.44
Fe	1536	27.7	7.81	2.55

3. 氢的控制

（1）限制氢的来源

金属熔炼时，必须确保炉料干净、少锈和无油。对于严重生锈的废金属，使用前应进行喷砂除锈处理；潮湿的金属炉料入炉前需要预热；表面有油污的金属炉料必须经过预热或除去油污。对于造渣材料，要严格控制水分的含量，如要求石灰的含水量小于 0.5%，并置于桶内封存，入炉前需进行预热。炉膛、出钢槽、浇包等均应充分干燥。

金属焊接时，须限制焊接材料中的水含量。如焊条、焊剂、药芯焊丝必须进行烘干处理，尤其是低氢型焊条，烘干后应立即使用或放在低温（100℃）烘箱内，以免重新吸潮。另外，还需要清除焊丝和焊件表面的杂质。当焊接铝和钛及其合金时，因常形成含水的氧化膜，焊接前必须用机械或化学方法进行清除。

（2）冶金处理

在金属熔炼过程中，常通过加入固态或气态除气剂进行除气。如将氯气通入铝液后，氯气与氢能发生如下化学反应：

$$2Al + 3Cl_2 = 2AlCl_3 \tag{6-15}$$

$$H_2 + Cl_2 = 2HCl \tag{6-16}$$

由上述反应可知（上述反应放热），铝液中的氢不仅可以氯化生成氯化氢气体，逸出铝液表面，还可以通过扩散作用，进入氯化铝气泡内，并通过 $AlCl_3$ 气体的逸出，达到良好的去氢效果。

在实际生产中，也可以采用通入混合气体的方法除气。如氮-氯混合气体或氯-氮-氧化碳（由其他反应生成）混合气体等，以减少氯对熔炼设备的腐蚀作用。

在焊接中，常通过调整焊接材料的成分，使氢在高温下生成比较稳定的不溶于液态金属的氢化物（如 HF,OH）来降低焊缝中的氢含量。如在焊条药皮和焊剂中加入氟化物。氟化物的去氢机理有以下两种：

① 在酸性熔渣中，因渣中 CaF_2 和 SiO_2 同时存在时能发生如下化学反应：

$$2CaF_2 + 3SiO_2 = 2CaSiO_3 + SiF_4 \qquad (6\text{-}17)$$

上述反应生成的气体 SiF_4 沸点很低(90℃),并与气相中的原子氢和水蒸气发生如下反应:

$$SiF_4 + 3H = SiF + 3HF \qquad (6\text{-}18)$$

$$SiF_4 + 2H_2O = SiO_2 + 4HF \qquad (6\text{-}19)$$

② 在碱性药皮焊条中,CaF_2 首先与药皮中的水玻璃发生如下反应:

$$Na_2O \cdot nSiO_2 + mH_2O = 2NaOH + nSiO_2(m-1)H_2O \qquad (6\text{-}20)$$

$$2NaOH + CaF_2 = 2NaF + Ca(OH)_2 \qquad (6\text{-}21)$$

$$K_2O \cdot nSiO_2 + mH_2O = 2KOH + nSiO_2(m-1)H_2O \qquad (6\text{-}22)$$

$$2KOH + CaF_2 = 2KF + Ca(OH)_2 \qquad (6\text{-}23)$$

与此同时,CaF_2 与氢和水蒸气发生如下反应:

$$CaF_2 + H_2O = CaO + 2HF \qquad (6\text{-}24)$$

$$CaF_2 + 2H = Ca + 2HF \qquad (6\text{-}25)$$

上述反应生成的 NaF 和 KF 又与 HF 发生如下反应:

$$NaF + HF = NaHF_2 \qquad (6\text{-}26)$$

$$KF + HF = KHF_2 \qquad (6\text{-}27)$$

生成的氟化氢钠和氟化氢钾进入焊接烟尘,从而达到了去氢的目的。

此外,适当增加熔池中的氧含量,或提高气相的氧化性,也可以减少熔池中氢的平衡浓度。因为气相中的氧可以夺取氢生成较稳定的 OH,如

$$O + H = OH \qquad (6\text{-}28)$$

$$O_2 + H_2 = 2OH \qquad (6\text{-}29)$$

$$2CO_2 + H_2 = 2CO + 2OH \qquad (6\text{-}30)$$

上述反应结果使气相中的氢分压减小。有研究表明,熔池中氢的平衡浓度计算式如下:

$$w_{[H]} = \sqrt{\frac{p_{H_2} p_{H_2O}}{w_{[O]}}} \qquad (6\text{-}31)$$

由式(6-31)可知,气相中氢的分压减小或熔池中氧含量增加,都可以减小熔池中氢的浓度。

另外,在药皮或焊芯中加入微量稀土元素钇或表面活性元素如碲、硒,也可以大大降低焊缝中扩散氢的含量。

(3) 控制工艺过程

铸造时,适当控制液态金属的保温时间、浇注方式、冷却速度;焊接时,调整焊接工艺参数,控制熔池存在时间和冷却速度等,均能减少金属中的氢含量。

(4) 脱氢处理

焊后把焊件加热到一定温度,促使氢扩散外逸的工艺称为焊后脱氢处理。将

焊件加热到 350℃,保温 1h 可使绝大部分的扩散氢去除。在实际生产中对易产生冷裂纹的焊件,常常要求进行焊后脱氢处理。

6.2.4 氧对金属的作用

1. 氧的溶解

根据金属与氧的作用特点,可把金属分为两类。

第 I 类是液态和固态都不溶解氧的金属如 Al,Mg 等,它们氧化生成的氧化物如 Al_2O_3,MgO 以单独的相成为氧化膜或氧化物质点悬浮于液体金属中。

第 II 类是能有限溶解氧的金属如 Fe,Cu,Ni,Ti 等,第 II 类金属生成的氧化物如 FeO,Cu_2O,NiO 和 TiO 都能溶于相应的金属中,直到金属中的氧浓度达到饱和为止,如铁氧化生成的 FeO 能溶于铁及其合金中。氧在这些金属中的溶解度随温度升高而增加(例如,氧在铁液中的溶解度随温度的变化如图 6-14 所示),而且液相中的溶解度大大高于固相中的溶解度。例如,固态时氧在铁中的溶解度很小,凝固温度时(1520℃左右)氧的溶解度降到 0.16%,δ 铁变为 γ 铁时降低到 0.05%以下,室温 α 铁中几乎不溶解(0.001%以下)。因此,最后钢中的氧几乎全部以FeO 和其他合金元素的氧化物以及硅酸盐等夹杂物的形式存在。

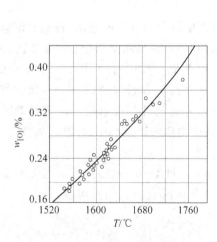

图 6-14　铁液中氧的溶解度与温度的关系

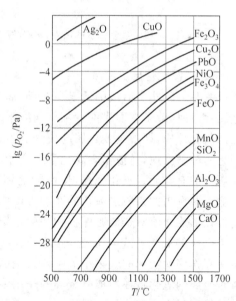

图 6-15　自由氧化物的分解压与温度的关系

氧在第 II 类金属中的溶入方式取决于氧的分压。当氧的分压低于该金属氧化物的分解压(各种氧化物的分解压与温度的关系如图 6-15 所示)时,则氧化物不存在,此时全部以氧原子方式溶入;当氧分压超过金属氧化物的分解压时,在氧原子溶入的同时还有生成的氧化物一起溶入。例如 1600℃时铁液不被氧化的氧分压为 0.8×10^{-3} Pa,氧分压低于此值时,没有 FeO 生成,因此氧全部以原子态氧溶入铁液,与此氧分压平衡的氧溶解度为 0.23%;假如在 1600℃时氧的分压超过了以上压力时,则将有一部分氧以 FeO 的形式溶入。值得注意的是,当铁中有其他元素存在时,则将引起液态铁中氧溶解度的降低(如图 6-16 所示)。

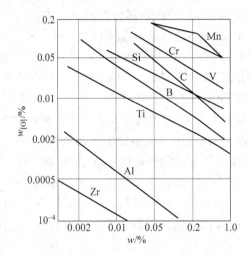

图 6-16　合金元素的浓度(w)对液态铁中氧的溶解度的影响(1600℃)

2. 直接氧化反应

氧是一种非常活泼的元素,在金属加工过程中氧与高温下的金属,特别是液态金属接触时,除了上面讲的少量氧能溶于金属外,还会与金属及其合金元素发生强烈的氧化反应,严重改变金属的成分和性能。这些氧化反应对金属的作用显然大于它的溶解反应,是液态金属化学冶金中的主要部分。通过氧化反应一方面会使金属中的有益元素氧化烧损,使性能变坏;另一方面也可利用氧化反应来控制和去除一些有害的杂质。氧化的产物可以成为夹杂物残留于金属中,影响金属性能;也可以形成熔渣对金属起保护和净化作用。

金属的氧化反应是通过氧化性气体(O_2,CO_2,H_2O 等)和活性熔渣与金属发生相互作用而实现的。本小节主要讨论氧化性气体的直接氧化反应,有关活性熔渣对金属的氧化将在熔渣对金属的作用中阐述。

氧气对金属氧化的一般反应式可表示为

$$x\text{M} + \text{O}_2 = \text{M}_x\text{O}_2 \tag{6-32}$$

$$K_p = \frac{1}{p_{O_2}} \tag{6-33}$$

$$\Delta G_f^\ominus(\text{M}_x\text{O}_2) = -RT\ln K_p = RT\ln p_{O_2} \tag{6-34}$$

金属氧化物的分解压 p_{O_2}（见图 6-15）及其标准生成自由焓 $\Delta G_f^{\ominus}(M_xO_2)$ 都是金属对氧亲和力的量度，可用于衡量各种金属对氧亲和力的大小。金属氧化的热力学条件是 $\Delta G_f^{\ominus}(M_xO_2)<0$ 以及 $p_{O_2}<p_{O_2}'$，其中 p_{O_2}' 为加工环境中的氧分压；而且合金元素对氧的亲和力越大，则其 $\Delta G_f^{\ominus}(M_xO_2)$ 的负值越大，p_{O_2} 越小。因此，根据氧化物的标准生成自由焓（或分解压）的大小，可对各种元素的氧化倾向进行比较。图 6-17 中列出了一些元素在各种温度下与 1mol 氧反应时，其氧化物的标准生成自由焓。利用该图可获得一定温度范围内各元素对氧亲和力的大小次序。

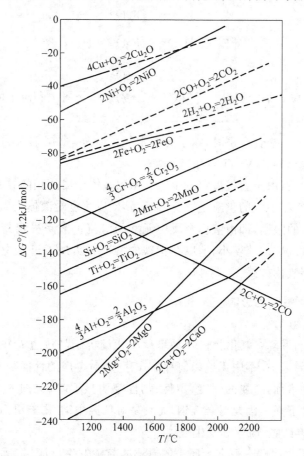

图 6-17　氧化物的 $\Delta G^{\ominus}$ 与温度 T 的关系图（折合为 1mol O_2）

在钢铁的熔炼、铸造和焊接过程中除了基体金属铁被氧化外，凡是其氧化物的标准生成自由焓低于铁的元素都能被氧化。因此，钢铁在高温下加工时最常遇到的主要直接氧化反应有：

$$2[Fe]+O_2 = \begin{matrix} [FeO] \\ \uparrow \\ 2FeO \\ \downarrow \\ (FeO) \end{matrix} \qquad (6-35)$$

$$2[C]+O_2 = 2CO \qquad (6-36)$$

$$[Si]+O_2 = (SiO_2) \qquad (6-37)$$

$$2[Mn]+O_2 = 2(MnO) \qquad (6-38)$$

$$[Fe]+H_2O = \begin{matrix} [FeO] \\ \uparrow \\ FeO \\ \downarrow \\ (FeO) \end{matrix} +H_2 \qquad (6-39)$$

注：上述反应式中的符号"[ ]"和"( )"分别表示金属中和渣中的组元（下文相同的符号意义相同）。

另外，在加工一些合金钢时，除了这些常规元素外，根据钢材的成分还可能发生其他合金元素（如 Cr,V,Ti 等）的氧化。

值得注意的是，由于直接氧化发生于气相和液体金属两相的界面上，因此根据动力学分析，当气相中氧的供应足够充分时，其反应速度受液体金属中被氧化元素向界面输送环节的限制，即由液体金属中元素的对流扩散来决定其氧化反应的速度。由于实际对流扩散速度小，所以在钢铁的熔炼和热加工过程中直接氧化并非金属元素的主要氧化方式。

3. 氧对金属性能的影响

(1) 有害作用

① 机械性能下降：氧化物极容易呈薄膜状偏析于晶粒边界并最终以夹杂物形式存在于晶界。氧在钢中无论以何种形式存在，对金属的性能都有很大的影响。并随着氧含量的增加，金属的强度、塑性、韧性都明显下降（见图 6-18），特别是低温冲击韧性急剧下降。因此对合金钢，尤其是对低温用钢，影响更为显著。

② 引起金属红脆、时效和产生裂纹。

③ 形成气孔：溶解在液态金属中的氧还能与碳发生反应，生成不溶于金属的 CO 气体。在液态金属凝固时，若 CO 气体来不及逸出，就会形成气孔。焊接时，当熔滴中生成 CO 气体时，因 CO 气体受热膨胀，使熔滴爆炸造成飞溅，还会影响焊接过程的稳定性。

(2) 有益作用

利用氧的强氧化性，氧有时在热加工过程中也能起到有益的作用。例如炼钢过程中利用氧化把多余的碳烧掉。焊接过程中，可利用氧进行除氢，减少焊缝中的

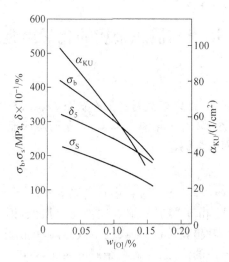

图 6-18　氧(以 FeO 形式存在)对低碳钢常温机械性能的影响

氢含量;为改变焊接电弧特性和获得必要的熔渣物理化学性能,有时在焊接材料中还需要加入少量的氧化剂。

4. 氧的控制

氧在金属中的主要作用是有害的,为此必须控制金属中的氧含量,可采用如下措施来实现。

(1) 在炼钢时采取有效的去气措施进行除气

在铸钢的生产中采用炉外精炼技术,如氩氧脱碳和真空氩氧脱碳法等,可以保证铸钢的高强韧性。

(2) 纯化焊接材料

在焊接要求比较高的合金钢和活泼金属时,应尽量选用不含氧或含氧少的焊接材料。如采用惰性气体保护焊,采用低氧或无氧的焊条、焊剂等。

(3) 控制焊接工艺参数

焊接工艺条件的变化可能会造成保护不良的效果。如电弧电压增大时,使空气与熔滴接触的机会增多,会导致焊缝氧含量的增加。

(4) 进行脱氧处理

采用冶金方法进行脱氧,如在焊接材料(焊条及焊剂)中加入脱氧剂,或在炼钢末期向钢液中加入脱氧剂等进行脱氧处理。这是实际生产中行之有效的方法,将在 6.3 节中阐述。

6.3   熔渣与液态金属的化学冶金反应

6.3.1   熔渣

在熔炼金属的过程中,固体熔渣材料如石灰石、氟石、硅砂等,在高温炉中被熔化生成的低熔点复杂化合物称为熔渣。同样,焊条药皮或埋弧焊用的焊剂,在电弧高温下也会发生熔化而形成熔渣。

1. 熔渣的作用

熔渣在金属的熔炼过程及焊接过程中具有以下作用。

(1) 机械保护作用:由于熔渣的熔点比液态金属低,因此熔渣覆盖在液态金属的表面(包括熔滴的表面),将液态金属与空气隔离,可防止液态金属的氧化和氮的渗入。熔渣凝固后形成的渣壳,覆盖在金属的表面,可以防止处于高温的金属在空气中被氧化。

(2) 冶金处理作用:熔渣和液态金属能发生一系列的物理化学反应,如脱氧、脱硫、脱磷、去氢等,使金属净化;还可以使金属合金化等。通过控制熔渣的成分和性能,可在很大程度上调整金属的成分和改善金属的性能。

(3) 改善焊接工艺性能:在熔渣中加入适当的物质,可以使电弧容易引燃、稳定燃烧及减小飞溅,还能保证良好的操作性、脱渣性和焊缝成形等。

为使熔渣能起到上述作用,需对熔渣的成分、结构及其物理、化学性能进行研究。

2. 熔渣的成分和分类

根据熔渣的成分和性能可以分为以下三类。

(1) 盐型熔渣

主要由金属氟酸盐、氯酸盐和不含氧的化合物组成,其主要渣系有:CaF_2-NaF,BaF_2-$BaCl_2$-NaF,KCl-$NaCl$-Na_3AlF_6 等。由于盐型熔渣的氧化性很小,所以主要用于有色金属的熔炼和焊接,如焊接铝、钛和其他化学活泼性强的金属,也可以用于焊接高合金钢。

(2) 盐-氧化物型熔渣

主要由氟化物和强金属氧化物组成。常用的渣系有 CaF_2-CaO-SiO_2,CaF_2-CaO-Al_2O_3,CaF_2-CaO-Al_2O_3-SiO_2 等。因其氧化性较小,主要用于铸钢熔炼和焊接合金钢。

(3) 氧化物型熔渣

主要由金属氧化物组成。广泛应用的渣系有 MnO-SiO_2,FeO-MnO-SiO_2,CaO-TiO_2-SiO_2 等。这类熔渣一般含有较多的弱氧化物,因此氧化性较强,主要用于铸铁熔炼以及低碳钢和低合金钢的焊接。

上述三类熔渣最常用的是后两种,表 6-7 列出了不同焊条和焊剂的熔渣成分。

表 6-7　焊接熔渣化学成分举例

| 焊条和焊剂类型 | 熔渣化学成分的质量分数 $w/\%$ | | | | | | | | | | 熔渣碱度 | | 熔渣类型 |
	SiO_2	TiO_2	Al_2O_3	FeO	MnO	CaO	MgO	Na_2O	K_2O	CaF_2	B	B_L	
钛铁矿型	29.2	14.0	1.1	15.6	26.5	8.7	1.3	1.4	1.1		0.88	−0.1	氧化物型
钛型	23.4	37.7	10.0	6.9	11.7	3.7	0.5	2.2	2.9		0.43	−0.2	氧化物型
钛钙型	25.1	30.2	3.5	9.5	13.7	8.8	5.2	1.7	2.3		0.76	−0.9	氧化物型
纤维素型	34.7	17.5	5.5	11.9	14.4	2.1	5.8	3.8	4.3		0.60	−1.3	氧化物型
氧化铁型	40.4	1.3	4.5	22.7	19.3	1.3	4.6	1.8	1.5		0.60	−0.7	氧化物型
低氢型	24.1	7.0	1.5	4.0	3.5	35.8		0.8	0.8	20.3	1.86	+0.9	盐-氧化物型
HJ430	38.5		1.3	4.1	43.0	1.7	0.45			6.0	0.62	−0.33	氧化物型
HJ251	18.2~22.0		18.0~23.0	≤1.0	7.0~10.0	3.0~6.0	14.0~17.0			23.0~30.0	1.15~1.44	+0.048~0.49	盐-氧化物型

3. 熔渣的结构与碱度

(1) 熔渣的结构

熔渣的物理化学性质及其与金属的作用与熔渣的内部结构有密切的关系。关于熔渣的结构目前主要有分子理论和离子理论两种。

① 分子理论：该理论的主要依据是室温下对固态熔渣的相分析和成分分析的结果。根据分子理论，液态熔渣是由自由状态化合物和复合状态化合物的分子所组成，例如钢铁熔渣中的自由化合物就是一些独立存在的氧化物（如酸性氧化物：SiO_2，TiO_2 和 ZrO_2 等；碱性氧化物：CaO，MgO，MnO，FeO 和 Na_2O 等；两性氧化物：Al_2O_3 和 Fe_2O_3 等），复合化合物就是酸性氧化物和碱性氧化物生成的盐。根据复合物中是 SiO_2，TiO_2 还是 Al_2O_3 可将复合物分为硅酸盐（$FeO \cdot SiO_2$，$(FeO)_2 \cdot SiO_2$，$MnO \cdot SiO_2$，$CaO \cdot SiO_2$，$(CaO)_2 \cdot SiO_2$ 等）、钛酸盐（$FeO \cdot TiO_2$，$(FeO)_2 \cdot TiO_2$，$CaO \cdot TiO_2$，$(CaO)_2 \cdot TiO_2$，$MnO \cdot TiO_2$ 等）和铝酸盐（$MgO \cdot Al_2O_3$，$(CaO)_3 \cdot Al_2O_3$）等，而只有渣中的自由氧化物才能与液体金属和其中的合金元素发生作用。氧化物的复合是一个放热反应，所以一般来说当温度升高时复合物均易分解，渣中自由氧化物的浓度增加。另外，各氧化物之间的结合强弱也不同，凡是生成热效应大的就易结合。强酸性氧化物最易与强碱性氧化物结合，强碱性氧化物能从复合物中取代弱碱性氧化物。但根据质量作用定律，当弱碱性氧化物的浓度很大时，也能从复合物中取代强碱性氧化物。

分子理论建立最早，由于它能简明地定性分析熔渣和金属之间的一些冶金反应，因此目前仍广泛应用。但用它无法解释一些重要的现象，如熔渣导电性，因此又出现了离子理论。

② 离子理论：基于对熔渣电化学性能的研究，离子理论认为液态熔渣是由正离子和负离子组成的电中性溶液。它一般包括有：简单正离子（如 Ca^{2+}，Mn^{2+}，Mg^{2+}，Fe^{2+}，Fe^{3+}，Ti^{4+} 等），简单负离子（如 F^-，O^{2-}，S^{2-} 等）以及复杂的负离子（如 SiO_4^{4-}，$Si_3O_9^{6-}$，AlO_3^{3-}，$Al_3O_7^{5-}$）等。离子在熔渣中的分布、聚集和相互作用取决于它的综合矩即"离子电荷/离子半径"。表 6-8 中列出了各种离子在标准温度（0℃）下的综合矩。当温度升高时，离子的半径增大，综合矩减小；但它们之间的大小顺序不变。离子综合矩愈大，说明离子的静电场愈强，与异号离子的作用力愈大。例如正离子中 Si^{4+} 的综合矩最大，而负离子中 O^{2-} 的综合矩最大。因此，它们能牢固地结合成复杂的负离子 SiO_4^{4-}，或更复杂的离子如 $Si_2O_7^{6-}$，$Si_3O_9^{6-}$，$Si_6O_{15}^{6-}$，$Si_9O_{21}^{6-}$ 等，减少了自由氧离子 O^{2-}。此外，P^{5+}，Al^{3+} 和 Fe^{3+} 也能与 O^{2-} 形成复杂离子，如 PO_4^{3-}，AlO_3^{3-} 和 FeO_2^- 等。

表 6-8　离子的综合矩

离子	离子半径/nm	综合矩 /(10^{-2}静库/cm)*	离子	离子半径/nm	综合矩 /(10^{-2}静库/cm)
K^+	0.133	3.61	Ti^{4+}	0.068	28.2
Na^+	0.095	5.05	Al^{3+}	0.050	28.8
Ca^{2+}	0.106	9.0	Si^{4+}	0.041	47.0
Mn^+	0.091	10.6	F^-	0.133	3.6
Fe^{2+}	0.083	11.6	PO_4^{3-}	0.276	5.2
Mg^{2+}	0.078	12.9	S^{2-}	0.174	5.6
Mn^{3+}	0.070	20.6	SiO_4^{4-}	0.279	6.9
Fe^{3+}	0.067	21.5	O^{2-}	0.132	7.3

* 静库为静电系单位制中电量的单位,1 静库 $= \dfrac{1}{3 \times 10^9}$ 库仑

一般来说,在渣中酸性氧化物接受氧离子,如

$$SiO_2 + 2O^{2-} = SiO_4^{4-} \tag{6-40}$$

$$Al_2O_3 + 3O^{2-} = 2AlO_3^{3-} \tag{6-41}$$

而碱性氧化物则提供氧离子,如

$$CaO = Ca^{2+} + O^{2-} \tag{6-42}$$

$$FeO = Fe^{2+} + O^{2-} \tag{6-43}$$

此外,在综合矩的作用下,使综合矩较强的异号离子以及综合矩较弱的异号离子分别聚集成团,使熔渣中的离子分布接近有序。例如在含有 FeO,CaO 和 SiO_2 的熔渣中,综合矩较大的 Fe^{2+} 和 O^{2-} 形成集团,同时在另一微区内综合矩较小的 Ca^{2+} 和 SiO_4^{4-} 形成集团。因此,熔渣实际上是一个微观成分不均匀的溶液。

根据离子理论,熔渣和金属之间的反应是离子和原子交换电荷的过程。例如熔渣中的 SiO_2 与金属 Fe 之间的下列反应:

$$(SiO_2) + 2[Fe] = 2(FeO) + [Si] \tag{6-44}$$

用离子理论可表达为

$$Si^{4+} + 2[Fe] = 2Fe^{2+} + [Si] \tag{6-45}$$

交换电荷的结果,铁变成离子进入熔渣,而硅则进入金属。

(2) 熔渣的碱度

① 根据分子理论,熔渣碱度最简单的计算公式为

$$B_0 = \frac{\sum 碱性氧化物}{\sum 酸性氧化物} \tag{6-46}$$

式(6-46)中碱性氧化物和酸性氧化物分别以质量百分数计。符号 B_0 为碱度,其倒数为酸度。当 $B_0 > 1$ 时为碱性渣,$B_0 < 1$ 时为酸性渣。但用该公式计算出来的结果往往与实际不符,主要是在该公式中没有反映出各种氧化物酸性或碱性的

强弱程度的差异。因此,又出现了一些修正后的公式,其中比较全面和精确的一个表达式为

$$B = \frac{[0.018w_{CaO} + 0.015w_{MgO} + 0.014(w_{K_2O} + w_{Na_2O}) + 0.007(w_{MnO} + w_{FeO}) + 0.006w_{CaF_2}]}{[0.017w_{SiO_2} + 0.005(w_{TiO_2} + w_{ZrO_2} + w_{Al_2O_3})]}$$

(6-47)

式(6-47)不仅考虑了氧化物酸性或碱性强弱之差,而且还考虑了 CaF_2 的影响。由于上式的系数比较复杂,为便于计算,将式中的系数进行近似处理后成为

$$B_I = \frac{[w_{CaO} + w_{MgO} + w_{K_2O} + w_{Na_2O} + 0.4(w_{MnO} + w_{FeO} + w_{CaF_2})]}{[w_{SiO_2} + 0.3(w_{TiO_2} + w_{ZrO_2} + w_{Al_2O_3})]}$$

(6-48)

一般

$$B_I > 1.5, \qquad 为碱性熔渣$$
$$B_I < 1.0, \qquad 为酸性熔渣$$
$$B_I = 1.0 \sim 1.5, \quad 为中性熔渣$$

② 根据离子理论,熔渣碱度的表达式为

$$B_L = \sum a_i M_i \tag{6-49}$$

式(6-49)中,a_i 表示第 i 种氧化物的碱度系数,这是根据电化学测定各种氧化物碱性强弱程度所取得的系数,碱性时为正值,酸性时为负值,各种氧化物的碱度系数可见表 6-9;M_i 表示第 i 种氧化物的摩尔分数。当 $B_L > 0$ 为碱性熔渣;$B_L < 0$ 为酸性熔渣;$B_L = 0$ 为中性熔渣。

表 6-9 氧化物的 a_i 值及相对分子质量

分　类	氧化物	a_i 值	相对分子质量
碱　性	K_2O	9.0	94.2
	Na_2O	8.5	32
	CaO	6.05	56
	MnO	4.8	71
	MgO	4.0	40.3
	FeO	3.4	72
酸　性	SiO_2	-6.31	60
	TiO_2	-4.97	80
	ZrO_2	-0.2	123
	Al_2O_3	-0.2	102
	Fe_2O_3	0	159.7

4. 熔渣的物理性能

熔渣的物理性能中,熔点、粘度和表面张力对其保护效果、冶金反应以及工艺性能等影响较大。

（1）熔渣的熔点

熔渣是多元组成物,成分复杂,它的固液转变是在一定温度区间进行的,常将固体熔渣开始熔化的温度定义为熔渣的熔点。

熔渣的熔点与熔渣的成分密切相关,图 6-19 为三元渣系 FeO-CaO-SiO$_2$ 的熔点与各组元组成的等熔点曲线。由图 6-19 可知,SiO$_2$ 含量越高,熔点越高;当 FeO 与 SiO$_2$ 成分大致相等时,CaO 含量为 10％时渣的熔点最低。

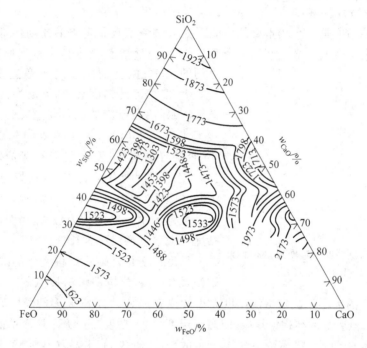

图 6-19   三元渣系 FeO-CaO-SiO$_2$ 等熔点曲线

熔渣的熔化温度应与金属熔点相配合。合金冶炼时,在一定的炉温下,熔渣的熔点越低,过热度越高,熔渣的流动性就越好,冶金反应越容易进行。如果熔渣熔点过低,流动性太好,熔渣对炉壁的冲刷侵蚀作用加重,且在浇注时熔渣不易与金属液分离,容易造成铸件夹杂。焊接时,若熔渣的熔点过高,就会比熔池金属过早地开始凝固,使焊缝成形不良;若熔渣熔点过低,则熔池金属开始凝固时,熔渣仍处于稀流状态,熔渣的覆盖性不良,也不能起到“成形”作用,其机械保护作用难以令人满意,使焊缝组织中的气体和夹杂物含量增加。

冲天炉炼铁要求熔渣的熔点通常为 1300℃左右,其成分范围如表 6-10 所示。熔渣的熔点主要取决于 Al$_2$O$_3$,SiO$_2$ 和 CaO 之间的比例,同时还受 MgO,FeO 和 MnO 等含量的影响。

表 6-10   冲天炉两种炉渣成分的质量分数   ％

名称	SiO₂	CaO	Al₂O₃	MgO	FeO	MnO	P₂O₅	FeS
酸性渣	40～55	20～30	5～15	1～5	3～15	2～10	0.1～0.5	0.2～0.8
碱性渣	20～35	35～50	10～20	10～15	≤2	≤2	≤0.1	1～5

适合于钢材焊接的熔渣熔点在 $1150～1350℃$ 范围内,熔渣的熔点过高或过低均不利于焊缝的表面成形。

(2) 熔渣的粘度

熔渣的粘度是一个较重要的性能。如果熔渣不具备足够的流动性,则不能正常工作。由于金属与渣之间的冶金反应,从动力学考虑,在很大程度上取决于它们之间的扩散过程,而粘度对扩散速度影响很大。因此,熔渣的粘度愈小,流动性愈好,则扩散愈容易,冶金反应的进行就愈有利。但从焊接工艺的要求出发,焊接熔渣的粘度不能过小,否则容易流失,影响覆盖和保护效果。根据粘度随温度变化的特点,可将熔渣分为"长渣"和"短渣"两类,如图 6-20 所示。随温度下降粘度急剧增长的渣称为短渣,当温度下降时粘度增大缓慢的渣称为长渣。

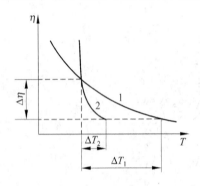

图 6-20   熔渣粘度与温度的关系曲线
1—长渣；2—短渣

粘度的变化是熔渣结构变化的宏观反应,熔渣的组成和结构即熔渣质点的大小和质点间的作用力的大小是决定熔渣粘度大小的内在因素。含 SiO_2 多的酸性渣为长渣,碱性渣为短渣。渣的结构愈复杂,阴离子尺寸愈大,粘度就愈大。最简单的 Si-O 离子是四面体的 SiO_4^{4-},随着渣中 SiO_2 含量的增加,使 Si-O 阴离子的聚合程度增加,形成不同结构的 Si-O 离子(如链状、环状和网状等),聚合程度愈高,结构愈复杂,尺寸愈大,粘度愈大。温度升高时粘度下降的原因是由于复杂的 Si-O 离子逐渐破坏,形成较小的 Si-O 阴离子。在酸性渣中减少 SiO_2 增加 TiO_2 使复杂的 Si-O 阴离子减少,可降低粘度,并使渣成为短渣。另外,在酸性渣中加入能产生 O^{2-} 的碱性氧化物(如 CaO,MgO,MnO,FeO 等)能破坏 Si-O 离子键,使 Si-O 离子的聚合程度逐渐由复杂的 $Si_9O_{21}^{6-}$, $Si_6O_{15}^{6-}$, $Si_3O_9^{6-}$, $Si_2O_7^{6-}$ 变为较小的 SiO_4^{4-} 硅酸离子,其反应式如下:

$$2Si_3O_9^{6-} + 3O^{2-} = 3Si_2O_7^{6-} \tag{6-50}$$

$$Si_2O_7^{6-} + O^{2-} = 2SiO_4^{4-} \tag{6-51}$$

随离子尺寸变小,粘度降低。当碱性氧化物继续增加时,氧对于 Si 达到饱和,于是就可以单独存在 O^{2-};因此,由于碱性渣中的离子尺寸小,容易移动,粘度低。但碱性渣中高熔点 CaO 多时,可出现未熔化的固体颗粒而使粘度升高。渣中加入 CaF_2 可起到很好的稀释作用,在碱性渣中它能促使 CaO 熔化,降低粘度;在酸性

渣中 CaF_2 产生的 F^- 能更有效地破坏 Si-O 键,减小聚合离子尺寸,降低粘度。因此,在焊接熔渣和熔炼钢铁的熔渣中常用 CaF_2 作为稀释剂。

（3）熔渣的表面张力

熔渣的表面张力对焊接熔渣来说也是一个较为重要的物理性能。它影响到渣在熔滴和熔池表面的覆盖性能以及由此引起的渣的保护性能、冶金作用以及对焊缝成形的影响等。熔渣的表面张力除了与温度有关外,主要取决于熔渣组元质点间化学键的键能。具有离子键的物质其键能较大,表面张力也较大（如 FeO,MnO,CaO,MgO,Al_2O_3 等）,碱性焊条药皮中含有较多的这类氧化物,焊接时容易形成粗颗粒过渡,焊缝表面的鱼鳞纹较粗,焊缝成形较差。具有极性键的物质其键能较小,表面张力也较小（如 TiO_2,SiO_2 等）。具有共价键的物质其键能最小,表面张力也最小（如 B_2O_3,P_2O_5 等）。因此,在熔渣中加入酸性氧化物 TiO_2,SiO_2,B_2O_3 等能降低熔渣的表面张力。另外,CaF_2 对降低熔渣表面张力也有显著作用。

5. 熔渣的冶金特性

熔渣对液态金属起到非常重要的冶金处理作用,能去除金属中的一些有害杂质,净化金属。对渣的冶金行为起决定性作用的是渣的碱度,它反映了渣的冶金特性。碱度对渣中以及渣和金属之间的各种冶金反应有直接和间接的重要影响,甚至可以使一些冶金反应发生方向性的变化,起到控制冶金反应的作用。例如在碱度很低的酸性渣中,高温时不仅不会发生 Si 的氧化烧损,而且还能使反应朝着有利于渣中 SiO_2 的还原方向发展,使钢中渗 Si（如图 6-21 所示）;又如渣的碱度能直接影响到钢的扩散脱氧效果（见图 6-22）。另外,渣的碱度还间接地影响到沉淀脱氧的效果（如图 6-23 所示）。由于碱性渣中的 CaO 能与 Si 的脱氧产物 SiO_2 生成复合物,减少了自由 SiO_2 的量,有利于 Si 的脱氧反应继续进行,从而提高了 Si 的脱氧效果。此外,渣的碱度对脱硫有着明显的作用,对脱磷也有一定的影响（见图 6-24）。

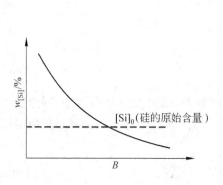

图 6-21 熔渣碱度对渗 Si 的影响

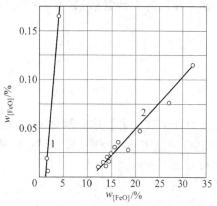

图 6-22 渣的性质与焊缝含氧量的关系

1—碱性渣；2—酸性渣

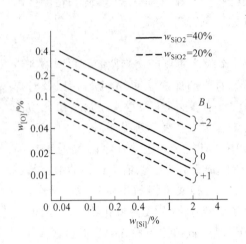

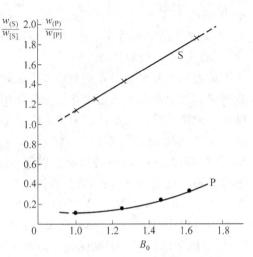

图 6-23　焊接熔渣碱度对 Si
脱氧效果的影响

图 6-24　碱度对 S,P 在渣和金属中分配
的影响(钛铁矿型焊条)

6.3.2　活性溶渣对金属的氧化

前面已阐述了氧化性气体对金属的氧化(直接氧化)。此外,活性溶渣对金属也有氧化作用。活性溶渣对金属的氧化有如下两种形式。

1. 扩散氧化

扩散氧化是发生于活性熔渣与金属之间的一种特殊氧化方式。FeO 是一种既能溶于铁液中,又能溶于熔渣中的氧化物,因此,这种氧化过程实际上就是将渣中的 FeO 直接转移到铁液中的过程。根据分配定律,达到平衡时 FeO 在铁液和渣中的分配比例 L 为常数,其表达式如下:

$$(FeO) \Longleftrightarrow [FeO] \tag{6-52}$$

$$L = \frac{w_{[FeO]}}{w_{(FeO)}} \tag{6-53}$$

$$\lg L = \frac{-6300}{T} + 1.386 \tag{6-54}$$

分配常数决定了这一氧化过程,它与温度有关,随温度升高而增加,即金属中的 FeO 随温度升高而增加。此外,分配常数还与渣的性质有很大关系。如将分配常数写成下列形式:

$$L_0 = \frac{w_{[O]}}{w_{(FeO)}} \tag{6-55}$$

在 SiO$_2$ 饱和的酸性渣中:

$$\lg L_0 = \frac{-4906}{T} + 1.877 \tag{6-56}$$

在 CaO 饱和的碱性渣中：

$$\lg L_0 = \frac{-5014}{T} + 1.980 \tag{6-57}$$

由此可以得出，温度越高越有利于铁液的扩散氧化，而且碱性渣比酸性渣更易使铁液扩散氧化。即在 FeO 总量相同的情况下，碱性渣时液态金属中的氧含量比酸性渣时高。这种现象可以用熔渣的分子理论来解释。因为碱性渣中含 SiO_2，TiO_2 等酸性氧化物少，FeO 的活度大，容易向液态金属扩散，使其含氧量增加。因此碱性焊条对氧较敏感，对 FeO 的含量必须加以限制。一般在药皮中不加入含 FeO 的物质，并要求焊接时需清理焊件表面的氧化物和铁锈，以防止焊缝增氧。但不应由此认为碱性焊条焊缝中的氧含量比酸性焊条的高；恰恰相反，碱性焊条的焊缝氧含量比酸性焊条低。这是因为碱性焊条药皮的氧化性较小的缘故。虽然在碱性焊条的药皮中，加入了大量的大理石（$CaCO_3$），在药皮反应区能形成 CO_2 气体，但由于加入了较强的脱氧剂如 Ti，Al，Mn，Si 等进行脱氧，使气相的氧化性大大削弱。

2. 置换氧化

置换氧化是一种发生于对氧亲和力较强元素和对氧亲和力较弱元素氧化物之间的一种反应。其反应结果将导致对氧亲和力较强的元素被氧化，而对氧亲和力较弱的元素则被还原。例如最常见的在冲天炉中熔化铸铁时，铁液中的合金元素 Mn 和 Si 能被溶于铁液中的 FeO 氧化，其反应式如下：

$$[Si] + 2[FeO] = (SiO_2) + 2[Fe] \tag{6-58}$$

$$\lg K = \frac{13460}{T} - 6.04 \tag{6-59}$$

$$[Mn] + [FeO] = (MnO) + [Fe] \tag{6-60}$$

$$\lg K = \frac{6600}{T} - 3.16 \tag{6-61}$$

上面各式表明，反应结果将使铁液中的 Si，Mn 元素被烧损。因为这些元素的氧化反应是放热反应，随着温度的升高，平衡常数 K 减小，即反应减弱，所以冲天炉熔化铸铁时可以通过送热风来提高炉温，达到减少 Si，Mn 烧损的目的。另外，当热风温度较高，并采用酸性炉渣时，甚至可使 Si 的置换氧化反应往相反方向进行，其结果使渣中的 SiO_2 被铁液还原，使铁液中的 Si 非但没有烧损，反而还会增加。与此相反，铁液中的 FeO 量会有所提高，即铁被氧化。这就是熔炼和焊接时，通过熔渣中的一些氧化物使金属发生置换氧化反应的情况。

这些置换氧化反应在焊接冶金中起着极为重要的作用。由于焊接时的温度非常高，特别是在熔滴和熔池的前半部（温度可在 2000℃ 以上），因此当焊接熔渣中含有较多的 MnO 和 SiO_2 时就促使反应更有利于朝着渗 Mn 和渗 Si 的方向发展，使熔滴和熔池前半部液体金属中的 Mn，Si 含量增加，其增加程度除与温度和渣的成分有关外，还与金属中原始的 Mn，Si 含量和其他合金元素有关。原始 Mn，Si 含量越低，则 Mn，Si 含量的增加越多。当然，随之而来的金属中的 FeO 增多或其他元素的烧损将越多。因此，当焊接和铸造合金钢时还有一些对氧亲和力更强的合金元素会被置换氧化，其氧化反应的结果将使金属中的合金元素严重烧损和氧化物夹杂含量增加。其反应表达式如下：

$$(SiO_2) + [Ti] = [Si] + (TiO_2) \tag{6-62}$$

$$2(MnO) + [Ti] = 2[Mn] + (TiO_2) \tag{6-63}$$

$$2[FeO] + [Ti] = 2[Fe] + (TiO_2) \tag{6-64}$$

$$3(SiO_2) + 4[Cr] = 3[Si] + 2(Cr_2O_3) \tag{6-65}$$

$$3(MnO) + 2[Cr] = 3[Mn] + (Cr_2O_3) \tag{6-66}$$

$$3[FeO] + 2[Cr] = 3[Fe] + (Cr_2O_3) \tag{6-67}$$

6.3.3 脱氧处理

前面已经分析了金属高温加工过程中可能产生的一些氧化反应，其结果是引起金属和金属中有益合金元素的烧损以及金属中含氧量的提高而使金属的性能变坏。因此，必须采取各种脱氧措施来降低金属中的氧含量。焊接时，脱氧按其方式和特点可分为先期脱氧、扩散脱氧和沉淀脱氧三种；炼钢时，脱氧的方式包括扩散脱氧和沉淀脱氧两种。

脱氧的主要措施是在金属的熔炼中或在焊接材料中加入合适的合金元素或铁合金，使之在冶金反应中夺取氧，将金属还原。用于脱氧的元素或铁合金被称为脱氧剂。在选用脱氧剂时应遵循以下原则。

（1）脱氧剂对氧的亲和力应比需要还原的金属大。对于铁基合金，Al，Ti，Si，Mn 等可作为脱氧剂使用。在实际生产中，常采用铁合金或金属粉如锰铁、硅铁、钛铁、铝粉等。元素对氧的亲和力越大，其脱氧能力越强。

（2）脱氧产物应不溶于液态金属，且密度小，质点较大。这样可使其上浮至液面而进入渣中，以减少夹杂物的数量，提高脱氧效果。

（3）需考虑脱氧剂对金属的成分、性能及工艺的影响。在满足技术要求的前提下，还应考虑成本。

1. 先期脱氧

在药皮加热阶段，固态药皮受热后发生的脱氧反应叫做先期脱氧。含有脱氧剂的药皮（或焊剂）被加热时，其中的碳酸盐或高价氧化物发生分解，生成的氧和 CO_2 便和脱氧剂发生反应，反应的结果使气相的氧化性大大减弱。例如 Al，Ti，

Si,Mn 的先期脱氧反应可表示如下：

$$3CaCO_3 + 2Al = 3CaO + Al_2O_3 + 3CO \qquad (6\text{-}68)$$

$$2CaCO_3 + Ti = 2CaO + TiO_2 + 2CO \qquad (6\text{-}69)$$

$$CaCO_3 + Mn = CaO + MnO + CO \qquad (6\text{-}70)$$

$$2CaCO_3 + Si = 2CaO + SiO_2 + 2CO \qquad (6\text{-}71)$$

$$MnO_2 + Mn = 2MnO \qquad (6\text{-}72)$$

$$Fe_2O_3 + Mn = MnO + 2FeO \qquad (6\text{-}73)$$

$$FeO + Mn = MnO + Fe \qquad (6\text{-}74)$$

在先期脱氧中，由于 Al,Ti 对氧的亲和力非常大，它们绝大部分被氧化，故不易过渡到液态金属中进行沉淀脱氧。先期脱氧的效果取决于脱氧剂对氧的亲和力、本身的颗粒度以及其加入的比例等，并与焊接工艺条件有一定的关系。

由于药皮加热阶段的温度较低，传质条件较差，先期脱氧的脱氧效果不完全，还需进一步进行脱氧处理。通过 Al,Ti,Mn,Si 的氧化，已经降低了药皮熔化成渣后对液态金属的氧化性能。

2. 扩散脱氧

扩散脱氧实质上就是利用前面讲过的扩散氧化的逆反应，使那种既能溶于金属又能溶于渣的氧化物，由金属向渣中扩散转移，达到金属脱氧的目的。根据前面的式(6-53)和式(6-54)，当温度降低时，分配系数 L 减小，即有利于发生下列扩散脱氧反应：

$$[FeO] \longrightarrow (FeO) \qquad (6\text{-}75)$$

根据式(6-54)，当温度由 1873K 提高到 2773K 时，分配系数 L 值从 0.01 增加到 0.13，说明温度下降对扩散脱氧的促进作用。另外，根据式(6-56)和式(6-57)，酸性渣比碱性渣有利于扩散脱氧，这是由于酸性渣中的 SiO_2 能与 FeO 进行下列反应：

$$(SiO_2) + (FeO) = (FeO \cdot SiO_2) \qquad (6\text{-}76)$$

反应结果生成复合物，使渣中 FeO 的活度减少，有利于钢液中的 FeO 向渣中继续扩散。当渣中存在有碱性比 FeO 强的 CaO 时，则在渣中通常首先进行下列反应：

$$(CaO) + (SiO_2) = (CaO \cdot SiO_2) \qquad (6\text{-}77)$$

反应结果减少了渣中的 SiO_2 含量，增加了渣中的游离 FeO，即增加了渣中 FeO 的活度，对扩散脱氧不利。因此，含有大量 CaO 的碱性渣不利于扩散脱氧。

另外，通过对渣的脱氧也能进一步促进扩散脱氧的进行。因为在一定的温度下，L 为常数，根据分配定律，当渣中的 FeO 量减少时，金属中的 FeO 会自动向渣中扩散，保持 L 值不变。因此，当渣中加入脱氧剂后能使渣中的 FeO 还原，减少了渣中的 FeO 含量,能促使钢液中的 FeO 继续往渣中扩散。这就间接地达到了脱去钢液中 FeO 的目的。这种脱氧方式的优点是由于脱氧反应的产物留在渣中,因此提高了金属的质量。

从动力学分析,扩散脱氧过程受渣中 FeO 的扩散环节所控制,因此它的缺点是脱氧速度慢,所需的脱氧时间长。根据菲克扩散第一定律,FeO 在渣中的扩散速度可表示为

$$\frac{\mathrm{d}n}{\mathrm{d}t} = \frac{DA}{\delta}(C_i - C) \tag{6-78}$$

式中 $\frac{\mathrm{d}n}{\mathrm{d}t}$ 为单位时间内通过界面 A 向渣中扩散的 FeO 量,D 为 FeO 在渣中的扩散系数,δ 为渣一侧的有效边界层厚度,C_i 和 C 分别为渣中 FeO 的界面浓度和内部浓度。由于界面上很快就能按照两相间的分配定律达到平衡,因此界面上的浓度 C_i 可以认为就是平衡浓度;为使扩散脱氧过程能继续进行下去,必须使渣一侧界面处的 FeO 向渣的内部不断扩散迁移。

根据公式(6-78),影响 FeO 向渣内部扩散速度的因素有扩散系数 D、接触界面 A 以及边界层厚度 δ 和浓度差 $(C_i - C)$ 等。从提高扩散系数 D 出发,提高温度和降低渣的粘度都有利;但在扩散脱氧的条件下,提高温度受分配系数的限制,不利于 FeO 向渣中过渡。增加接触面积和减小边界层厚度都对扩散有利,但也受到很大限制。提高浓度差,即降低渣中原始 FeO 含量也有利于提高扩散速度;但随着扩散脱氧过程的进行,渣内的 FeO 含量在不断提高,因此浓度差变得愈来愈小,FeO 向渣内扩散的速度也就愈来愈低。

因此,为了保持较高的扩散脱氧速度,从保持渣中较高 FeO 浓度差出发,采用还原性渣是一种有效的措施。因为采用还原性渣时,扩散进入渣中的 FeO 很快与渣中的脱氧剂发生还原反应。由于高温条件下化学反应的速度大于扩散速度,因此通过还原反应能有效地降低渣中 FeO 的浓度 C,使渣中的 FeO 的浓度差 $(C_i - C)$ 保持在较高的水平,对加速扩散脱氧过程,提高扩散脱氧的效果无疑是有利的。在炼钢过程中采用还原渣进行扩散脱氧的方法就是基于这一原理。它是电炉炼钢中的一个重要的脱氧环节。但在焊接和激光表面重熔等快速加工过程中,扩散脱氧在时间上受到很大限制,不可能成为主要的脱氧方式。另外,因为焊接和表面重熔时的温度很高,所以只有在液体金属熔池的后半部处于降温和凝固的区域内才有可能进行扩散脱氧;但由于时间很短,而且此时渣的粘度也较大,因此扩散过程受到了很大的限制。

3. 沉淀脱氧

沉淀脱氧实际上就是利用前面讲过的置换氧化反应,即用一种对氧亲和力大于铁的元素作为脱氧剂加入钢液中直接与其中的 FeO 起反应,将 Fe 从 FeO 中置

换出来,生成的脱氧产物为不溶于金属的氧化物,沉淀析出,进入渣中,使钢液达到脱氧目的。因此,在这一反应中对 FeO 来说是脱氧还原,但对脱氧剂来说则被置换氧化。这种方法的优点是脱氧过程进行迅速,缺点是脱氧产物容易残留在钢中成为夹杂。沉淀脱氧的反应可表示为

$$[M] + [FeO] \longrightarrow (MO) + [Fe] \tag{6-79}$$

$$w_{[M]} w_{[FeO]} = K \tag{6-80}$$

式(6-79)和(6-80)中,M 表示某一脱氧剂;K 为平衡常数,它表示达到平衡时钢液中 M 与 FeO 之间存在一定的关系。

平衡常数 K 与温度有关。式(6-80)说明了当温度一定时,钢液中脱氧剂的残余量与残留的 FeO 量成反比,即当钢中残余的脱氧剂愈多时,其中残留的 FeO 量愈低,表示脱氧程度愈彻底。也就是对同一种脱氧剂来说,为达到更好的脱氧效果就需加大脱氧剂的加入量,使其在钢液中的残余量得到相应的增加。

当采用脱氧能力强的脱氧剂时,为使钢液达到同样脱氧程度,所需残留于钢液中的脱氧剂量应小于脱氧能力弱的脱氧剂的残留量(如图 6-25 所示)。由图 6-25 可以看出,元素按脱氧能力由小到大的排列顺序为:Cr,Mn,V,C,Si,B,Ti,Al,Zr,Be,Mg,Ca。在炼钢过程中常用的脱氧剂是 Mn,Si 和 Al。当使用多种脱氧剂进行脱氧时,应按照脱氧能力的顺序由小到大依次使用。例如在炼钢的还原期时,首先往熔池中加入锰铁进行"预脱氧",最后在出钢前或出钢时,用 Al 进行最后的

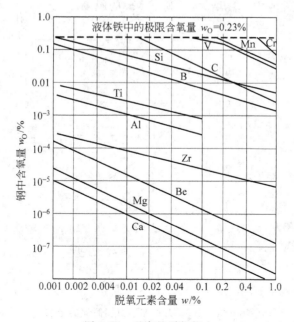

图 6-25 元素的脱氧能力

脱氧(称"终脱氧");但这种分期加入不同脱氧剂的方法,并非在所有加工条件下都能做到。例如焊接时只能将各种脱氧剂同时加入焊条药皮中或焊剂中。焊接时从工艺考虑加入 Al 有困难,因此常用的脱氧剂是 Mn 和 Si,有时为加强脱氧可加入 Ti。

(1) 锰脱氧反应

用 Mn 脱氧时的反应为

$$[Mn] + [FeO] = [Fe] + (MnO) \tag{6-81}$$

$$K = \frac{\alpha_{MnO}}{\alpha_{Mn}\alpha_{FeO}} = \frac{\gamma_{MnO}w_{(MnO)}}{\alpha_{Mn}\alpha_{FeO}} \tag{6-82}$$

式(6-82)中的 α_{MnO},α_{Mn} 和 α_{FeO} 分别为渣中 MnO、金属中 Mn 以及金属中 FeO 的活度;γ_{MnO} 表示渣中 MnO 的活度系数。

当金属中含 Mn 和 FeO 的量少时,则 $\alpha_{Mn} \approx w_{[Mn]}$,$\alpha_{FeO} \approx w_{[FeO]}$,故式(6-82)可表示为

$$w_{[FeO]} = \frac{\gamma_{MnO}w_{(MnO)}}{Kw_{[Mn]}} \tag{6-83}$$

根据式(6-83),为提高脱氧效果需增加金属中的含 Mn 量和减少渣中的 MnO 含量;另外降低渣中 MnO 的活度系数 γ_{MnO} 也可促使 Mn 脱氧过程的进行。这与渣的酸碱性有关。在酸性渣中含有较多的酸性氧化物,如 SiO$_2$,它们能与脱氧产物 MnO 生成复合物,如 MnO·SiO$_2$,从而使 γ_{MnO} 减小,有利于 Mn 的脱氧(如图 6-26 所示)。反之,在碱性渣中 γ_{MnO} 增大,不利于 Mn 的脱氧。

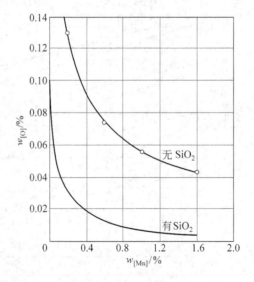

图 6-26 1600℃时 SiO$_2$ 对锰脱氧的影响

根据一些试验资料所得的结果,在酸性渣中:

$$\lg\gamma_{MnO} = -\frac{1813}{T} + 0.361 \tag{6-84}$$

在碱性渣中:

$$\lg\gamma_{MnO} = \frac{2273}{T} - 1.092 \tag{6-85}$$

当 $T=2000K$ 时,酸性渣和碱性渣的 γ_{MnO} 分别为 0.28 和 1.11。因此,在碱性渣中 Mn 的脱氧效果较差,而且碱度愈大,Mn 的脱氧效果愈差。因此,一般酸性焊条用锰铁作为脱氧剂,而碱性焊条不单独用锰铁作为脱氧剂。

(2) 硅脱氧反应

用 Si 脱氧时的反应为

$$[Si] + 2[FeO] = 2[Fe] + (SiO_2) \tag{6-86}$$

$$w_{[FeO]} = \sqrt{\frac{\gamma_{SiO_2} w_{(SiO_2)}}{Kw_{[Si]}}} \tag{6-87}$$

与 Mn 脱氧时类似,提高金属中的脱氧剂 Si 的含量和减少渣中脱氧产物 SiO_2 的含量或降低渣中 SiO_2 的活度系数 γ_{SiO_2},均能提高其脱氧的效果,但渣的酸碱度对 γ_{SiO_2} 的影响与 γ_{MnO} 相反,即酸性渣中的 γ_{SiO_2} 高于碱性渣中的 γ_{SiO_2}。如在 CaO-SiO_2 二元渣系中,当 SiO_2 含量由 43% 增至 57% 时,活度系数 γ_{SiO_2} 由 1.5×10^{-4} 增至 88×10^{-4}。因此,提高渣的碱度对 Si 的脱氧有利。

对比 SiO_2 和 MnO 生成自由焓(见图 6-17),可以看出 Si 对氧的亲和力大于 Mn。因此,Si 的脱氧能力比 Mn 强(见图 6-25)。但其脱氧产物 SiO_2 的熔点高 (1713℃),在钢液中常处于固态,不易集聚和从钢液中浮出,易造成弥散夹杂物残留于金属中。因此焊接时一般不单独用 Si 脱氧,常采用锰硅联合脱氧的方法。

(3) 锰硅联合脱氧

锰硅联合脱氧就是将锰和硅按适当的比例加入钢液中进行联合脱氧,其目的是为了获得熔点较低的液态脱氧产物硅酸盐 $MnO \cdot SiO_2$,它的密度小,熔点低 (1270℃),容易聚合成半径大的质点(见表 6-11)排入渣中,这样可减少金属中的夹杂物,又可降低金属中的氧含量。

表 6-11　金属中 $w_{[Mn]}/w_{[Si]}$ 对脱氧产物质点半径的影响

$w_{[Mn]}/w_{[Si]}$	1.25	1.98	2.78	3.60	4.18	8.70	15.90
最大质点半径/μm	7.5	14.5	126.0	128.5	183.5	19.5	6.0

在 CO_2 气体保护焊时,根据锰硅联合脱氧的原则,常在焊丝中加入适当比例的锰和硅,可减少焊缝中的夹杂物。目前实用的焊丝中 $w_{[Mn]}/w_{[Si]}$ 比值一般为 1.5~3。其他焊接材料也可利用锰硅联合脱氧的原则。例如在碱性焊条的药皮中一般加入锰铁和硅铁进行联合脱氧,其脱氧效果较好。

4. 沉淀脱氧与扩散脱氧相结合

金属熔炼时的脱氧方式主要是沉淀脱氧和扩散脱氧,其原理与焊接过程相似,但脱氧剂的加入过程不同。沉淀脱氧是将脱氧剂直接加入钢液中,使脱氧元素直接与钢液中的 FeO 发生作用而进行脱氧。这种方法的优点是脱氧过程快,但其缺点是脱氧产物 MnO,SiO₂,Al₂O₃ 等容易留在钢液中,降低了钢的质量。扩散脱氧是将脱氧剂加在熔渣中,使脱氧元素与渣中的 FeO 发生反应而进行脱氧。当熔渣中的 FeO 含量减少时,钢液中的 FeO 就向熔渣扩散,这样就间接地达到了脱去钢液中 FeO 的目的。这种方法的优点是脱氧产物滞留在熔渣中,钢的质量高,其缺点是扩散过程进行得慢,脱氧的时间较长。

电炉炼钢一般都采用沉淀脱氧与扩散脱氧相结合的方法,即先用锰(或锰铁)进行沉淀脱氧,再在熔渣中加入碳粉和硅铁,采用还原性熔渣进行扩散脱氧,再用铝进行沉淀脱氧。这种沉淀和扩散相结合的脱氧方法既能保证钢的质量,又不会使冶炼的时间过长。

在电炉炼钢的脱氧过程中,扩散脱氧是重要环节。钢液的脱氧效果好坏与造还原渣脱氧的操作有重要的关系。脱氧的过程在渣中进行,如图 6-27 所示。

前一阶段是碳起脱氧作用:

$$C + (FeO) \longrightarrow CO + [Fe] \tag{6-88}$$

后一阶段是硅进行脱氧:

$$Si + 2(FeO) \longrightarrow (SiO_2) + 2[Fe] \tag{6-89}$$

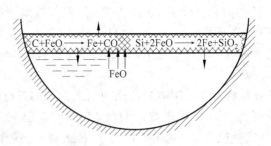

图 6-27   白渣条件下脱氧过程示意图

生成的铁返回钢液中,SiO₂ 溶解在渣中,而 CO 则进入炉气中。随着还原过程的进行,熔渣中的 FeO 逐渐减小。这样就破坏了原来的平衡,于是钢液中的 FeO 就自动向熔渣扩散转移,即[FeO] $\longrightarrow$ (FeO),从而达到了脱氧的目的。

6.3.4   渗合金反应

液态金属在熔炼、铸造和熔焊等高温热加工过程中不仅本身被氧化,使金属增氧,而且其中的一些有益合金元素也会被氧化烧损。因此,除了需对金属进行脱氧外,还要对烧损的一些元素进行补充,有时还需加入一些新的合金元素来改善组织、提高性能(如堆焊和激光表面合金化)。所以,往往在加工过程中还需解决金属的渗合金问题。渗合金常采用的方式有:①将合金元素(或中间合金)直接加入液体金属;②采用合金元素的化合物通过渗合金反应来获得,如常用的办法是通过合金元素氧化物的还原反应来进行渗合金。前面在阐述钢液中合金元素 Si 与 Mn 的置换氧化反应时已提到,由于这些反应是放热反应,因此提高炉温能减少 Si 和 Mn 的烧损,而且当采用含 SiO_2 高的酸性渣时,还能使 Si 的置换反应朝着相反方向进行,即朝着渣中的 SiO_2 被 Fe 还原的方向进行,其结果是钢液中的 Si 非但没有被氧化,而且还会渗 Si。在焊接过程中熔滴和熔池前半部都处于高温区,因此如果采用的焊接熔渣中含有高的 SiO_2 和 MnO,则可以通过 Fe 的置换反应使钢液渗 Si 和渗 Mn。根据反应式(6-58)~式(6-60),影响渗 Si 和渗 Mn 的因素很多,主要有温度,渣中 SiO_2,MnO,FeO 含量及渣的碱度,钢液中原始含 Mn,Si 量以及钢液中的一些其他元素如 Al,Ti 和 Cr 等。例如对渗 Si 来说,渣中原始含 FeO 高、碱度高以及钢液中原始含 Si 较高等都对渗 Si 反应不利;渣中 SiO_2 含量高以及钢中含 Mn 较高或含有其他对氧亲和力比 Fe 强的合金元素(如 Al,Ti 和 Cr 等)都对渗 Si 反应有利。

上述渗合金还原反应不仅能用于一些稳定性较低的氧化物(如 SiO_2 和 MnO 等),而且在一定条件下也能使一些稳定的氧化物如 TiO_2,B_2O_3 和稀土氧化物(REO)等进行渗合金还原反应。实践证明,焊接低合金钢时在中性熔渣中通过上述稳定氧化物可向焊缝渗入微量 Ti,B 和 RE 等,可以细化焊缝组织,使其低温韧性有显著提高。例如用 $CaO\text{-}Al_2O_3\text{-}CaF_2\text{-}TiO_2$ 渣系的熔炼焊剂进行埋弧焊时,可以通过 TiO_2 还原反应来达到渗 Ti 和使焊缝变质的目的。其反应为

$$(TiO_2) + 2[Fe] = 2(FeO) + [Ti] \tag{6-90}$$

$$K_{TiO_2} = \frac{\alpha_{Ti}\alpha_{FeO}^2}{\alpha_{TiO_2}} = \gamma_{Ti} N_{Ti} \frac{\alpha_{FeO}^2}{\alpha_{TiO_2}} \tag{6-91}$$

将克分子浓度 N_{Ti} 换算为质量百分浓度,上式转变为

$$w_{[Ti]} = 86 \frac{K_{TiO_2}\alpha_{TiO_2}}{\gamma_{Ti}\alpha_{FeO}^2} \tag{6-92}$$

$$\lg K_{TiO_2} = -\frac{23210}{T} + 4.31 \tag{6-93}$$

$$\lg \gamma_{Ti} = -\frac{2076}{T} + 0.094 \tag{6-94}$$

焊缝中的实际含[Ti]量和不同温度下的计算平衡浓度,见图 6-28,实际含[Ti]量接近于 1900K 时的计算平衡浓度。通过熔渣中氧化物的还原来进行渗合金的方法由于受到反应平衡条件的限制达不到高的合金化程度,而且还伴随着基

本金属或其他合金元素的氧化,同时由于需要在熔渣中加入大量渗合金元素的氧化物而使渣的性能发生变化,因此,这种方法的应用受到了很大限制;但在有些情况下,如纯元素难以加入或所需加入的量很少时,采用这种渗合金反应的方式较为方便。

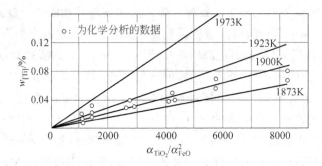

图 6-28　钛的平衡浓度(实线)和它在焊缝中的含量与 $\alpha_{TiO_2}/\alpha_{FeO}^2$ 的关系

除了用氧化物进行还原渗合金外,也可采用其他化合物通过与金属反应来进行渗合金。例如 Al 合金的细化晶粒处理可以通过加入含 Ti,B,Zr 的盐与 Al 液进行反应来达到渗 Ti,B 和 Zr 等的效果。例如

$$\frac{3}{2}K_2TiF_6 + 2Al = \frac{3}{2}Ti + 2AlF_3 + 3KF \tag{6-95}$$

$$2KBF_4 + 3Al = AlB_2 + 2AlF_3 + 2KF \tag{6-96}$$

$$3K_2ZrF_6 + 4Al = 3Zr + 4AlF_3 + 6KF \tag{6-97}$$

6.3.5　金属中硫和磷的作用及其控制

1. 硫和磷的来源

硫和磷主要来自加工过程中所用的各种材料,如锻造所用的燃料、铸造时的炉料以及焊接时的焊条和焊剂等。用于锻件加热的燃气和燃油中的硫含量要控制在一定范围内,例如重油的含硫量不得超过 0.5%,否则在加热过程中会引起渗硫,严重时会引起金属红脆。在铸造时,冲天炉中的铁液会从焦炭中吸收硫,使铁液渗硫。因此,铁液中的增硫量往往随焦铁比的提高而增多(见图 6-29)。焊接时的硫和磷主要来自焊条药皮和埋弧焊焊剂中的一些原材料,如硫主要来自锰矿、赤铁矿、钛铁矿和锰铁等;磷主要来自锰矿和大理石等。因此,焊接熔敷金属中的硫和磷的含量,特别是含磷量往往高于原来焊丝中的含量,如表 6-12 中所列数据为用钛钙型焊条时的渗硫和渗磷的情况。

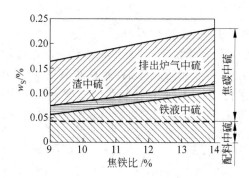

图 6-29　冲天炉熔炼中硫的分配

表 6-12　用钛钙型酸性焊条时焊丝和熔敷金属中各化学成分的质量分数　　%

成分	C	Mn	Si	S	P
焊丝	0.077	0.41	0.02	0.017	0.019
熔敷金属	0.072	0.35	0.1	0.019	0.035

2. 硫和磷的有害作用

硫和磷在金属中一般都是作为有害杂质,需要加以严格控制。

(1) 硫的有害作用

硫是钢中的有害元素,它以 FeS-Fe 或 FeS-FeO 的共晶体形式,呈片状或链状存在于钢的晶粒边界,降低了钢的塑性和韧性以及抗腐蚀性。此外,由于硫共晶的熔点低(FeS-Fe 熔点为 985℃,FeS-FeO 熔点为 940℃),容易形成凝固裂纹。对于高镍合金钢,硫的危害更为突出,因为镍与硫化镍会形成熔点更低的共晶 NiS-Ni (熔点为 644℃),所以对凝固裂纹的影响更大。含硫量高时还能引起红脆。

(2) 磷的有害作用

磷主要引起脆化,严重影响到金属的低温韧性,并能引起裂纹。

铁液中可以溶解较多的磷,并主要是以 Fe_2P,Fe_3P 的形式存在。由于磷与铁、镍可以形成低熔点共晶,如 $Fe_3P + Fe$(熔点 1050℃)和 $Ni_3P + Fe$(熔点 880℃),在钢液的凝固过程中,最后以块状或条状磷化物析出于晶界处,减弱了晶粒之间的结合力。同时其本身既硬又脆。它既能增加冷脆性,又能促使形成凝固裂纹,因此必须限制钢中的磷含量。

3. 硫和磷的控制

为防止硫和磷对金属的污染,除了对加工过程中所用的材料要严格控制其硫和磷的含量外,还应采取一些冶金措施来进行脱硫和脱磷。但这些脱硫和脱磷的冶金措施在有些加工过程中(如焊接)是很难实现的,尤其是脱磷过程非常复杂。

(1) 脱硫反应

① 采用对硫亲和力强的元素进行脱硫

由生成硫化物的自由焓可知，Ce，Ca 和 Mg 等元素在高温时对硫有很大的亲和力，但由于它们同时又是很强的脱氧剂，而且对氧的亲和力比对硫的亲和力还大。因此，在有氧的条件下，它们首先被氧化。这就限制了它们在脱硫中的应用。例如，在焊接条件下就无法先加脱氧剂进行脱氧后再进行脱硫，所以在焊接过程中常用对氧亲和力不是很强的 Mn 作脱硫剂。其反应为

$$[FeS] + [Mn] = (MnS) + [Fe] \tag{6-98}$$

$$\lg K = \frac{8220}{T} - 1.86 \tag{6-99}$$

反应产物 MnS 实际上不溶于钢液中，主要进入渣中，少量以夹杂物形式存在于钢中。但由于 MnS 熔点较高（1610℃），故其夹杂物呈点状弥散分布，危害较小。从式(6-99)中的平衡常数看，降低温度对脱硫有利。因此，焊接的高温区不利于脱硫，但在低温区时间很短，扩散过程又困难，所以焊接时该反应的脱硫作用也不很充分。

② 通过熔渣进行脱硫

这一过程的原理类似于扩散脱氧。硫以硫化铁[FeS]形态存在于钢液中，而且同时也以一定的比例存在于熔渣中：

$$\frac{w_{(FeS)}}{w_{[FeS]}} = L_{FeS} \tag{6-100}$$

但由于 L_{FeS} 值相当低（0.33 左右），仅靠这一扩散过程来显著地降低硫在钢液中的含量是不可能的，所以还需要在渣中进行脱硫。渣中的碱性氧化物 MnO，CaO，MgO 等都具有脱硫作用。如炼铁过程中，高炉渣中存在 CaO 时（用碱性渣时）则能进行下列脱硫反应：

$$(CaO) + (FeS) \longrightarrow (CaS) + (FeO) \tag{6-101}$$

当渣中的硫化铁减少后，根据分配定律，铁液中的硫化铁会自动往渣中扩散转移，即

$$[FeS] \longrightarrow (FeS) \tag{6-102}$$

通过式(6-101)和式(6-102)反应的不断进行，就能达到铁液脱硫的目的。从热力学考虑，由于 CaO 脱硫是吸热反应，故提高温度对脱硫有利。因此，铸造时采用预热送风的措施来提高碱性冲天炉对铁液的脱硫效果。另外，由反应式(6-101)中可以看出提高渣的碱度、增加 CaO 含量和加强脱氧，以及降低 FeO 含量都对脱硫有利（如图 6-30～图 6-32 所示）。

由于脱硫过程与扩散脱氧过程类似，它也是发生于金属和熔渣两相之间，根据动力学分析，整个脱硫过程的控制环节也是扩散过程，而且主要是受硫化铁在渣中的扩散过程所控制。因此，提高脱硫效率的关键在于提高硫化铁在渣中的扩散系数和增加渣与钢液的接触面积，这些都是加速脱硫过程的动力学条件。前面在分析脱硫反应(式 6-101)的热力学条件时讲过，渣的碱度愈高，CaO 含量愈高，则对

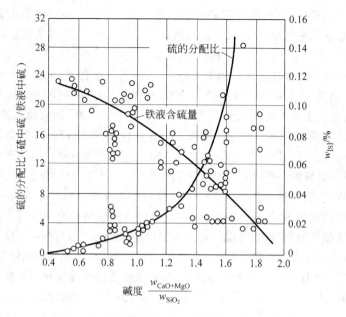

图 6-30 硫的分配比及铁液含硫量与炉渣碱度的关系

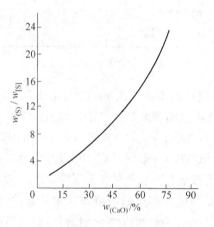

图 6-31 (CaO)对 S 分配的影响

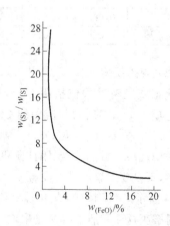

图 6-32 (FeO)对 S 分配的影响

脱硫反应愈有利。但由于在提高碱度的同时引起了渣的粘度也在提高,而渣的粘度愈高则硫化铁在其中的扩散系数愈低,扩散速度也愈低;因此,从动力学出发,显然是渣的碱度愈高愈不利于脱硫过程的进行。为解决这一矛盾,常在碱性渣中加入稀释剂 CaF_2 来降低其熔点和粘度,从而改善硫化铁在其中的扩散条件,同时 CaF_2 本身还有一定的脱硫作用,因此,炼钢过程中脱硫是在还原期造渣时加入石灰(CaO)和萤石(CaF_2)来完成的。

实际熔炼过程中,脱硫反应在炉内总是来不及充分进行的,如炼钢时,出炉前钢液的含硫量总是比平衡状态下的含量高得多。为增加渣和金属两相之间的接触面积,创造有利的动力学条件,常需采取炉外脱硫的措施。如在出钢时采取"钢渣混出"的工艺方法可使钢液含硫量比出钢前降低 30%～50% 左右,如果要在炉内达到这样的脱硫效果,则需一个相当长的时间。另外,如在铸造中采用炉外多孔塞吹气脱硫法,将氮气通过用耐火材料制成的多孔塞吹入铁液形成旋流,同时撒入脱硫剂,用这种方法可将硫降到 0.02%。但这些措施在一些特殊的加工过程中(如焊接和激光合金化)都是无法采用的,因为受这些加工方法的工艺条件所限制。如从焊接工艺性的要求出发,熔渣的碱度一般都不高(熔渣碱度 $B<2$);另外,由于焊接过程非常迅速,因此脱硫过程更无法进行充分;同时,在焊接过程中又不能像一般熔炼过程那样采用附加的炉外脱硫措施,所以,焊接时脱硫反应所受的限制要比一般熔炼过程时大得多。采用普通碱性焊接材料,如碱性焊条 J507(碱度为 1.89)进行焊接时的脱硫效果见表 6-13,能满足一般低合金钢的要求。但在焊接一些要求含硫量很低的精炼钢材时,经常需要对工艺性能作出一定的牺牲,采用一些特殊的高碱性焊接材料。如采用工艺性能较差的强碱无氧药皮或焊剂时,可得到含硫量很低的优质焊缝金属($w_S<0.006\%$)。

表 6-13   用碱性焊条 J507 焊接时熔敷金属中各化学成分的质量分数   %

成分	C	Mn	Si	S	P	O	N
焊芯	0.085	0.45	痕量	0.020	0.010	0.020	0.003～0.004
熔敷金属	0.065	1.04	0.56	0.011	0.021	0.030	0.0119

(2) 脱磷反应

液态铁脱磷过程包括两部分,首先是铁液中的 Fe_2P(或 Fe_3P)与渣中的 FeO 化合生成 P_2O_5,然后再与渣中的 CaO 结合成稳定的磷酸钙。总的脱磷反应为

$$2[Fe_2P] + 5(FeO) + 4(CaO) = ((CaO)_4 \cdot P_2O_5) + 9[Fe] \qquad (6-103)$$

脱磷反应是放热反应,因此降低温度对脱磷有利。根据反应式(6-103),为了有效脱磷,不仅要求熔渣具有高碱度,而且要具有强氧化性和低的铁液温度(如图 6-33、图 6-34 所示)。其中加强氧化性和降低温度是与前面讲过的脱硫要求相矛盾的,在炼钢时解决这一矛盾的办法是采取分阶段的措施。脱磷可在氧化期进行,然后扒出含磷高的氧化性渣,另造新渣进入还原期,此时进行脱氧和脱硫。但在冲天炉熔铁和焊接时都不能采取分期造渣的方法。冲天炉熔炼铁时不能满足低温和强氧化性渣的要求,因此含 P 量只能在配料时进行控制。焊接时碱性渣中不允许含有较多的 FeO,因为它不仅不利于脱硫,而且碱性渣中 FeO 的活度高,很容易向焊缝金属中过渡,使焊缝增氧,甚至引起气孔,所以焊接过程中脱磷几乎是不可能的。因此,焊接时必须对母材和焊接材料中的含 P 量进行严格控制。比较表 6-12 和表 6-13 可以看出,采用碱性焊条时向熔敷金属中渗磷的量低于酸性焊条。焊接时不论采用哪一类焊条都

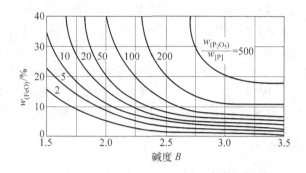

图 6-33　炉渣碱度和氧化铁含量对磷在渣及钢液中分配比的影响

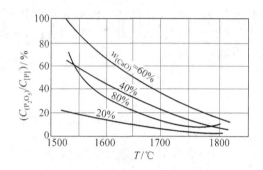

图 6-34　温度对脱磷效果的影响

达不到脱磷的作用,但从控制焊缝含 P 量考虑,碱性焊条优于酸性焊条。

此外,根据动力学分析,发生于渣和钢液界面处的脱磷反应(6-103)在高温下很快就能达到平衡。为使反应继续进行,必须在两相间伴随有物质的迁移过程,使反应物由相应的两相内部不断向界面扩散,同时生成物不断由界面向有关相的内部扩散。由于高温下化学反应的速度往往大于扩散速度,因此脱磷反应也受扩散过程控制,而且由于渣中的扩散速度低于钢液中的扩散速度,因此物质在渣中的扩散过程是整个脱磷过程中的控制环节。脱磷速度取决于氧化钙、氧化亚铁和磷酸钙在渣中的扩散速度。因此,从热力学考虑,增加渣中的 CaO 含量对脱磷反应有利;但从动力学出发,CaO 增加过多时,由于渣的熔点和粘度均提高,故使扩散过程变慢,反而不利于整个脱磷过程的进行,如图 6-34 中所示,$w_{(CaO)} = 80\%$ 时,炉渣的脱磷效果反而低于 $w_{(CaO)} = 60\%$ 和 40% 时的情况。

6.4　金属固态热加工中的冶金反应

金属固态热加工技术主要是指金属常规热处理和热塑性成形(如热锻、热轧和热挤压等)。在加工过程中,金属虽然不必加热到熔点以上温度,但都必须根据需要加热到与工艺要求相对应的高温甚至接近金属的熔点,且必须在高温停留一定的时间,金属不可避免地要与周围介质即炉气发生不同程度的化学反应,其结果主要是改变金属表面层的成分和性能,当加热温度足够高且保温时间很长时,甚至影响金属深层的成分和性能,这种组织变化在很多情况下对金属构件的加工质量产生不利的影响。金属固态热加工过程中主要存在表面高温氧化、脱碳或增碳、渗硫等化学冶金反应,这里主要介绍钢在固态热加工时的表面氧化和脱碳与增碳现象。

6.4.1　金属表面氧化

1. 氧化反应及其影响因素

（1）氧化反应与氧化皮结构

钢在高温加热时,其表层中的铁与炉气中的氧化性气体(如 O_2, CO_2 和 H_2O 等)发生化学反应,结果使钢坯表层变成氧化铁(即氧化皮),这种现象称为氧化。

氧化过程的主要反应如下：

$$Fe + \frac{1}{2}O_2 = FeO \tag{6-104}$$

$$3FeO + \frac{1}{2}O_2 = Fe_3O_4 \tag{6-105}$$

$$2Fe_3O_4 + \frac{1}{2}O_2 = 3Fe_2O_3 \tag{6-106}$$

$$Fe + CO_2 = FeO + CO \tag{6-107}$$

$$Fe + H_2O = FeO + H_2 \tag{6-108}$$

氧化过程的实质是个扩散过程,即炉气中氧以原子状态吸附到钢坯表面层并向内部扩散,而钢表层中的铁则以离子状态由内部向表面扩散,扩散结果使钢表层变为氧化铁。由于氧化扩散过程从外向内逐渐减弱,氧化皮将由三层不同氧化铁所组成：表层为含氧较高的 Fe_2O_3,中层为含氧次之的 Fe_3O_4,内层为含氧较低的 FeO,其示意图如图 6-35 所示。

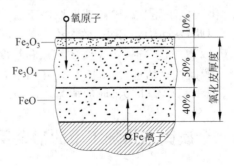

图 6-35　氧化铁皮形成过程示意图

（2）影响氧化的因素

① 炉气性质

金属固态热加工时的加热方法主要有火焰加热和电加热（包括感应电加热、接触电加热、电阻炉加热以及盐浴加热）两种。火焰加热炉炉气的性质取决于燃料（煤、焦炭、重油、柴油和煤气等）燃烧时的空气供给量。当供给的空气过多时，炉气性质呈氧化性（即炉中以氧化性气体 O_2，CO_2 和 H_2O 为主），促使氧化皮的形成。反之，供给的空气不足时，炉气性质则为还原性（即炉中的还原性气体 CO，H_2 和中性气体 N_2 的比例增加），氧化皮很薄甚至不发生氧化。

② 加热温度

加热温度升高，原子和离子的氧化扩散速度加快，氧化过程越剧烈，形成的氧化皮越厚。一般情况下，加热温度低于 $570\sim600{}^{\circ}\mathrm{C}$ 时，几乎不产生氧化；而当加热温度超过 $900\sim950{}^{\circ}\mathrm{C}$ 时，氧化将急剧增加，如图 6-36 所示。

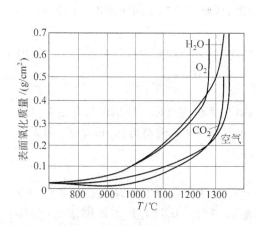

图 6-36　加热温度对氧化的影响

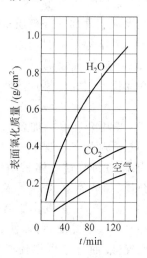

图 6-37　加热时间对氧化的影响

③ 加热时间

加热时间越长，氧化扩散量便越大，氧化皮越厚。尤其是在高温加热阶段，加热时间的影响就更大，如图 6-37 所示。

④ 钢的化学成分

当钢中含碳量大于 0.3% 时，随着含碳量的增加，由于表面生成的 CO 削弱了氧化扩散过程，氧化皮的形成将减缓。当钢中含有 Cr，Ni，Al，Mo 等合金元素时，这些元素在钢表面形成致密的氧化薄膜，阻止氧化性气体向内扩散，而且其膨胀系数几乎与钢的一致，能牢固吸附在钢表面不脱落，从而起到了防氧化的保护作用。

2. 钢表面氧化引起的危害

(1) 造成钢材的烧损：例如,在锻造与模锻时,钢料每加热一次,就有 $1.5\%\sim$ 3.0% 的金属被氧化烧损。一般热处理加热也有烧损现象。

(2) 影响锻件表面质量：在成形过程中如果氧化皮被压入锻件表面,将降低锻件的表面质量和尺寸精度。表面有氧化皮的锻件进行热处理时,还会引起锻件表面组织和性能的差异,如硬度分布不均匀。

(3) 降低模具使用寿命：氧化皮硬而脆,如果在模锻过程中掉入型槽内,将使模具磨损加剧。在机械加工时,若仍留在锻件表面,将使刀具加速变钝。

(4) 引起炉底腐蚀损坏：钢料在炉内加热时,脱落的碱性氧化皮会与炉底的酸性耐火材料发生化学反应,而使炉底软熔损坏。

3. 表面氧化的控制

(1) 采用快速加热

在保证钢件加热处理质量的前提下,尽量采用快速加热,缩短加热时间,尤其是缩短高温下停留的时间。采用电感应加热、接触加热能达到快速加热的目的。

(2) 控制炉气性质

在保证燃料完全燃烧的条件下,尽可能减少空气过剩量,并注意减少燃料中的水分。

(3) 采用介质保护加热

加热时利用各种保护介质将钢表面与氧化性炉气隔离。所用保护介质有气体保护介质(如纯惰性气体、石油液化气等)、液体介质(如玻璃熔体、熔盐等)和固体保护介质(如玻璃粉、珐琅粉及金属镀膜等)。

(4) 在真空中无氧化加热

在真空中加热时,可以使氧的分压降到很低,因此,使工件表面不仅完全防止了表面腐蚀,而且还可以使表面净化、脱脂和除气。从热处理生产要求看,保持 $0.1Pa$ 量级的真空度就可以达到上述要求。除了在真空炉中进行真空加热外,还可以将工件放在密封的不锈钢箔制的箱内抽气,实现真空加热,又称包装加热。

(5) 在金属表面涂防氧化涂层

在金属表面敷以防氧化涂料具有简单易行、不受工件尺寸限制等优点。由于防氧化涂层成本较高,目前主要用于较重要或活性大的金属构件的加热,如钛合金、不锈钢、超高强度钢以及热模锻等的局部表面防护。

6.4.2 表面脱碳与增碳

1. 表面脱碳及其影响因素

(1) 脱碳反应与脱碳层结构

钢在高温加热时,其表层中的碳和炉气中的氧化性气体(如 O_2,CO_2,H_2O 等)

及某些还原性气体（如 H_2）发生化学反应,造成钢表层的含碳量减少,这种现象称为脱碳。其化学反应式如下:

$$2Fe_3C + O_2 = 6Fe + 2CO \tag{6-109}$$

$$Fe_3C + 2H_2 = 3Fe + CH_4 \tag{6-110}$$

$$Fe_3C + H_2O = 3Fe + CO + H_2 \tag{6-111}$$

$$Fe_3C + CO_2 = 3Fe + 2CO \tag{6-112}$$

上述反应是可逆反应,即 H_2,O_2 和 CO_2 使钢脱碳,而 CH_4 和 CO 使钢增碳。

脱碳也是扩散作用的结果。一方面炉气中的氧向钢内扩散,另一方面钢中的碳向外扩散,这样便使钢表面形成了含碳量低的脱碳层。从整个过程来看,脱碳层只在脱碳速度超过金属的氧化速度时才能形成,或者说,在氧化作用相对较弱的情况下,可形成较深的脱碳层。

脱碳层的特征表现为,由于脱碳层的碳被氧化,其含碳量较正常组织的低;渗碳体(FeC_3)的数量较正常组织的少;其强度或硬度比正常组织的低。

钢的脱碳层包括全脱碳层和部分脱碳层(过渡脱碳层)两部分。钢加热时表面脱碳层与氧化层的结构如图 6-38 所示。在脱碳不严重的情况下,有时仅看到部分脱碳层而没有全脱碳层。

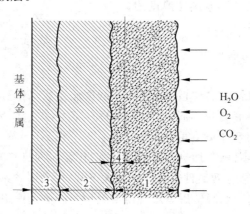

图 6-38　钢加热时表面脱碳层与氧化层的结构
1—氧化皮;2—可见脱碳层;3—过渡脱碳层;4—过渡层;2+4—全脱碳层

（2）影响脱碳的因素

影响脱碳的因素与影响氧化的因素基本一样,主要有如下几个方面。

① 钢的化学成分

钢的化学成分对脱碳有很大的影响。钢中含碳量愈高,脱碳倾向就愈大;W,Al,Si 和 Co 等合金元素使钢脱碳增加,而 Cr 等元素则能阻止钢的脱碳。

② 炉气性质

炉气成分中脱碳能力最强的是 H_2O(汽),其次是 CO_2 和 O_2,最后是 H_2;而 CO

的含量增加可减少脱碳。一般在中性介质或弱氧化性介质中加热可减少脱碳。

③ 加热温度

随着加热温度的升高,脱碳层的深度增加,如图 6-39 所示。一般来讲,加热温度在 700～1000℃时,由于钢表面氧化皮阻碍扩散,脱碳过程要比氧化慢。随着加热温度的升高,氧化速度加快,脱碳速度也加快,但此时氧化皮丧失保护作用,因此达到某一高温后,脱碳就比氧化更剧烈。例如 GCr15 钢在 1000～1200℃时会产生强烈的脱碳现象。

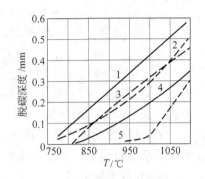

图 6-39　钢固态加热时表面脱碳层深度与化学成分和加热温度的关系

1—$w_W = 0.9\%$；2—$w_{Si} = 1.6\%$；3—$w_{Mn} = 1.0\%$；4—碳钢；5—$w_{Cr} = 1.5\%$

④ 加热时间

加热时间越长,脱碳层就越厚。但两者不成正比关系,当脱碳层达到一定厚度后,脱碳速度将逐渐减慢。例如,高速钢在 1000℃加热 0.5h,脱碳层厚度约为 0.4mm,加热 4h 增至 1.0mm,加热 12h 则为 1.2mm。

2. 表面脱碳的有害作用

(1) 引起开裂

① 钢表面脱碳后,表层与心部在组织和线膨胀系数上都有差异,因此,淬火时出现的组织转变和体积变化不同,导致很大的内应力,加上脱碳层强度又低,结果是零件表面在淬火过程中就有可能出现裂纹。

② 对于 2Cr13 不锈钢,加热温度过高、高温停留时间过长时,将促使高温 δ 铁素体在表面过早形成,导致锻件表面塑性大大下降,模锻时容易开裂。

③ 对于奥氏体锰钢,脱碳后表层将得不到均匀的奥氏体组织。结果不但无法实现冷变形强化,还会降低耐磨性,甚至由于变形不均匀而产生裂纹。

(2) 影响零件性能

① 对于需要淬火的钢,因脱碳使表层含碳量降低,表层淬火倾向降低,淬火时不能或只能部分发生马氏体转变,结果得不到需要的硬度。

② 轴承钢表面脱碳后会造成淬火软点,使用时易发生接触疲劳损坏;高速工具钢表面脱碳会降低红硬性。

③ 零件高温加热后,不加工部分的脱碳层保留下来,将使该部分的性能下降。当脱碳层的深度超过加工余量时,切削后剩余的脱碳层还会降低该部分的性能,特殊情况下,如锻造工艺不适当,导致脱碳层堆积,切削加工后还有脱碳层残留,将引起性能不均,严重时会造成零件报废。

3. 表面脱碳的控制

(1) 在保证加热效果的前提下,应尽可能降低加热温度和缩短高温停留时间。

(2) 控制加热气氛的性质,尽可能使气氛呈中性或在保护性气体中加热。

(3) 在零件表面涂防脱碳和防氧化涂料。

(4) 设计时适当增加加工余量:脱碳使锻件表面硬度、强度和耐磨性降低。对于高碳工具钢、轴承钢、高速钢及弹簧钢等,脱碳更是一种严重缺陷。但如脱碳层厚度小于机械加工余量,则对锻件没有什么危害。因此,在精密锻造时,锻前加热应避免脱碳。一般用于防止氧化的措施,同样也可用于防止脱碳。

4. 表面增碳

式(6-109)～式(6-112)表明,当加热钢件的周围气氛含 CO 和 CH_4 多时,将发生脱碳反应的逆反应即发生增碳现象,又称渗碳。

为提高钢表面的硬度和耐磨性能,经常通过特殊的化学反应进行钢表面渗碳(即化学热处理工艺),如气体渗碳(碳氢化合物热裂后产生 CO 和 CH_4 等渗碳气体进行渗碳)、固体渗碳(通过木炭与周围氧气反应生成 CO 进行渗碳)和液体渗碳(如用适当配方的 NaCl、KCl、木炭粉、水、$Na_2B_4O_7$ 以及 Na_2CO_3 的混合物加热生成活性炭和 CO 进行渗碳)。

但是,对于锻件特别是大型锻件,增碳往往使钢件表面硬脆,导致其在机械加工时切削困难甚至损坏刀具。例如,18Cr2Ni4A 钢齿轮锻件用油炉在 1160℃ 下加热,工件局部位置太硬,研究发现该脆硬的部位正好处于两个喷油嘴的喷射交叉区,而该区正是未得到充分燃烧的区域,气氛中含 CO 多,导致增碳现象。解决增碳问题的方法是:①控制油与空气的比例,使油雾化良好,确保燃烧充分;②避免锻件原材料放置在喷油嘴的喷射交叉区内。

6.5 热加工过程中的保护措施

金属材料在热加工(如熔炼、浇铸、焊接、表面重熔、合金化、热喷涂以及热处理与锻造前的加热与保温等)过程中,为防止金属被污染,除采用熔渣保护外,还可以采用控制气氛保护和真空保护等措施。

6.5.1 控制气氛

1. 保护气体的分类及其应用

(1) 惰性气体

惰性保护气体主要是指 Ar,He 气。惰性气体是最理想的保护气体,它不与任何金属发生作用,能用于保护各种金属。但由于它的价格昂贵,因此一般只用于活性金属(如 Al,Ti,Zr 等)的加工。

（2）活性气体

活性气体包括还原性气体（如 H_2）和氧化性气体（如 CO_2）。对于一些活性较低的金属，除采用惰性气体保护外，在一定条件下也可以采用活性气体作为保护气体。为防止金属加热时的氧化，经常采用一些还原性气体作保护介质（如氢气保护的加热炉）。有时采取一些措施后也可以用氧化性气体作为保护气体，例如焊接一般钢材时，常用廉价的 CO_2 气体作为保护气体，在用 CO_2 作为保护气体时，主要防止大气中的 N_2 对钢的有害作用。在焊接高温下，如果没有保护，则钢液会从空气中吸收大量的 N_2 和 O_2。O_2 与 N_2 不同，O_2 进入金属后可以通过脱氧处理来消除，如果脱氧充分，对金属性能不会有影响；而 N_2 进入金属后很难通过冶金办法从钢中去除，大量的氮化物残留在钢中会严重影响钢的性能，因此，隔离空气与液体金属的接触是防止氮有害作用的有效措施。CO_2 对钢来说虽然是活性气体，在焊接高温下它的氧化性并不亚于空气（大气中氧的分压 $p'_{O_2}=21.3kPa$，$3000K$ 时 CO_2 分解出来的氧分压 $p_{O_2}=20.3kPa$），但它可以保护金属不受 N_2 污染，而它引起的氧化完全可以通过金属中加入脱氧剂的办法来加以消除。因此，在用 CO_2 作为保护气体进行低碳钢焊接时，必须同时配合采用含 Mn 和含 Si 量高的焊丝来进行脱氧。由表 6-14 可以看出 CO_2 气体保护焊的保护效果是比较好的。另外，从焊缝含[H]量看，由于 CO_2 有除氢作用（如图 6-40 所示），因此从除氢考虑，用 CO_2 活性气体作保护比用惰性气体更为有利。所以在焊接低合金钢时，为了改善工艺性能和降低焊缝含氢量，往往不采用纯氩气保护，而是采用 $80\%Ar+20\%CO_2$ 的混合气体作保护。

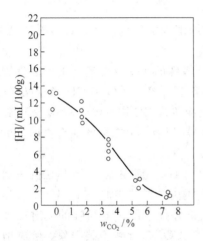

图 6-40　保护气体中 CO_2 含量对焊缝含氢量[H]的影响

表 6-14　用不同方法焊接低碳钢时的保护效果

焊接方法	焊缝金属中的气体含量/%			备注
	$w_{[N]}$	$w_{[O]}$	$w_{[H]}$	
光焊丝手弧焊	0.08～0.228	0.15～0.3	0.0002	
酸性焊条手弧焊	0.015	0.065	0.0009	
碱性焊条手弧焊	0.010	0.02～0.03	0.0005	
埋弧自动焊	0.002～0.007	0.03～0.05	0.00054	不锈钢焊缝中的[H]
CO_2 保护焊	0.008～0.015	0.02～0.07	0.00027	
熔化极氩弧焊	0.0068	0.0017	0.00045	

2. 保护气体的选择

在选择保护气体时必须根据具体的热加工条件来考虑,例如 CO_2 保护焊接钢材时,主要目的是防止氮的有害作用,但在钢的退火加热时却可用氮作为保护气体防止氧化。因为在退火温度下,氮对钢无有害作用,而主要是钢与空气中氧的作用。此外,由于氮基本上不溶于铜,因此在钎焊铜时可以在氮气保护的炉中进行,防止氧对铜的氧化。由于氢能使铜产生"氢病",因此在钎焊普通纯铜时不能在氢炉中进行。而不锈钢和高温合金则在氢气保护的炉中进行钎焊时还能利用它的还原性去除金属表面的氧化膜。因此,在加工金属过程中,合理选择保护气体时应考虑具体的加热温度,以及在该温度下气体和金属之间的相互作用情况。

6.5.2　真空

1. 真空的保护作用

真空环境中加工金属可以更好地使金属与大气隔绝,完全排除了气体对金属的有害作用。不同真空度环境中的残余气体含量见表 6-15,与表 6-16 中高纯度惰性气体中的杂质含量相比,纯氩的纯度相当于 1Pa 真空度,极纯氩相当于 1×10^{-1} Pa 真空度,1×10^{-2} Pa 的真空度比最纯惰性气体的杂质含量低得多,因此,真空的保护作用明显优于惰性气体。

表 6-15　不同压力下的气体含量

压力/Pa	含　量				
	容积/%			体积分数/10^{-6}	
	总量	O_2	N_2	O_2	N_2
101300	100	20.1	79	201×10^3	790×10^3
133	0.13	0.0264	0.104	264	1040
13.3	0.013	0.00264	0.0104	26.4	104
1.33	0.0013	0.000264	0.00104	2.64	10.4
1.33×10^{-1}	0.00013	0.0000264	0.00010	0.264	1.04
1.33×10^{-2}	0.000013	0.000003	0.00001	0.0264	0.10

表 6-16　瓶装惰性气体的杂质含量

气　体	杂质体积分数/10^{-6}		
	O_2	N_2	H_2O
氮	<10	约 25	<10
极纯氮	≤1	≤2	2
纯　氩	<5	约 20	<10
极纯氩	≤1	≤1	≤2

2. 真空的除气与脱氧

真空环境中加热不仅可以避免液态金属吸收各种气体杂质,还有非常好的净化作用。主要表现如下:

(1) 根据双原子气体溶解的平方根定律,气体在液体金属中的溶解量与其分压的平方根成正比。在真空环境中各种气体的分压都近似于零,金属不仅不会吸气,而且还能使其中原有的溶解气体往外析出。因此,在冶炼中经常采用真空除气的办法来对金属进行提纯,降低其中气体杂质的含量。例如真空感应炉炼钢时,当真空度达到 0.133Pa 时,钢液中氢的含量可降低到 1×10^{-6}(质量分数)以下。

(2) 根据氧化物分解压可以说明真空环境对金属氧化物的还原作用,因为只要气氛中的氧分压 p'_{O_2} 低于金属氧化物的分解压 p_{O_2} 时(即 $p'_{O_2} < p_{O_2}$),氧化物就会自动分解,并使金属还原。由于氧化物的分解是吸热反应,因此氧化物的分解压随温度的升高而增加(见图 6-15)。因此,在真空中加热时,随着温度的升高金属氧化物的分解压在提高;同时随着真空度的提高气氛中的氧分压急剧下降,当氧化物的分解压高于真空中的氧分压时,氧化物就开始分解还原。这就是真空的一种提纯作用。例如根据实际生产中的一些资料,在 1150℃加热时,FeO 分解所要求的真空度为 $10^{-1}Pa$,而 Cr_2O_3 和 TiO_2 分解所需的真空度为 $10^{-2}Pa$。

(3) 根据氧化物的蒸汽压,有些金属氧化物在高真空条件下加热时会引起蒸发而使金属净化。例如在 $10^{-4}Pa$ 的真空条件下加热时,MoO_3 在 600℃,W_2O 在 800℃,NiO 在 1070℃,V_2O_5 和 MoO_2 在 1000~1200℃蒸发。

3. 真空环境加工金属的局限性

真空中加工金属是一种很理想的环境,不仅能起到很好的保护作用,而且还有很好的净化作用。但还是存在如下局限性。

(1) 真空获得比较困难,且真空室大小与形状受到限制,导致加工用的设备和加工所需的费用都非常昂贵。目前主要用于一些活泼金属的加工以及一些纯度要求非常高的材料的加工(如真空熔炼、真空浇铸、真空钎焊与扩散焊等),且产品的尺寸因真空室的尺寸局限性也受限制。

(2) 不适合加工蒸气压较高的金属。在真空中能发生大量蒸发的金属及其合金不适合在真空环境中进行热加工,因为真空加热将引起这类金属成分和性能的变化。一些元素在真空中发生显著蒸发的温度和真空度列于表 6-17。因此,在真空中尤其是高真空中加工的金属,必须避免含有大量高蒸气压的元素,如 Cd,Zn,Mg,Li,Mn 等。在真空感应炉中炼钢时,Mn 由于蒸发引起的损耗是非常显著的。另外,像一些含 Zn 量高的黄铜以及含 Mg 量高的铝合金都无法采用真空电子束焊接。

表 6-17 一些元素在真空中发生显著蒸发的温度和真空度

元素	熔点/℃	显著蒸发的温度/℃		元素	熔点/℃	显著蒸发的温度/℃	
		真空度 13.3Pa	真空度 1.33Pa			真空度 13.3Pa	真空度 1.33Pa
Ag	961	848	767	Mo	2622	2090	1923
Al	660	808	724	Ni	1453	1257	1157
B	2000	1140	1052	Pb	328	548	483
Cd	321	180	148	Pd	1555	1271	1156
Cr	1900	992	907	Pt	1774	1744	1606
Cu	1083	1035	946	Si	1410	1116	1024
Fe	1535	1195	1094	Sn	232	922	823
Mg	651	331	287	Ti	1965	1249	1134
Mn	1244	791	717	Zn	419	248	211

习　题

1. 简述氮、氢和氧与钢液的作用及其对钢性能的有害作用与预防措施。

2. 对比分析 Al,Cu,Mg 和 Fe 及其合金形成氢气孔的敏感性。

3. 简述硫和磷在钢中的存在形式及其对钢性能的影响。

4. 简述钢在固态加热过程中的氧化及其影响因素和氧化引起的危害。

5. 简述钢在固态加热过程中的表面脱碳与影响因素,并举例说明表面脱碳对钢性能的影响。

6. 在电炉炼钢时为获得良好的脱氧效果,一般都采用沉淀脱氧与扩散脱氧相结合的方法。现拟采用的脱氧工艺为:先用铝进行沉淀脱氧,再在炉渣中加碳粉和硅铁粉进行扩散脱氧,最后再用锰铁进行沉淀脱氧。试分析这种脱氧顺序是否合理?

7. 试分析扩散脱氧的优缺点。扩散脱氧是否适用于所有金属(如常用的金属材料:铁、铝、铜等)和所有加工工艺方法(如铸造、焊接和激光表面合金化等)? 为什么?

8. 试分析脱硫和脱磷有何矛盾? 在炼钢过程中是如何解决这一矛盾的? 为什么在冲天炉熔炼和焊接时不能脱磷?

9. 试分析下列两种熔渣的冶金特性(酸碱度与钢液之间的冶金反应以及对钢质量的影响等)。两种熔渣的成分为: (1) 40.4% SiO_2,1.3% TiO_2,4.5% Al_2O_3,22.7% FeO,19.3% MnO,1.3% CaO,4.6% MgO,1.8% Na_2O,1.5% K_2O; (2) 24.1% SiO_2,7.0% TiO_2,1.5% Al_2O_3,4.0% FeO,3.5% MnO,35.8% CaO,0.8% Na_2O,0.8% K_2O,20.3% CaF_2。

10. 试分析 Cr18Ni8 不锈钢熔炼和焊接时会发生哪些主要氧化反应? 为保证其加工后合金成分尽可能不变,应从题 9 两种熔渣中选择哪一种? 选择何种脱氧剂? 是否需要渗合金? 采用何种方式渗合金?

11. 当钢中含有合金元素 Ti 以及熔渣中含有 FeO,MnO,SiO$_2$ 和 CaO 时可能发生哪些冶金反应? 为保证钢中 Ti 的含量不变,应采取哪些措施?

12. 试分析如果在熔炼过程中钢材被氮、氢、氧、硫、磷等污染后,采用真空处理能有何改善? 为恢复其原有性能应采取什么措施?

13. 试分析比较酸性渣和碱性渣的冶金特性(对各种冶金反应的影响)及其对钢材质量的影响。

参 考 文 献

1　吴德海,任家烈,陈森灿. 近代材料加工原理. 北京:清华大学出版社,1997

2　周振丰,张文钺. 焊接冶金与金属焊接性. 北京:机械工业出版社,1992

3　陈伯蠡. 焊接冶金原理. 北京:清华大学出版社,1991

4　陈平昌,朱六妹,李赞. 材料成形原理. 北京:机械工业出版社,2001

5　陈玉喜,侯英纬,陈美玲. 材料成型原理. 北京:中国铁道出版社,2002

6　陈全德,张建勋,杨秉俭. 材料成形工程. 西安:西安交通大学出版社,2000

7　陆文华. 铸铁及其熔炼. 北京:机械工业出版社,1981

8　陈伯蠡. 金属焊接性基础. 北京:机械工业出版社,1982

9　王晓江. 铸造合金及其熔炼. 北京:机械工业出版社,1999

10　徐洲,姚寿山. 材料加工原理. 北京:科学出版社,2003

11　李达. 铸铁脱硫的理论与实践. 北京:机械工业出版社,1985

12　斯浮博达 J M,海尼 R W,特罗江 P K 等著. 朱培越,刘贤功,侯廷秀等译. 铸造金属中的气体. 北京:机械工业出版社,1984

13　安运铮. 热处理工艺学. 北京:机械工业出版社,1982

14　夏立芳. 金属热处理工艺学. 哈尔滨:哈尔滨工业大学出版社,1996

15　吕炎. 锻件缺陷分析与对策. 北京:机械工业出版社,1999

16　吕炎. 锻造工艺学. 北京:机械工业出版社,1995

17　张志文. 锻造工艺学(修订本). 北京:机械工业出版社,1988

18　杨振恒,陈镜清. 锻造工艺学. 西安:西北工业大学出版社,1986

19　郭殿俭,陈维民. 锻造基础学. 哈尔滨:黑龙江科学技术出版社,1986

7 加工引起的内应力和冶金质量问题

材料加工一般是在一定温度下或在一定力的作用下和在一定的环境中(如一定气氛中、真空、熔渣、铸型)完成的,有时还要经历从液态到固态之间的转变,因此会出现因成分变化和状态变化引起的冶金问题以及因变形不均匀而产生的内应力问题。成分、状态的变化以及应力的存在将可能使材料出现气孔、偏析、夹杂、缩孔和缩松以及裂纹等缺陷,同时还会因成分和组织的变化引起材料性能的变化,如产生金属脆化等问题。本章主要介绍:(1)材料加工过程中内应力产生的原因、内应力的影响以及防止和消除内应力的方法。(2)各种冶金缺陷,如气孔、偏析、夹杂、缩孔和缩松以及热裂纹、冷裂纹、应力腐蚀裂纹、氢白点等产生的原因、影响因素以及防止和减少的途径。(3)几种加工引起的金属脆化现象。

7.1 内应力形成的原因及其影响

7.1.1 内应力形成的原因

材料在加工过程中可能会因为各种原因而产生各部分变形不一致的现象,但由于它是一个不可分割的整体,因此各部分不可能单独自由变形,相互制约的结果在材料内部各部分之间产生了相互平衡的应力,称为内应力。随着加工过程的进行,引起变形不均匀的条件发生变化,内应力也发生变化。加工过程中,不同时期的内应力称为瞬时内应力。加工结束后最终存在于材料内部的应力称为残余应力。引起加工过程中材料各部分变形不协调的原因是多种多样的,概括起来主要有以下几种情况。

(1) 由于不均匀加热或冷却引起的材料各部分膨胀或收缩不一致产成的热应力。最典型的例子是一个金属框架的不均匀加热,见图 7-1。如果仅对金属框架中的中心杆进行加热,则中心杆受热后的膨胀受到两侧杆的限制而不能自由伸长,结果是中心杆受压、两侧杆受拉,形成了相互平衡的内应力体系(图 7-1(a))。如果中心杆的加热温度不高,形成的内应力尚低于材料的屈服极限,则框架内没有塑性变形产生,此时中心杆冷却后将恢复到原来的长度,框架内的内应力完全消失,残余应力为零。如果中心杆的加热温度很高,发生了压缩塑性变形,中心杆冷却后的长度要短于它原来的长度,但由于受到两侧杆的限制,使中心杆受拉,而两侧杆受压。因此,在这种加热条件下,冷却后框架内的应力不为零,而有残余应力存在。残余应力的分布与加热过程中的应力分布不同:加热时中心杆受压、两侧杆受拉;冷却后是中心杆受拉、两侧杆受压(图7-1(b))。这类由于不均匀加热或冷却引起的热应力在材料加工过程中普遍存在,如焊接和激光表面改性时采用集中热源的局部加热,大截面锻件在炉中加热速度过快引起的锻件内外温度的不均匀,以及铸件各部分截面不同引起的不均匀冷却等都是产成热应力的根本原因。

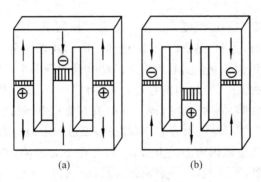

图 7-1 金属框架的不均匀加热
(a) 加热时的应力情况;(b) 冷却后残余应力情况

(2) 因相变不同步而产生的组织应力(或称相变应力)。材料在固态相变时一般伴随有体积的变化,而不均匀加热或冷却可导致材料内部各部分相变不同步,因相变不同步而在材料中产生的内应力称为组织应力。例如,钢中奥氏体的比体积($0.122 \sim 0.125 \mathrm{cm}^3/\mathrm{g}$)小于铁素体的比体积($0.127 \mathrm{cm}^3/\mathrm{g}$);当钢材加热过程中出现外表温度高于内部温度时,由于外表先于内部发生奥氏体转变,外表的体积收缩受到内部金属的限制,因此造成外表受拉、内部受压的内应力分布。而在冷却过程中,外表温度低于内部,外部先发生由奥氏体向铁素体的转变,铁素体的体积膨胀受到内部尚未发生奥氏体相变部位的拘束,从而在外表部位受压、内部受拉。

(3) 塑性加工时如果出现材料各部分的变形量不同,则也会在材料内部各部分之间造成内应力。如图7-2所示。带凸肚轧辊轧制板材时,由于中间和两边的压下量不同导致板材中部延伸量明显大于两边,但由于中部受两边的限制而不能自由伸长,这就引起中部受压、两边受拉的内应力,加工结束后这部分内应力仍将保留在板材中成为残余应力。

(4) 由于机械阻碍引起的附加应力。前面三种情况下的内应力都是由同一物

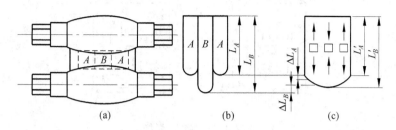

图 7-2　变形不均匀引起的内应力

（a）带凸肚的轧辊；（b）无拘束时的变形情况；（c）受拘束后应力情况

体（或构件）内一部分材料对另一部分材料的拘束作用引起的,因此都属于自拘束引起的、在物体内部相互平衡的内应力。而机械阻碍引起的附加应力是受物体（或构件）外部拘束件对它的变形的限制所引起的,是在它与拘束件之间相互平衡的一种作用力和反作用力,实际上也就是物体与拘束件之间形成的一种内应力。与通常内应力的不同之处是:一旦外部拘束去除,该附加应力也就随之消失。例如,铸造时如果铸型和型芯强度较高、退让性较差时就会使铸件的收缩受到阻碍,在铸件内产生拉应力。这种应力虽然在铸型或型芯去除后就能消除,但如果拉应力很大,则在铸型或型芯消除之前就有可能在铸件内产生裂纹。因此,这种加工过程中出现的附加应力也应受到重视。

7.1.2　内应力的影响

　　加工过程产生的瞬时应力和残余应力不仅影响缺陷的产生,而且可能影响构件或零件的使用性能与寿命。当加工过程中出现的瞬时内应力超过了材料的强度后,则可能在材料的受拉部分产生裂纹。如果加工过程结束后,内应力成为残余应力而一直保留在工件中,则将产生一些有害作用:①它有可能引起各种裂纹,如氢致延迟裂纹、再热裂纹（或应变时效裂纹）以及应力腐蚀裂纹等的产生。②它会影响零件的使用性能,如在一些情况下（材料塑性不足、受力情况复杂、存在应力集中等）残余应力与工作应力叠加后会促使零件破坏,还能引起材料的冲击韧性和疲劳性能降低。③残余应力还会影响到零件的加工精度。当零件内存在自相平衡的残余应力时,一旦平衡破坏（如进行机械加工去掉一部分材料）,内应力将重新分布,从而使零件的外形和尺寸发生变化。

7.1.3　内应力的防止和消除

　　内应力的产生与材料的变形与其受到的限制有关。因此,防止内应力的根本办法就是使材料在加工过程中各部分的变形不受任何拘束,例如设法使材料在加热和冷却过程中能够自由膨胀和收缩。如图 7-3 所示。当焊接金属框架中部时同

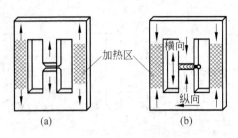

图 7-3 框架断口焊接
(a) 焊接时；(b) 冷却时

时加热两侧杆,使两侧杆与中心杆同步膨胀和收缩,这样就可以避免框架内两侧和中间的内应力。但很多情况下受工艺本身的限制,例如采用集中热源局部加热时(如电弧焊或激光表面改性等),热应力是不可避免的。以框架的焊接为例,焊缝横向收缩引起的框架各部分之间的内应力通过两侧的同时加热可以避免,但焊缝纵向收缩在中间杆件中引起的内应力则无法避免。所以,合理的办法是从两方面去解决:首先是从工艺上设法减小加工过程的内应力,避免加工过程中出现裂纹,然后再设法消除加工后工件中的残余应力。消除残余应力的方法主要有两类:第一类是采取热处理的方法使应力松弛,即整体或局部消除应力退火;第二类是采用机械的办法,如锤击、机械拉伸、机械振动和爆炸等。这些方法中只有整体消除应力退火最彻底,其他几种方法一般只能做到降低应力峰值(即减小残余应力)和调整残余应力分布。

7.2 主要冶金缺陷

7.2.1 偏析

材料中成分偏离平衡状态的现象称为偏析。根据偏析的分布特点可分为微观偏析和宏观偏析两大类。

1. 微观偏析

微观偏析属短程偏析,是指晶粒内部和晶界等微区内由于不平衡凝固造成的枝晶偏析和晶界偏析。焊缝中硫在晶界的偏析如图 7-4 所示。

(1) 枝晶偏析

在冷却较快的条件下进行结晶时,由于原子扩散来不及进行,使一个树枝晶体(即一个晶粒)中先结晶的晶轴含有较多的高熔点组元,而后结晶的分枝(次晶轴)以及枝间区域金属则含有较多的低熔点组元。这种树枝状晶体内部成分的不均匀现象称为枝晶偏析(见图 7-5)。由于它处于一个晶粒(树枝晶)内部,故属于晶内偏析。

(a)   (b)

图 7-4　低碳钢埋弧焊焊缝的硫偏析(金相照片中硫偏析呈白色,射线照片中为黑色)

(a) 凝固组织金相照片;(b) 硫同位素自射线照片

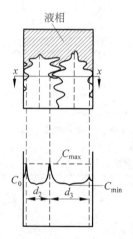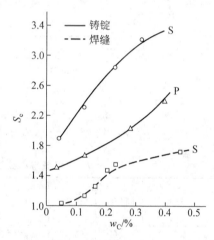

图 7-5　枝晶偏析示意图(d_2,d_3 为
溶质偏析区间距)

图 7-6　含碳量对碳钢焊缝与铸锭
中硫及磷偏析的影响

　　影响这种偏析的因素有:合金相图的形状、原子的扩散能力以及凝固时的冷却条件。液相线与固相线之间的水平距离和垂直距离越大则偏析越严重。而且垂直距离的影响更大,因为垂直距离越大说明结晶到最后时的温度越低,此时原子的扩散能力越小,故偏析越严重。合金元素的扩散能力越小则越容易偏析。例如 P 在钢中的扩散能力比 Si 小,因此 P 更容易偏析。另外,某些元素在钢中的枝晶偏析程度还受其他元素的影响。如图 7-6 所示(图中偏析程度 $S_e=(C_{max}-C_{min})/C_0$,$C_{max}$,$C_{min}$ 和 C_0 分别为某元素的最高浓度、最低浓度和原始平均浓度),C 对钢中 S,P 的偏析有明显的影响,明显增大了钢中 S 和 P 的偏析。这可能与 C 改变了 S 和 P 在钢中的分配系数(固相中的溶质成分与液相中的溶质成分之比)和扩散系数有关。此外,冷却速度越大,过冷越大,开始结晶的温度越低,原子的扩散能力越小,

偏析就越严重。但当冷却速度大到一定程度后,枝晶偏析的程度反而有所减小,如图 7-7 所示(图中 $S_R = C_{max}/C_{min}$,表示枝晶偏析程度的偏析比)。这是由于冷却速度大到某一临界值后,扩散过程不仅在固相中难以进行,而且在液相中也受到抑制,使合金进入了所谓的"无扩散结晶"阶段,此时的结晶类似于纯金属的凝固过程。研究结果表明,一些有色金属出现"无扩散结晶"的临界冷却速度在 $0.6\sim16℃/s$,大部分在 $0.6\sim1.5℃/s$,这种冷却速度在焊接和激光表面重熔等加工过程中完全可能达到。因此,焊缝的枝晶偏析比铸件的小(如表 7-1 所示)。

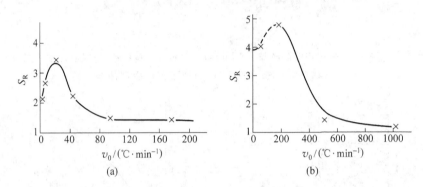

图 7-7 冷却速度 v_0 对铸锭中 Ca 偏析的影响

(a) Mg-Ca 合金,$w_{Ca}=0.2\%$;(b) Mg-Mn-Al-Ca 合金,$w_{Ca}=0.13\%$

表 7-1 焊缝与小铸锭中枝晶偏析度的对比

材　质	同位素	试样	分　析　部　位	$S_e/\%$
工业纯铁	S^{35}	铸锭	纵截面(除去区域偏析部位)	$184\sim192$
		焊缝	横截面	未见偏析
低碳钢 0.12%C	S^{35}	铸锭	纵截面(除去区域偏析部位)	$225\sim240$
		焊缝	横截面边缘部位	$165\sim172$
			横截面中心部位	$128\sim140$
工业纯铁	P^{32}	铸锭	纵截面(除去区域偏析部位)	$140\sim150$
		焊缝	横截面	未见偏析
低碳钢 0.12%C	P^{32}	铸锭	纵截面(除去区域偏析部位)	$160\sim170$
		焊缝	横截面	未见偏析

(2) 晶界偏析

在不平衡的凝固条件下,不仅在树枝状晶体的内部,即晶粒内部有成分不均匀(枝晶偏析),而且在树枝晶体之间(晶粒与晶粒之间)最后凝固部分(即晶界区)积累了更多的低熔点组元和杂质元素,这就造成了晶界偏析。晶界偏析的程度应该比晶内偏析更为严重,有时在晶界上还会出现一些不平衡的第二相,如低熔点共晶体,这就增加了加工过程中(如铸造、焊接等)合金的热裂倾向。

晶界偏析与枝晶偏析形成的原因基本相同,都属于微观偏析,因此,它们的影响因素也基本一样。这类偏析除个别情况有益外(如改善耐磨性),一般都有害。它们会导致金属机械性能的降低,特别是塑性和冲击韧性降低,增加合金的热裂倾向,甚至使金属不易进行热加工。此外,它们还会使材料的耐腐蚀性能降低。消除这类微观偏析的较好方法是加热到固相线以下 100~200℃进行较长时间的扩散退火(均匀化退火)。另外,热轧或热锻也有一定的改善作用。

2. 宏观偏析

宏观偏析为长程偏析。它是发生于区域之间的成分差别,所以又称为区域偏析。液态金属沿枝晶间的流动对宏观偏析的产生有重要的影响。如焊接时熔池是在动态过程中进行结晶的,一方面由于熔池中存在着强烈的搅拌,另一方面当熔池后面进行结晶时,前方尚在熔化;熔化了的液体金属在电弧力的作用下,不断推向后方的凝固金属,使结晶前沿受到了新的液体金属的冲刷和补充。因此,焊缝金属不会像铸锭那样存在明显的区域偏析,只有在柱状晶的对生处出现一些杂质集中的偏析区(如图 7-8)。从减少杂质偏析的影响出发,宽焊缝比窄焊缝有利。铸件中的宏观偏析较为严重,根据其偏析的形式,大致可分为三种基本类型:正常偏析(正偏析)、反偏析(逆偏析)和比重偏析(重力偏析)。

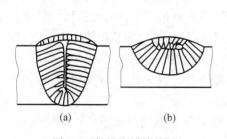

图 7-8　焊缝金属结晶图

(a) 深熔;(b) 浅熔

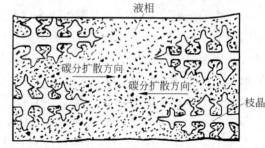

图 7-9　区域偏析形成过程示意图

(1) 正常偏析

铸件的凝固总是由外层逐渐向中心推进,在分配系数小于 1(固相中的溶质成分小于液相中的溶质成分)的合金中,先凝固的外层晶体溶质元素含量较低,结晶前沿液体中的溶质元素含量较高,当冷却速度不太大时扩散过程可在液相内得到较为充分的进行,结晶前沿液体中的溶质元素不断向中心扩散(如图 7-9 所示),使铸件中心液体中溶质元素的含量不断提高。因此,铸件全部凝固后中心部位溶质元素的含量比外层高,而且各种杂质也将富集到铸件的中心。这种外层纯度高、溶质含量低,内部溶质含量高、杂质集中的区域偏析称为正常偏析。在冷却速度较快的情况下,如果出现了液相内的扩散过程不能充分进行时,则溶质元素来不及向中心扩散,而只能富集在枝晶间形成微观偏析,此时减弱了正常偏析。正常偏析严重时在铸件中心可能出现一些不平衡组织,如在有些高合金工具钢的铸锭中心可能出现不平衡莱氏体。

正常偏析使铸件性能不均匀,严重时会使铸件在使用中破坏。因此,应尽量减少这种偏析。但可利用偏析现象对金属进行提纯。这种偏析不能通过扩散退火来消除,只能采取一些适当的浇铸工艺措施来加以控制,如降低浇铸温度和加速铸件凝固等。

(2) 反偏析

反偏析与正常偏析相反,在分配系数小于1的合金铸件中,外层溶质元素含量反而高于内层的含量。这种偏析并不常见,一般容易发生于凝固温度区间宽、凝固收缩大、冷却缓慢、枝晶粗大、液体金属中含气量较高等情况下。一般认为,这是由于铸件表层枝晶间以及内部的低熔点液体,在液体金属静压力和析出气体压力的作用下,通过树枝晶之间收缩产生的空隙渗出到表面,在表面形成一种含有较多低熔点组元和杂质的偏析层。如 Cu-10%Sn 合金铸件表面 Sn 含量有时可高达 20%～25%。

(3) 比重偏析

比重偏析通常是一种由于固相和液相之间的比重差别较大引起的上下成分不一致现象。如在一些亚共晶或过共晶的合金中,当初生相和液相的比重相差较大,且冷却较慢时,初生相将下沉或上浮,导致比重偏析。例如过共晶铸铁中石墨上浮以及 Pb-Sb 合金中富 Sb 初生相的上浮都属于比重偏析。此外,在一些个别的合金中还会出现液相之间由于比重不同而存在液体分层的现象,如 Cu-Pb 合金中,上部含 Cu 高,下部含 Pb 高,凝固后形成比重偏析。

比重偏析影响到铸件的使用和加工,严重时甚至会出现剥离现象。为防止或减轻比重偏析,可采取快速凝固和在合金中加入第三种能形成熔点较高、比重与液相接近的化合物相,在凝固过程中首先从液相中析出,形成树枝状骨架,阻止偏析相的沉浮。如在 Pb-17%Sn 合金中加入 1.5%Cu,可形成 CuPb 骨架,起到减轻或消除比重偏析的作用。

7.2.2　非金属夹杂物

1. 非金属夹杂物的来源和类型

非金属夹杂物(见图 7-10)是金属中常见的一种冶金缺陷,按来源不同可分为两类。一类为内生夹杂,主要来自金属熔化和凝固过程中的一些冶金反应的产物,例如未及时排除的脱氧、脱硫产物以及凝固过程中某些溶解于液体金属中的杂质元素,如硫、氮和氧等,由于偏析造成局部浓度过饱和后以化合物或低熔点共晶体的形式析出形成夹杂;另一类夹杂为外来夹杂,例如熔炼时的一些耐火材料、铸造时的造型材料以及焊接时的熔渣等偶然搅入液体金属形成的夹杂,其特点是无一定形状,而且尺寸特别大。

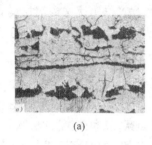 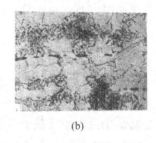 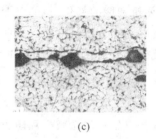

(a) (b) (c)

图 7-10　钢中夹杂物形态
(a) 硫化物;(b) 硅酸盐;(c) 铝酸盐

根据成分,钢铁中的非金属夹杂物主要可以分为三大类:①氧化物,如简单的氧化物 FeO,SiO_2,MnO 和 Al_2O_3 等,硅酸盐 $MnO \cdot SiO_2$ 和 $FeO \cdot SiO_2$ 等及一些尖晶石型的复杂氧化物 $MnO \cdot Al_2O_3$,$MnO \cdot Fe_2O_3$ 和 $FeO \cdot Al_2O_3$ 等。②硫化物,如简单的硫化物 FeS,MnS 和稀土硫化物等,以及一些复杂的硫化物 $(Mn,Fe)S$,$(Mn,Fe)S \cdot FeO$ 等。③氮化物,如 VN,NbN,TiN 和 AlN 等,极少情况下有 Fe_4N。

2. 非金属夹杂物的影响

非金属夹杂物使金属的均匀性和连续性受到破坏,因此严重地影响到材料的力学性能、致密性和耐腐蚀性等。根据统计结果,汽车零件的断裂 90% 是由非金属夹杂物诱发的疲劳裂纹引起的,而且夹杂物的尺寸越粗大、疲劳极限越低。非金属夹杂物对金属性能的影响与其成分、性能、形状、大小、数量和分布等都有关系,硬脆的夹杂物对金属的塑性和韧性影响较大;夹杂物越近似球形对金属的机械性能影响越小;夹杂物呈针状或带有尖角时能引起应力集中、促使微裂纹的产生;当夹杂物呈薄膜包围晶粒四周时能引起金属严重脆化。当以低熔点夹杂物分布于晶粒边界时(如熔点为 940℃ 的三元共晶 $Fe+FeS+FeO$)使金属具有红脆性,是铸件、焊缝和锻件产生热裂的主要原因。有些塑性较好的非金属夹杂物,在铸态下呈球状,但经过轧制或锻压后改变了形状,如 MnS 或硅酸盐夹杂经轧制后成为长条状或片状。钢中常见的枣核状的夹杂物是由 $(Fe,Mn)S$ 和硅酸盐复合物轧制而成的。这些变形后的夹杂物尖端由于应力集中,在随后的加工或使用过程中容易引起开裂并发展成为裂纹,如焊接一些含有大量条状硫化物夹杂的钢板时很容易出现层状撕裂。因此,同一种夹杂物由于铸态下和塑性加工状态下的形态不同而对金属的性能产生不同的影响。

一般来说,一些高熔点的小颗粒夹杂物,分布较分散时对金属性能的影响不大。当颗粒非常细小时,对金属的组织和性能还会有好的作用。例如一些存在于液体金属中的高熔点超显微夹杂物质点(如 Al_2O_3)在钢液凝固时还能作为非自发结晶核心细化一次组织;又如在一些含氮高强钢中,利用固态下析出弥散氮化物(如钒和铌的氮化物)的沉淀强化作用以及正火对韧性的改善作用使这类钢材具有较好的综合机械性能。因此,通过控制夹杂物的数量、大小、形态和分布对消除和减轻其有害作用具有重要的意义。

3. 控制夹杂物的措施

(1) 控制原材料的纯度和加强加工过程中的保护(如要求高时应采用真空和保护气氛),尽量减少和防止金属熔化过程中杂质元素(如氮、氧和硫等)的进入。

(2) 采取冶金措施对已经进入液体金属的杂质进行清除,如对钢液进行脱氧、脱硫处理,但必须注意同时从金属中清除这些冶金反应的产物。例如采用复合脱氧剂的效果明显优于单一脱氧剂的效果,当采用铝、硅、锰复合脱氧后,钢中夹杂物含量由采用单一脱氧剂时的 0.0265% 减到 0.007%。

(3) 从工艺和操作技术上避免熔渣和空气搅入液体金属,以及为排渣创造有利条件。

7.2.3 缩孔与缩松

1. 缩孔

如图 7-11 所示,当液体金属浇入铸型后,四周与型壁接触的液体金属首先凝固(图 7-11(b))。一般金属在凝固时都要发生体积收缩,另外,在冷却过程中液体金属本身也在收缩,因此铸件在凝固过程中如果得不到液体金属的补充,则必然会出现液体金属不足(图 7-11(c))的结果。当铸件以柱状晶方式逐层凝固时,通过液体金属的流动使收缩集中到铸件最后凝固的部位形成大的集中缩孔(图 7-11(d))。因此,合理设置浇冒口可以将缩孔集中到浇冒口中,消除了铸件中的缩孔(图 7-11(e))。

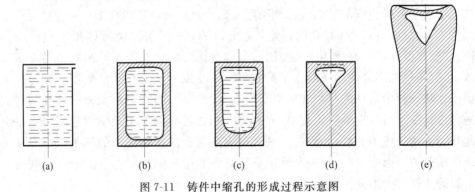

(a)   (b)   (c)   (d)   (e)

图 7-11　铸件中缩孔的形成过程示意图

2. 缩松

当铸件的凝固方式由逐层凝固变为糊状凝固(体积凝固)时,在铸件的凝固过程中形成了宽的凝固区(糊状区)。该区的特点为:同时存在着已结晶的树枝状晶体和未凝固的液体,因此液体流动困难,当晶间和树枝间最后凝固时,由于得不到外部液体的补充而使铸件中出现分散的小缩孔即缩松。缩松是无法通过浇冒口的补缩来进行消除的。铸件的凝固区越宽,则树枝晶越发达,晶间和树枝间被封闭的可能性越大,产生缩松的倾向也就越大。

3. 影响缩孔与缩松的因素及其控制

铸件在凝固过程中产生收缩是必然的,但产生缩孔还是缩松,根据以上分析可知,主要取决于凝固方式。影响凝固方式主要有两方面的因素:一方面是合金成分的影响(见图 7-12),另一方面是铸件内温度梯度的影响。当铸件为纯金属和共晶成分合金时,结晶在恒温条件下进行,铸件截面上的凝固区宽度为零,以逐层凝固的方式结晶。如果合金的结晶温度区间很小,或截面上的温度梯度很大,则铸件截面上的凝固区很窄,也属于逐层凝固方式。以上几种情况下,铸件都倾向于形成集中缩孔。如果合金的结晶温度区间较宽或铸件的温度梯度较小,则凝固区较宽,铸件将倾向于以糊状凝固的方式结晶,并引起缩松。合金的凝固温度区间越宽或铸件的温度梯度越小,则凝固区越宽,糊状凝固方式越突出,缩松越严重。

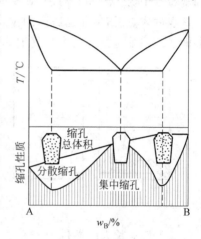

图 7-12 形成两相混合物的合金铸造性能与成分的关系

缩孔和缩松对铸件的力学性能、气密性能和耐腐蚀性能等都有很大的影响。钢材中残留的缩孔和缩松还能引起锻造时的裂纹。因此,缩孔和缩松是铸件中的一种重要缺陷。为防止和消除这类缺陷,除了要正确选择合金成分外,应采取相应的工艺措施。一般来说,消除铸件中的集中缩孔较为容易,只要采取适当的补缩措施就能解决,例如设置合理的浇冒口。但要消除缩松则较为困难,一般的补缩方法都很难有效,需要采取特殊的工艺措施,例如采用高压下的浇注和凝固可以得到无缩孔和缩松的致密铸件。此外,从控制铸件冷却过程出发,采取急冷能力强的铸型(如金属型),则可以缩小铸件中的凝固区,减小糊状凝固的倾向,使缩松得到显著减小,但缩孔容积相对有所增加。

应该指出,缩孔和缩松并非在所有与金属凝固有关的加工过程中都是一个严重的问题。例如焊接和激光表面重熔时,由于冷却速度非常快、凝固区非常窄,因此不会出现缩松。由于焊接和激光表面重熔都是一个连续的熔化和凝固过程,凝固过程中有新熔化的液体金属不断补充,因此在焊缝中心或激光重熔区的中心都不会出现集中缩孔,只有在焊接结束时的弧坑中以及激光重熔结束时的结尾处有可能出现缩孔。

7.2.4 气孔

1. 气孔形成的过程

在液体金属中无论何种气体,在形成气孔时都包括三个阶段:气泡的生核、长大和上浮。如果气泡在上浮过程中受到阻碍,则将成为气孔保留在凝固后的金属中。

(1) 气泡生核的条件

根据气泡生核所需的能量,在极纯的液体金属中自发成核非常困难,但在实际加工过程中(如铸造和焊接),在凝固着的液体金属中存在大量的现成表面(如一些高熔点的质点、熔渣和已凝固的枝晶表面等)可以作为气泡生核的衬底,如相邻枝晶间的凹陷处是最容易产生气泡的部位(见图 7-13)。

图 7-13 气孔形成过程示意图

(2) 气泡长大的条件

气泡成核后长大所需的条件为

$$p_n > p_0 \tag{7-1}$$

式中,p_n——气泡内各种气体分压的总和;

p_0——阻碍气泡长大的外界压力总和。

气泡内各种气体分压的总和为

$$p_n = p_{H_2} + p_{N_2} + p_{CO} + p_{H_2O} + \cdots \tag{7-2}$$

式中,p_{H_2},p_{N_2},p_{CO},p_{H_2O},$\cdots$为气泡内各种气体的分压。

实际上具体情况下一般只有一种气体起主要作用。

阻碍气泡长大的外界压力总和为

$$p_0 = p_a + p_M + p_s + p_c \tag{7-3}$$

式中,p_a,p_M,p_s,p_c 分别为大气压、金属、熔渣的静压力和气体与液体金属之间的表面张力所构成的附加压力。

一般情况下 p_M 和 p_s 的数值相对较小，可以忽略不计。故气泡长大的条件为

$$p_n > p_a + p_c \tag{7-4}$$

其中

$$p_c = 2\sigma/r \tag{7-5}$$

式中，σ —— 金属与气体间的表面张力；

$\quad r$ —— 气泡曲率半径。

当气泡的半径很小时，附加的压力 p_c 很大，气泡很难稳定和长大；但当气泡在现成表面上生核时，气泡为椭圆形，因此曲率半径较大，这就降低了附加压力，有利于气泡的长大。

(3) 气泡上浮的条件

当气泡长大到一定程度后，就会脱离现成表面，并开始上浮。如图 7-14 所示气泡脱离现成表面的能力主要取决于液体金属、气相和现成表面之间的表面张力，即

$$\cos\theta = \frac{\sigma_{1,g} - \sigma_{1,2}}{\sigma_{2,g}} \tag{7-6}$$

式中，θ —— 气泡与现成表面的浸润角；

$\quad \sigma_{1,g}$ —— 现成表面与气泡间的表面张力；

$\quad \sigma_{1,2}$ —— 现成表面与液体金属间的表面张力；

$\quad \sigma_{2,g}$ —— 液体金属与气泡间的表面张力。

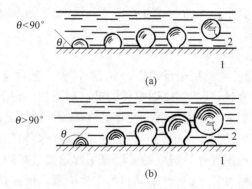

图 7-14 气泡脱离衬底表面示意图

1—衬底；2—液体

如图 7-14 所示，当 $\theta < 90°$ 时，气泡容易脱离现成表面，有利于气泡的逸出；当 $\theta > 90°$ 时，气泡要长大到形成缩颈后才能脱离现成表面。因此，凡能减小 θ 值的因素都有利于气泡脱离现成表面和上浮。但气泡能否在金属完全凝固之前浮出金属，还取决于气泡的上浮速度和液体金属的凝固速度。如果上浮速度小于凝固速度，则气泡仍将残留于金属中成为气孔。因此，产生气孔的最后条件为

$$v_{\mathrm{e}} \leqslant R \tag{7-7}$$

式中，R——金属的凝固速度；

v_{e}——气泡的上浮速度。

$$v_{\mathrm{e}} = \frac{K(\rho_{\mathrm{L}} - \rho_{\mathrm{G}})gr^2}{\eta} \tag{7-8}$$

式中，K——常数；

$\rho_{\mathrm{L}}, \rho_{\mathrm{G}}$——分别为液体金属和气泡的密度；

g——重力加速度；

r——气泡的半径；

η——液体金属的粘度。

根据以上公式，金属凝固速度 R 越大，越容易产生气孔；液体金属的粘度 η 越大，上浮速度 v_{e} 越小，越容易产生气孔。液体金属的密度与气泡密度的差值中，由于气泡密度 ρ_{G} 远小于金属液体的密度 ρ_{L}，因此主要取决于液体金属密度 ρ_{L}。ρ_{L} 越小，上浮速度 v_{e} 越小，越容易产生气孔。因此，在一些轻金属中容易产生气孔（如铝合金焊接时容易产生气孔问题）。另外，气泡的半径越小，上浮速度也越小，越容易生成气孔。

2. 气孔形成的原因

上面介绍了气孔形成的一般过程，但气孔产生的原因与具体情况有关。根据气体的来源不同，金属中存在的气孔可归纳为析出性气孔和反应性气孔两种类型，二者形成的原因不同。

（1）析出性气孔

在材料加工过程的化学冶金反应中介绍过，高温下液体金属能溶解较多的气体（如氢和氮），一般来说，其溶解度随温度的升高而增加。在金属的冷却凝固过程中，溶解度则随着温度的下降而降低。当金属冷却到开始结晶时，溶解度将发生大幅度的突然下降，如果此时析出的气泡的上浮速度小于金属的凝固速度，则将生成气孔。因此，凝固过程中气体溶解度的陡降是引起这类气孔的根本原因，其溶解度的变化特性将是影响析出性气孔产生倾向的主要因素。例如，凝固温度时、平衡条件下，氢在铝中的溶解度由 0.69mL/100g 陡降到 0.036mL/100g，其差值约为固态时的 18 倍；而氢在铁中的溶解度由 25mL/100g 陡降到 8mL/100g，其差值仅为固态中的 2 倍，显然铝比钢更容易产生气孔。

（2）反应性气孔

引起这类气孔的气体并非由外部溶入，而是直接由液体金属中的冶金反应产生的气体。例如 CO 并不能溶于钢液中，但当钢中的氧或氧化物与碳反应后能生成大量 CO，如

$$[\mathrm{C}] + [\mathrm{O}] = \mathrm{CO} \tag{7-9}$$

$$[FeO] + [C] = CO + [Fe] \tag{7-10}$$

$$[MnO] + [C] = CO + [Mn] \tag{7-11}$$

$$[SiO_2] + 2[C] = 2CO + [Si] \tag{7-12}$$

如果这些反应发生在高温液态金属中,则由于 CO 气泡来得及从液体金属中析出,不容易形成气孔。但当冷却凝固过程中,在结晶前沿和枝晶间由于偏析造成氧化铁和碳浓度的局部偏高引起式(7-10)的反应时,因液体金属正处于凝固过程,故生成的 CO 气泡很难长大和浮出,往往残留在金属中生成 CO 气孔。又如,当铜在高温下溶解较多的 Cu_2O 和氢时,在冷却过程中会发生下列反应:

$$[Cu_2O] + 2[H] = 2[Cu] + H_2O(气) \tag{7-13}$$

此时反应生成的水蒸气不溶于铜,在快速凝固的条件下很容易生成水蒸气的反应气孔。

3. 气孔的有害作用及防止措施

气孔是在金属凝固过程中形成的一种缺陷(如图 7-15 所示)。它不仅减少了金属的有效工作面积,显著地降低金属的强度和塑性,而且还有可能造成应力集中,引起裂纹,严重地影响到动载强度和疲劳强度。此外,弥散小气孔虽然对强度影响不显著,但可引起金属组织疏松,导致塑性、气密性和耐腐蚀性降低。

为有效地防止气孔的产生,应根据形成原因的不同而采取相应的措施。例如,氮主要来自大气,因此加强保护是防止氮气孔的有效措施。氧不仅来自大气,而且还来自原材料中的氧化物,因此不能仅靠加强保护来防止 CO 气孔,还必须采取相应的脱氧措施。氢主要来自吸附水、矿物和铁锈中的结晶水以及有机物等,因此除了要对原材料进行烘烤外,为降低液体金属表面的氢分压,还必须采取除氢的冶金措施,将氢转变为不溶于液体金属的化合物。例

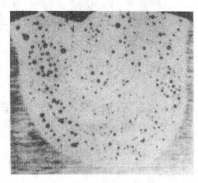

图 7-15　铝合金焊缝中的气孔

如焊接时常在熔渣中加入氟化钙(CaF_2)或提高熔渣的氧化性和气氛中的 CO_2,使氢化合成不溶于金属的 HF 或 OH,如

$$CaF_2 + 2H = Ca + 2HF \tag{7-14}$$

$$FeO + H = Fe + OH \tag{7-15}$$

$$CO_2 + H = CO + OH \tag{7-16}$$

但必须注意,当用提高氧化性来降低金属中的含氢量时,会同时导致金属中的含氧量增加,因此控制不当时可能会出现 CO 气孔。表 7-2 为酸性焊条药皮氧化性对气孔形成倾向的影响,氧化性强时容易出现 CO 气孔,而脱氧充分时容易出现

H_2 气孔。此外，在铸造铝合金时可以加入氯化物 C_2Cl_6 与氢反应生成不溶于金属的 HCl 气体。除采取以上冶金措施外，从工艺上可以根据产生气孔的具体条件，采取有利于气体逸出的措施，或相反地采取能抑制气泡生核的措施。如为了防止焊铜时氢气孔的形成，可采取预热降低冷却速度、有利于气泡析出的措施。又如铸造铝合金时，从抑制气泡生成考虑，采取提高冷却速度或提高合金凝固时的外压都能消除气孔。

表 7-2   酸性焊条药皮氧化性对气孔倾向性的影响

编号	赤铁矿/ Fe-Mn	补加脱氧剂/%	$w_{[C]}$/%	$w_{[Si]}$/%	$w_{[Mn]}$/%	$w_{[O]}$/%	$w_{[H]D}$/ (mL/100g)	$w_{[C]}w_{[O]}$/10^{-6}	1540℃ 平衡[C][O]/10^{-6}	气孔倾向
1	2.0	—	0.052	痕	0.18	0.1113	2.70	57.85	24.1	较少 CO 气孔
2	1.6	—	0.062	痕	0.31	0.0743	3.47	46.07	24.1	偶有 CO 气孔
3	1.3	—	0.070	痕	0.45	0.0448	4.53	31.36	24.1	无气孔
4	1.1	—	0.085	0.05	0.68	0.0271	5.24	23.03	24.1	无气孔
5	1.1	石墨3	0.110	0.19	1.08	0.0054	6.46	5.94	24.1	偶有 H_2 气孔
6	1.1	Fe-Si 3	0.100	0.10	0.78	0.0058	11.75	5.80	24.1	H_2 气孔多且密集
7	1.1	Al 粉 3	0.100	0.18	1.05	0.0047	11.10	4.70	24.1	H_2 气孔多且密集

注：[O]为以[FeO]形式存在的氧。

7.2.5　氢白点

1. 氢白点的形成及其影响因素

白点实际上是钢材内部的一种由氢脆引起的微裂纹。由于其纵向断口为表面光滑的圆形或椭圆形的银白色斑点（直径一般在零点几毫米到几毫米，或更大），因此称为白点（或鱼眼）。经酸腐蚀后的横截面试片上，这些白点呈发丝状裂纹，往往处于离工件表面较远的部位。图 7-16 为 40Cr 钢轴锻件纵向断口椭圆形白点。

一般认为引起白点的主要原因是由于金属中溶解有较多的氢，在冷却过程中氢的溶解度随温度的下降而降低，特别是在发生相变时，如奥氏体转变时，溶解度发生突然下降，这就促使金属中溶解氢的析出。当冷却速度较快、相变温度较低及工件截面较大时，则向金属外部析出的氢较少，因此将有更多

图 7-16   40Cr 钢轴锻件纵向
断口椭圆形白点

的氢通过晶格扩散到金属内部的一些显微缺陷内,如小气孔、小夹杂以及一些位错密集的微观缺陷中;当氢原子扩散进入这些缺陷后就会结合成分子氢,形成局部高压,并使金属脆化,如果此时金属中存在着组织应力和热应力,则将促使微观缺陷开裂,形成白点。

影响氢白点形成的因素很多:钢材的含氢量,氢在冷却过程中的析出条件,金属内部微观缺陷的总体积量以及受力状态等。凡是影响钢中氢含量的因素(如冶炼工艺)都会影响到氢白点的形成。凡是不利于氢向外析出的因素(如快速冷却、大截面等)都能加大白点形成的倾向,反之,白点不会发生在工件的表面以及小截面的工件内。另外,当金属内部微观缺陷足够多时,由于氢在缺陷内不足以引起很大的压力,所以形成氢白点的倾向也不大。因此,金属在铸造状态时(如铸件和焊缝)的白点倾向比塑性变形状态时(如轧制件和锻件)要低,通常在中、大截面的锻件中最容易出现白点。从力学因素考虑,金属必须处于拉应力的作用下。冷却过程中的热应力,尤其是相变时的组织应力是引起白点的主要力学因素,因此它与钢材的化学成分和组织变化有关。一般钢中 Cr,Ni,Mo 等元素会增大白点敏感性,没有相变而且塑性又较好的奥氏体钢和高铬铁素体钢都不会产生白点。所以,从组织状态考虑,白点常产生于珠光体、贝氏体及马氏体组织的钢中,特别是在 Cr-Ni,Cr-Ni-W,Cr-Ni-Mo 钢以及含碳量不低于 $0.4\%\sim0.5\%$ 的碳钢中(如表 7-3 所示)。

表 7-3　钢按白点敏感性高低分组

组别	钢的类型	钢号举例	白点敏感性
1	碳素结构钢 低碳低合金钢	15CrMo,20CrMo 20Cr,20MnMo	较低
2	中碳低合金钢	40Cr,35CrMo	中等
3	中碳合金钢	40CrNi, 60CrNi 5CrNiMo,5CrMnMo 34CrNiMo	较高
4	中合金钢	34CrNi3Mo,20Cr2Ni4	最高

除了由于内应力引起白点外,有时在慢速静载拉伸和弯曲试验时也可能出现白点。

2. 氢白点的危害及其控制

白点对钢材的强度影响不大,但显著地降低钢的塑性和韧性。由于它在金属中造成高度的应力集中,因此会导致零件在淬火时的开裂或在使用过程中突然断裂的严重事故。因此在大型锻件的技术条件中明确规定,一旦发现白点必须报废。如汽轮机叶轮锻件用钢都是一些对白点敏感的钢材(如 34CrNi2Mo,

34CrNi3Mo），因此若钢中的含氢量较高，锻后冷却工艺又不得当，则很容易出现白点，造成报废。

　　由于锻件中的白点主要是氢和组织应力共同引起的，因此凡是能减少锻件中的氢含量以及降低组织应力的措施都能起到防止白点产生的作用。由于白点的形成过程与氢的扩散集聚过程密切相关，所以它不一定产生于锻件的冷却过程中，往往锻件冷却到室温后，在很长的一段时间内还在不断地产生。一般认为含氢量低于 2～3mL/100g 便不会产生白点，因此，锻造结束后采取及时的扩散除氢处理能有效地避免白点的产生。除氢处理所需时间除与工件的尺寸有关外，主要取决于与氢扩散系数有关的温度和组织状态。因此，锻件锻后的冷却条件和热处理制度对除氢起着重要的作用。根据氢的扩散系数与温度的关系（如图 7-17），锻件去氢处理应在奥氏体转变为珠光体（或贝氏体）的相应温度下进行最为有利。从减小组织应力出发，应将热处理温度选在奥氏体等温转变 C 形曲线的鼻尖处，使奥氏体在等温条件下迅速、均匀、完全地转变为单一均匀的珠光体（或贝氏体），从而达到减小组织应力的目的。由此看来，奥氏体转变最快、组织应力最小的温度范围与氢扩散最快的温度范围正好一致。对珠光体类钢来说只有一个温度范围，即 620～660℃的珠光体转变。对马氏体类钢而言则有两个温度区：一个是珠光体转变区

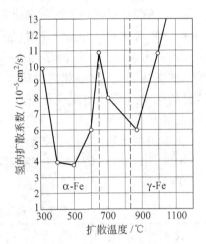

图 7-17　氢的扩散系数与温度的关系

580～660℃（保温 15h 奥氏体可转变 15％），另一个为贝氏体转变区 280～320℃（保温 16min 奥氏体转变达 95％）。因此，对一些白点敏感性较低的珠光体类碳钢和低合金钢锻件可以采取 620～650℃等温冷却的工艺（见图 7-18(a)）。对一些白点敏感性较高的小截面马氏体类合金钢锻件应采取起伏等温冷却工艺（见图 7-18(b)），先过冷到 280～320℃使奥氏体迅速转变为贝氏体，并扩散掉一部分氢，然后加热到 580～660℃保温使在继续扩散除氢的同时减小应力。对于一些白点敏感性较高的大截面合金钢锻件，则需采取更为复杂的起伏等温退火处理（见图 7-18(c)），第一次过冷到 300℃使奥氏体迅速转变为贝氏体，并扩散掉表层的氢；接着进行正火使晶粒细化，同时加速氢由心部向表层扩散；第二次过冷到 280～320℃使奥氏体迅速转变为细小而均匀的贝氏体，同时使表层氢扩散掉；然后再加热到 580～660℃保温，进一步除氢和降低应力。

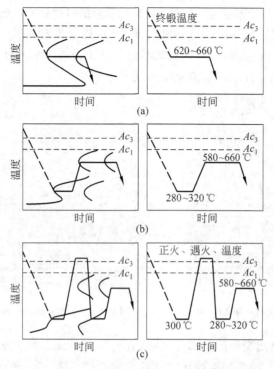

图 7-18 防止白点热处理曲线与奥氏体等温转变曲线的关系示意图
(a) 等温冷却；(b) 起伏等温冷却；(c) 起伏等温退火

7.2.6 热裂纹

1. 热裂纹的类型

热裂纹是高温下在金属中产生的一种沿晶裂纹。其形成的根本原因是由于金属的高温脆化。一些金属在冷却过程中的塑性变化曲线存在两个低塑性区，见图 7-19，这是一种低碳钢由 1460℃ 冷却下来时的塑性变化曲线，与两个脆性温度区间相对应会出现两种类型的热裂纹。第一种裂纹产生于凝固后期的脆性温度区间 I 内，称为结晶裂纹或凝固裂纹。其断口形貌不同于一般固态下的沿晶断口，由于

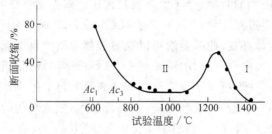

图 7-19 低碳钢高温塑性变化曲线

产生裂纹时晶间尚有液膜存在,因此断口具有明显的树枝状突出的特征(见图 7-20)。第二种裂纹产生于固态下的脆性温度区间Ⅱ内,称为失塑裂纹(见图 7-21);由于失塑裂纹产生时已无液膜存在,因此其断口特征为沿着平坦的界面开裂,而且在断开的界面上往往存在许多带有硫化物的孔穴。

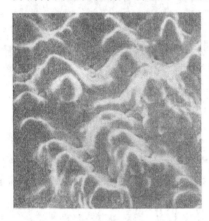
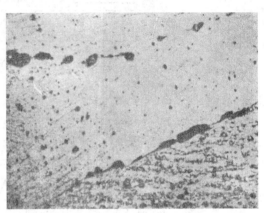

图 7-20　焊缝凝固裂纹的断口形貌　　　　图 7-21　近缝区空穴聚集引起的失塑裂纹

除了上述两种热裂纹的基本类型外,还有一些特殊情况下形成的热裂纹。一种是与液膜有关的,沿着局部熔化的晶界开裂的热裂纹,称为液化裂纹;另一种是在离结晶前沿不远的固相中,由位错运动导致的多边化引起的热裂纹,称为多边化裂纹。多边化裂纹较为罕见,往往产生于一些与杂质富集部位重叠的多边化边界,尺寸很小,主要发生于一些特殊的单相合金中,如单相铬镍奥氏体钢和镍基合金中。

2. 凝固裂纹(结晶裂纹)

(1) 凝固裂纹的形成机理

裂纹产生的基本条件是材料的拉伸变形量超过了它的塑性变形能力($\varepsilon \geqslant \delta$)。材料在凝固过程中如果得不到自由收缩,就必然会导致内部的拉伸变形。这种情况在材料加工过程中是很难避免的。因此,凝固裂纹产生的倾向性主要取决于材料本身在凝固过程中的变形能力。当有液相存在时,金属的变形能力与完全固态时不同,它取决于液相的数量、分布形态及其性质。根据金属在凝固过程中的变形特点和能力,其凝固过程大致可分为三个区(如图 7-22 所示):Ⅰ区内,晶粒与晶粒之间有大量的液体存在,此时变形可以通过液体金属的自由流动来实现,因此不会产生裂纹。在Ⅱ区内,枝晶间的液相很少,已形成薄的液层,但仍与液相连通,有一定的变形能力,若变形速度不大以及液态金属具有足够的流动性时,一般不会出现裂纹。在Ⅲ区内,枝晶已生长到相碰、并局部联生,形成封闭的液膜,此时若凝固收缩将晶间液膜拉开后,就无法弥补,从而形成裂纹。只有当金属全部凝固后($T<T'_s$),它的变形能力才能得到迅速提高。由此可见,最容易形成凝固裂纹的上

限温度应该是树枝晶开始相互接触、并局部联生的温度(见图 7-22 和图 7-23 中的 T_u);下限温度则为凝固终了的实际固相线温度(图 7-22 和图 7-23 中的 T'_S)。这一温度区间相当于合金状态图的"有效结晶温度区间"(图 7-23 中的 $\Delta T'_e$),并对应于金属凝固过程中塑性变化特性曲线上的"脆性温度区间"(图 7-23 中的 ΔT_B)。

由图 7-23 的塑性变化特点和裂纹的形成条件可知,凝固裂纹的形成,除了与反映金属本身特性有关的脆性温度区间 ΔT_B 及其相应的塑性

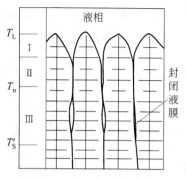

图 7-22　不同结晶阶段示意图

变形能力 δ_{min} 有关外,还取决于金属在此温度区间内随温度下降的应变增长率 $\dfrac{\partial \varepsilon}{\partial T}$(如图 7-23 中的直线 1,2,3)。脆性温度区间 ΔT_B 和塑性变形能力 δ_{min} 为引起凝固裂纹的冶金因素,应变增长率 $\dfrac{\partial \varepsilon}{\partial T}$ 为力学因素。当金属在脆性温度区间内的应变以直线 1 的斜率增长时,则其内应变量 $\varepsilon < \delta_{min}$,因此不会产生裂纹。如果按直线 2 增长,则 $\varepsilon = \delta_{min}$,这正好是产生凝固裂纹的临界条件,此时的应变增长率称为临界应变增长率,以 CST 表示:

$$CST = \tan\theta \qquad\qquad (7-17)$$

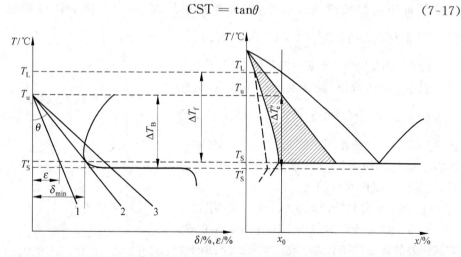

图 7-23　凝固温度区间塑性变化特点及裂纹形成条件

$\tan\theta$ 与材料特性(ΔT_B,δ_{min})有关,它综合地反映了材料的凝固裂纹敏感性。例如,当 ΔT_B 一定时,δ_{min} 越小,则 $\tan\theta$ 越小,材料的凝固裂纹敏感性越大(如图 7-24(a));当 δ_{min} 一定时,ΔT_B 越小,$\tan\theta$ 越大,材料的凝固裂纹敏感性越小(如图 7-24(b))。因此,用 $\tan\theta$ 或 CST 来反映材料的凝固裂纹敏感性比用 ΔT_B 和

$\delta_{\min}$更为方便,因为ΔT_B或$\delta_{\min}$都不能单独用来反映材料的裂纹敏感性。

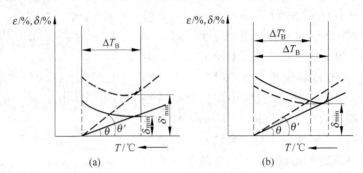

图 7-24 ΔT_B 和 $\delta_{\min}$ 对凝固裂纹敏感性的影响

金属加工时产生凝固裂纹的倾向,除了与材料自身的凝固裂纹敏感性有着决定性的关系外,还与它所受的拉伸应变率$\dfrac{\partial \varepsilon}{\partial T}$或它在脆性温度区间内达到的应变量$\varepsilon$有着密切的关系。$\dfrac{\partial \varepsilon}{\partial T}$除与金属的收缩率有关外,主要取决于外界的拘束条件和已凝固金属的自拘束作用。如果材料在凝固过程中所受的拘束很小,则即使材料本身的凝固裂纹敏感性较大也不一定会产生裂纹(如图 7-23 中的直线 1);相反,即使材料的裂纹敏感性没有变,但如果拘束较大,则有可能会产生裂纹,如图 7-23 中直线 3 的情况$\left(\dfrac{\partial \varepsilon}{\partial T} > \mathrm{CST}, \varepsilon > \delta_{\min}\right)$。

(2)影响凝固裂纹形成的因素及其防止措施

根据前面的分析,脆性温度区间 ΔT_B、塑性变形能力 $\delta_{\min}$ 以及拉伸应变率 $\dfrac{\partial \varepsilon}{\partial T}$ 对凝固裂纹的产生起着决定性的作用。因此,凡是影响到它们的因素都会影响到裂纹的形成,控制这些因素后,就能防止凝固裂纹的产生。

① 合金元素对凝固裂纹敏感性的影响

合金元素对凝固裂纹的影响并不是孤立的,与其所处的合金系统有关。同一元素在不同的合金系统中的作用可能完全相反,例如 Si 在 18-8 型奥氏体钢中对防止凝固裂纹有利,而在 25-20 型的高镍奥氏体钢中则为有害元素。根据状态图上合

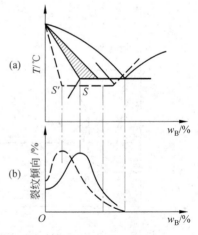

图 7-25 结晶温度区间与裂纹倾向的关系(B 为某合金元素)

金元素对结晶温度区间的影响,可以判断其对脆性温度区间和凝固裂纹敏感性的影响。例如由图 7-25 可以看出,随合金元素的增加,结晶温度区间以及脆性温度区间

(图中阴影部分)先是逐渐增加,到 S 点时达到最大值,此时的凝固裂纹敏感性最大,然后随合金元素的继续增加,结晶温度区间、脆性温度区间以及凝固裂纹敏感性都相应逐步减小。由于实际加工过程中,金属的凝固往往都是偏离平衡状态的,因此应根据图 7-25 中的虚线位置来考虑。

另外,合金系统不同、合金状态图不同,合金元素对凝固裂纹敏感性的影响也会有所不同(如图 7-26 所示),但其共同规律是:凝固裂纹敏感性随结晶温度区间的扩大而增大。因此,凡能促使结晶温度区间扩大的元素都会促使凝固裂纹敏感性增大。由图 7-27 可知,C,S,P 等易偏析元素与 Fe 形成二元合金时对结晶温度区间的影响最大,所以在铸造和焊接钢铁材料时,为防止凝固裂纹的产生,必须严格控制 S,P 含量,特别是当含碳量较高时。

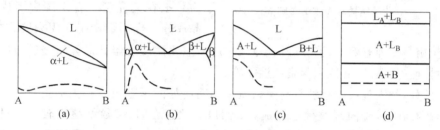

图 7-26　合金状态图与结晶裂纹倾向的关系(虚线表示结晶裂纹倾向的变化)
(a) 完全互溶；(b) 有限固溶；(c) 机械混合物；(d) 完全不固溶

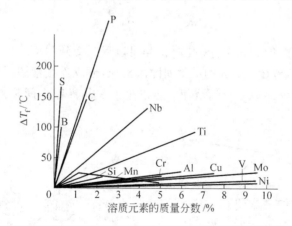

图 7-27　在 Fe-X 二元合金中溶质元素对 ΔT_f 的影响

② 晶间易熔物质数量及其形态对凝固裂纹敏感性的影响

晶间易熔物质是形成晶间液膜从而引起凝固裂纹的根本原因；但它的影响与其数量有关,如图 7-28 所示。图中的 C 含量反映了晶间碳化物共晶的量,当易熔物质(碳化物共晶)很少,不足以形成晶间液膜时,裂纹敏感性很小。随着晶间液相

的逐渐增加,晶间塑性不断下降,裂纹敏感性不断增大,但达到一个最大值后,又逐

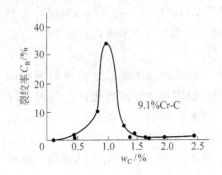

图 7-28　高碳高铬钢堆焊时碳化物
共晶体量对裂纹的影响

渐减小,直到最后不出现裂纹。裂纹敏感性降低的原因主要有两个方面:一方面是结晶前沿低熔点物质的增加阻碍了树枝晶的发展与长合,改变了结晶的形态,缩小了有效结晶温度区间。另一方面是由于增加了晶间的液相,促使液相在晶粒间流动和相互补充;因此即使局部晶间液膜瞬间被拉开,但很快就可以通过毛细作用将外界的液体渗入缝隙,起到填补和"愈合"的作用。这也就说明了为什么在共晶型合金系统中当成分接近共晶成分时也不会产生凝固裂纹。"愈合"作用是一种有效的、消除凝固裂纹的方法,但要注意易熔共晶体增多后会影响其他性能(如塑性、韧性和耐腐蚀性能等)。

此外,凝固裂纹敏感性与易熔物质在晶间所处的形态也有很大的关系。以液膜形态存在时,凝固裂纹敏感性最大;而以球状存在时,裂纹敏感性较小。根据图 7-29,液相 β 在固相 α 晶界处的分布特点受晶界表面张力 $\sigma_{\alpha\alpha}$ 和界面张力 $\sigma_{\alpha\beta}$ 的平衡关系所决定,即要满足

$$\sigma_{\alpha\alpha} = 2\sigma_{\alpha\beta}\cos\frac{\theta}{2} \tag{7-18}$$

其中,θ 为界面接触角,当 $\sigma_{\alpha\alpha}/\sigma_{\alpha\beta}$ 变化时,θ 角可以从 $0°$ 变到 $180°$。当 $2\sigma_{\alpha\beta}=\sigma_{\alpha\alpha}$ 时,$\theta=0°$,此时液相 β 容易在 α 晶界的毛细间隙内延伸,形成连续液膜,导致凝固裂纹倾向增大。当 $2\sigma_{\alpha\beta}>\sigma_{\alpha\alpha}$,则 $\theta\neq0°$,液相 β 难以进入 α 晶界毛细间隙内,不易成膜,裂

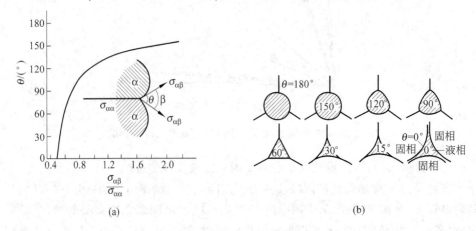

(a)　　　　　　　　　　　　(b)

图 7-29　第二相形状与界面接触角的关系

纹倾向较小。图 7-30 为 w_{Mn}/w_S 对钢中硫化物形态的影响,由图可见提高钢中的含 Mn 量可以避免硫化物呈液膜状分布于晶界。因此,通过第三元素的加入来改变有害杂质的分布形态也是防止凝固裂纹的一种有效措施。

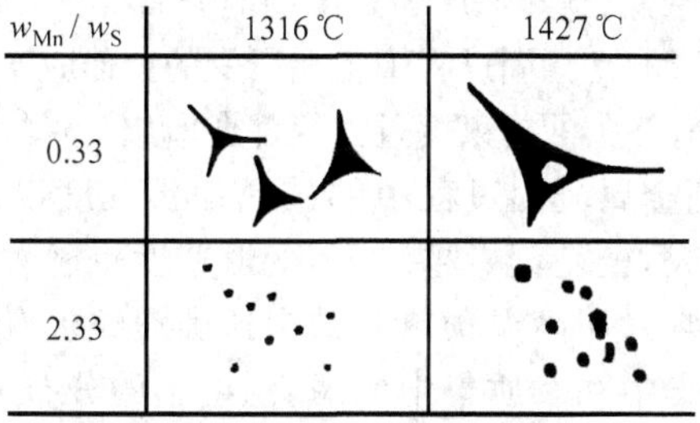

w_{Mn}/w_S	1316℃	1427℃
0.33		
2.33		

图 7-30　w_{Mn}/w_S 比值对硫化物形态的影响(低碳钢)

③ 一次结晶组织及其形态对凝固裂纹的影响

初生相的结构能影响到杂质的偏析和晶间层的性质。例如当钢中的初生相为 δ 时就能比 γ 时溶解更多的 S 和 P(S,P 在 δ 中的最大溶解度为 0.18%S、2.8%P;而在 γ 中的最大溶解度为 0.05%S,0.25%P),因此初生相为 γ 体的钢材比初生相为 δ 的钢材更容易产生凝固裂纹。

此外,初生相的晶粒大小、形态和方向也都会影响凝固裂纹产生的倾向。例如当初生相为粗大的方向性很强的柱状晶时,则会在晶界上聚集较多的低熔点杂质,并形成连续的弱面,增加了裂纹的倾向(见图 7-31(a))。当对金属进行细化晶粒的变质处理后,不仅打乱了柱状晶的方向性,而且晶粒细化后增加了晶界,减少了杂质的集中程度,有效地降低了凝固裂纹的倾向。如在钢中加入 Ti 以及在 Al-4.5%Mg 合金中加入少量(0.10%~0.15%)变质剂 Zr 或 Ti＋B 时可细化晶粒、降低裂纹倾向。除采用变质处理外,在铸造中也有采用超声振动和旋转磁场等细化晶粒的方法。另外也有利用在凝固过程中同时析出第二相来减少杂质含量,细化一次组织,提高材料抗裂性能的方法。如图 7-31(b)所示,在单相铬镍奥氏体钢的凝固过程中析出一定数量的一次铁素体(δ相)对减少 S,P 偏析,细化一次组织,打乱奥氏体

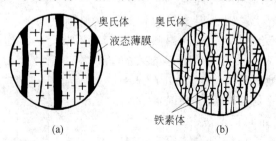

图 7-31　δ 相在奥氏体基体上的分布

(a) 单相奥氏体;(b) δ＋γ

的粗大柱状晶方向都有利。因此在铬镍奥氏体钢焊缝中含有 $3\% \sim 5\% \delta$ 相时能有效地降低其凝固裂纹的倾向，是防止裂纹产生的一项重要措施。

④ 工艺因素的影响

加工过程中的拘束条件、冷却速度和温度场的分布等都是影响材料产生凝固裂纹的因素。拘束条件直接影响到凝固过程中金属所受的拉伸应变。例如铸造时铸型和铸芯的退让性不好和焊接时接头的拘束度过大等都会增加金属的凝固裂纹倾向性。

冷却速度会影响到金属凝固过程中的枝晶偏析程度以及金属的变形速度等。一般来说，冷却速度越大，枝晶偏析越严重，变形速度也越大，这些都有利于裂纹的形成。因此，焊接时通常采用高温预热对减少这类裂纹也有一定作用。

另外，从减少应变集中和杂质集中考虑，温度场的分布应尽可能均匀。例如当铸件的厚薄不均匀时，则各处的冷却速度不同，温度场分布极不均匀，应变和杂质都将集中到最后凝固的厚大部位，使这些部位容易出现凝固裂纹，因此需要采取放置冷铁的办法来加快这些部位的冷却。但这种温度场的不均匀现象在一些局部加热的工艺方法中(如焊接和激光重熔)是无法避免的。

3. 液化裂纹

液化裂纹与凝固裂纹有类似之处，它们都与晶界液膜有关，但形成机理有所不同。液化裂纹的液膜并非在凝固过程中产生，而是由于加热过程中晶界局部熔化形成的液膜。因此，在铸件中没有这种裂纹。根据产生晶界局部熔化的原因不同，可以分为两种情况，一种是当晶界上存在低熔点杂质，如 FeS(熔点 $1190℃$)，Ni_3S_2(熔点 $645℃$)，Fe_3P(熔点 $1160℃$)，Ni_2Si_2(熔点 $1150℃$)，且加热温度超过了它们的熔点后就有可能发生晶界熔化。如焊接时焊缝边上的过热区内就可能出现晶界局部熔化引起的液化裂纹；锻件加热时由于燃料中含 S 量过高，会使 S 渗入热强钢或镍基合金的晶界，生成低熔点共晶 Ni_3S_2-Ni，并引起红脆以及由于加热温度过高、停留时间过长等使氧渗入晶界，并发生晶界氧化，形成氧化物易熔共晶体，造成过烧。无论是红脆或过烧都与局部晶界熔化有关，在这些情况下锻造时都会发生晶间开裂，造成锻件表面龟裂。这类晶界液化的现象在正常的加工过程中并不常见。

另一种晶界熔化发生于集中热源快速加热(如焊接和激光重熔)时的高温热影响区内，由于第二相来不及溶入而引起的共晶反应。如图 7-32 所示的 X_0 合金，由于快速加热，β 相可以一直保持到高于共晶温度的 T_2，此时在 α-β 相界面上发生共晶反应，引起晶界熔化。当冷却过程中收缩应力很大时就能引起这种液化裂纹的产生，如焊接高强铝合金时的热影响区液化裂纹。

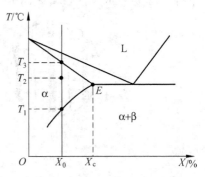

图 7-32　相界先熔现象的一种示意说明

液化裂纹的产生主要与合金成分的设计及其纯度有关。液化裂纹本身并不大，但能诱发其他的裂纹（如凝固裂纹和冷裂纹等）。要消除焊接热影响区中过热区的液化裂纹是很困难的，只有采用熔点低于晶间液膜的焊缝金属，才有可能渗入过热区的液化裂纹中起到"愈合"作用。对于锻件来说，为防止晶间熔化需要严格控制加热温度，如锻造 W18Cr4V 钢时，加热到 1300℃时由于晶间共晶体熔化，钢的塑性大为下降，因此加热温度不能超过 1220℃，锻造温度范围为 900～1220℃。

4. 高温失塑裂纹

高温失塑裂纹产生于实际固相线温度以下的脆性温度区间内，它是由于高温晶界脆化和应变集中于晶界造成的。例如当钢中铜、锡、砷、硫含量较多及始锻温度过高时，在锻件表面会出现一些龟裂纹。目前对这类裂纹的认识还不够，研究较多的是一些发生于焊缝或高温热影响区中的失塑裂纹。

有关高温失塑裂纹的形成机理存在两种模型。一种是在三晶粒相交的顶点，由于应变集中引起的楔劈开裂模型（见图 7-33）。但焊接时的高温失塑裂纹并不一定在三晶粒顶点形核。另一种是高温低应力下的空穴开裂模型（见图 7-34），这种情况下，晶界上存在的杂质有利于降低空穴的表面能，促使微裂纹形成。如前面图 7-19 中，低碳钢的第二个脆性温度区（1100～800℃）内产生的失塑裂纹就是一种空穴沿晶破坏，裂纹表面的空穴中有细小的硫化物存在。降低含硫量，提高晶界的纯净度有利于防止这类裂纹的产生。

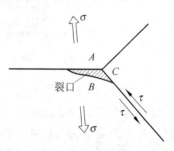

图 7-33　三晶粒顶点所形成的
微裂纹示意图
σ—拉应力；τ—剪应力

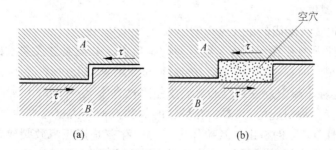

(a)　　　　　　　　(b)

图 7-34　沿晶界相对滑动形成空穴而生成的微裂纹示意图

7.2.7　冷裂纹

冷裂纹是由于材料在较低温度下脆化引起的裂纹（图 7-35 所示为低合金高强钢熔合区的冷裂纹），因此其危险性更大。产生热裂纹的脆性温度区间往往高于它的工作温度范围；而冷裂纹产生的温度区间往往就是它的工作温度范围，因此一旦裂纹产生后在工作应力的作用下，冷裂纹有可能迅速扩展，极易造成灾难性的事故。例如有些大型压力容器在使用过程中发生爆炸，有些甚至在制造后进行水压试验时就发生了破裂。

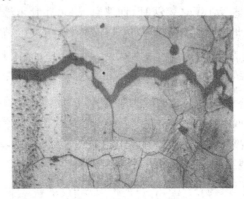

图 7-35　低合金高强钢熔合区冷裂纹

冷裂纹产生的温度与其引起的原因有关，即与材料的脆化温度以及内应力的发展过程有关。例如钢中凡与奥氏体 A 转变成马氏体 M 转变脆化有关的裂纹，则其产生的温度为马氏体开始转变温度 M_S 到室温；凡与 $\gamma \rightarrow \sigma$ 转变脆化有关的裂纹，则其开始产生的温度显然可以高很多。

根据形成的原因和形成过程的特点，冷裂纹可以分为两大类：一类是与氢的扩散集聚和脆化有关的氢致裂纹，由于它经常具有延迟的特征，因此又通常称为氢致延迟裂纹或延迟裂纹；另一类是与氢无关、仅与材料的脆性有关的冷裂纹。

1. 氢致裂纹

(1) 氢致裂纹形成的条件及影响因素

氢致裂纹普遍存在于具有氢脆性质的材料中。氢脆是这类裂纹的基本特征，是引起这类裂纹的根本原因。前面介绍过，金属的氢脆有两类，一类是由氢化物引起的氢脆，这种氢脆引起的裂纹的形成条件比较简单，是直接由于氢的扩散集聚和析出脆性的氢化物引起的，只要具有足够的氢和拉伸应力就会产生裂纹。如钛及其合金中脆性 TiH_2 的析出以及拉伸内应力的存在是产生氢致裂纹的基本条件。但对于第二类氢脆的材料而言，它并不形成脆性的氢化物，因此引起裂纹的条件比较复杂，除了必要的拉伸应力外还必须具有氢以及对氢脆敏感的组织（如钢中的马氏体），这就是钢中产生氢致裂纹的三个基本条件。

① 氢的影响

氢在氢致裂纹的形成中起着主要作用，它决定了裂纹形成过程中的延迟特点及其断口上的氢脆开裂特征。金属在高温加工过程中往往溶入了大量的氢，但室温时的平衡溶解度一般都很低（如钢中约为 0.0005mL/100g），因此冷却后会有大量的氢以过饱和的形式存在于金属中（如钢的焊缝中含氢量可达 $1\sim10^2$ mL/100g）。这些过饱和的原子氢在金属中是极不稳定的，即使在室温下也能在金属晶格中自由扩散，甚至可以扩散到金属表面，并逸出金属。这一部分具有活动能力的过饱和氢称为扩散氢。另有一部分过饱和氢通过扩散进入金属缺陷后成为分子氢，失去了进一步活动的能力，残留于金属中，称为残留氢。分子状态的残留氢只有加热到高温重新分解为原子氢后才能继续扩散。在金属中能引起冷裂纹的只是其中的扩散氢，而扩散氢要引起裂纹还必须具备氢的局部集聚和脆化的条件。如果氢的扩散速度很快，则能迅速到达金属表面而逸出。因此，在足够高的温度下（如 100℃ 以上）不会形成裂纹。另外，当氢的扩散受到抑制时（如在很低的温度，−100℃），即使经历很长时间后也不会导致这种延迟开裂。因此，扩散氢在金属中的扩散行为对其脆性和延迟开裂起着决定性的作用。裂纹的产生与其产生部位的局部实际扩散氢的含量有关。

加工过程中，加热和冷却的不均匀使金属内各部分之间存在着相变不同步和内应力等，这将引起氢在金属中的扩散和偏聚。相变不同步时会引起氢的"相变诱导扩散"。引起相变不同步的原因可以是由于冷却不均匀或材料的成分不均匀（如焊缝和其周围的母材的成分经常不同，焊缝的含碳量一般较低），在冷却快的部位或含碳量低的部位先出现奥氏体的分解转变（如 $\gamma\to\alpha$），而在冷却慢的部位或含碳量高的部位则仍保持奥氏体组织。不同组织中氢的溶解度和扩散能力都不同（如图 7-36 所示）：在 γ 转变为 α 时，由于氢在 γ 中比在 α 中的溶解度大，这时氢将由 α 中向尚未分解的 γ 中扩散集聚；但由于氢在 γ 中的扩散系数较小，所以氢集中到这部分奥氏体中后在它发生

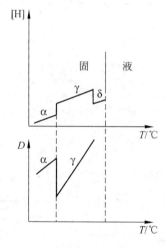

图 7-36　氢的溶解度[H]与扩散系数
D 与晶体结构的关系

转变之前往往来不及再由 γ 中扩散析出，于是冷却后这部分奥氏体的转变产物中将富氢。这就是"相变诱导扩散"引起局部含氢量高的原因。当金属中有内应力存在、特别是有应力集中时，则将促使扩散氢向高拉应力区集聚，这种现象称为"应力诱导扩散"。在焊接和激光表面重熔时，由于金属局部熔化和吸氢引起的局部含氢量高于四周的基体金属，使氢由高浓度区向低浓度区扩散，这种现象称为"浓度扩散"。因此，在焊缝与基体金属交界处的热影响区中往往存在一个富氢区。

由此可见,在材料加工过程中存在着多种促使氢扩散集聚的条件。无论是什么原因引起氢在金属中的扩散集聚,只要其局部含氢量超过一定的临界值后就会发生氢脆。而引起氢脆的扩散氢临界值与其他两个因素,即组织状态和应力有着密切的关系。

② 组织的影响

钢材的组织因素也是引起氢脆和氢致裂纹的一个必要条件,如在奥氏体钢中是不会产生氢致裂纹的,而在马氏体钢中则很容易产生这类裂纹,这主要取决于钢材的组织及其塑性。硬度在一定程度上能反映出钢材在不同组织状态下的塑性,因此,在一定的成分范围内,钢材的氢脆敏感性随硬度的提高而增大。图 7-37 反映了钢材的组织和硬度(HV)对氢脆敏感性的影响。图中的 I_S 为氢脆敏感指数,且有

$$I_S = \frac{\sigma_b - \sigma_{lc}}{\sigma_b} \times 100\% \tag{7-19}$$

式中,σ_b——强度极限值(未渗氢);

σ_{lc}——下临界应力(渗氢后)。

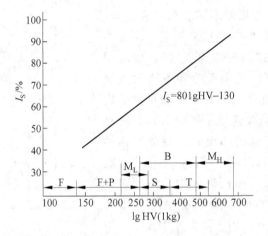

图 7-37　钢的组织及硬度对氢脆敏感指数的影响

F—铁素体;P—珠光体;S—索氏体;T—托氏体;M_L—低碳马氏体;M_H—高碳马氏体

硬度(HV)对氢脆敏感性指数的影响可以表达为

$$I_S = 80 \lg HV - 130 \tag{7-20}$$

由图 7-37 可以看出,高碳马氏体的硬度最高,对氢最敏感。因此,在评定一种钢材的氢脆敏感性及其氢致开裂倾向时,可以简便地通过硬度来进行间接的衡量。例如,为防止焊接时出现冷裂纹,对钢材热影响区的硬度提出了一个最高允许值(如对一般的低碳、低合金钢要求最大硬度值要小于等于 HV350)。另外,由于钢材的硬度主要取决于它的化学成分,尤其是其中碳的影响最大,因此可以通过碳

当量来反映材料的淬硬倾向及其氢脆倾向和氢致裂纹敏感性。如图 7-38 为碳当量 $\left(CE = w_C + \dfrac{1}{6} w_{Mn} + \dfrac{1}{15} w_{Cu} + \dfrac{1}{15} w_{Ni} + \dfrac{1}{5} w_{Cr} + \dfrac{1}{5} w_{Mo} + \dfrac{1}{5} w_V\right)$ 与临界含氢量之间的关系。

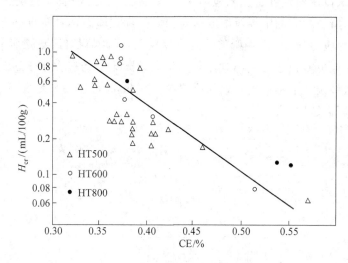

图 7-38　碳当量与热影响区的临界含氢量的关系

　　影响钢材氢致开裂的组织因素中，除了与钢材基体的淬硬情况有关外，还与一些析出相和非金属夹杂物等有关。当析出相以弥散的粒子分布于钢材的基体中时，能起吸氢的吸附阱的作用，有利于增加残余氢的含量、减少扩散氢含量，从而降低氢脆敏感性。但是，如果第二相析出于奥氏体晶界或马氏体、贝氏体板条界时，则不仅对这些部位有脆化作用，而且还由于促使氢在这些部位集聚，将引起沿奥氏体晶界或板条界的氢脆开裂。因此，凡能促使回火脆性的晶界析出（如杂质 P）都会加剧钢材的氢脆倾向。

　　非金属夹杂物对钢材氢脆的影响与其尺寸、形状、数量和分布有关。如钢中存在条状的、细长的或纺锤状的 MnS 夹杂时，这些夹杂物不仅与基体之间的结合强度低，而且其尖端又是高应力区，因此氢很容易向这些部位扩散集聚，当氢达到临界浓度后将导致氢脆和开裂，特别是当这些夹杂物的分布垂直于受力方向时，影响更为严重。因此，减少硫化物的数量，并控制其形态与分布都对降低材料的氢脆有利。但 S 的含量也不是越低越好，近来发现一些超低 S 钢的冷裂倾向反而有增加趋势的现象。当存在细小、球形的 CaS·MnS 复合硫化物或稀土硫化物时，因为增加了氢陷阱而使氢脆倾向降低。

③ 应力的影响

图 7-39 是高强钢渗氢缺口试样恒载拉伸时的断裂特征示意图,从中可以看出,当应力高于某一上临界值 σ_{uc} 时,断裂即时发生、无延迟现象;但此时的强度低于无氢时的缺口拉伸强度 σ_n。当应力在 σ_{uc} 和 σ_{lc} 之间时,断裂具有延迟特征,而且拉应力越小,启裂所需的临界氢浓度越高,延迟时间(即潜伏时间)越长。当应力低到接近下临界应力 σ_{lc} 时,启裂所需的氢浓度较高,因此氢扩散、集聚所需的时间也相应延长,甚至可能长达几十小时才能发生氢致断裂。当应力小于 σ_{lc} 时不会发生断裂,即在这种条件下不产生氢致延迟裂纹。因此,σ_{lc} 可以用来衡量一定含氢量时材料的氢致断裂敏感性。

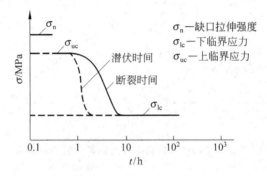

图 7-39　渗氢高强钢的断裂特征示意

综上所述,氢、组织和应力对氢致裂纹的影响是非常复杂的,相互之间有着密切的关系。含氢量越高、组织氢脆敏感性越大、应力越大,则产生氢致裂纹的倾向越大。当材料的氢脆倾向很大时,有可能在加工结束、冷却到室温的过程中就已开裂。因此,氢致裂纹也不一定都具有明显的延迟特点。

(2) 氢致裂纹的形成机理

氢脆及其引起的开裂问题在材料科学中是一个重要的理论问题,存在着多种学说,如最早提出的空穴氢压脆化学说以及后来的一些与氢和位错交互作用有关的学说。延迟裂纹的形成机理可以通过氢的应力诱导扩散理论得到较为圆满的解释。如图 7-40 所示,由微观缺陷构成的缺口作为裂纹的尖端,形成应力集中的三向应力区,于是在应力的诱导下氢向该区扩散富集,并促使位错移动或增殖,此时缺口尖端微区塑性应变量随氢量的增加而增大,当氢量达到临界浓度时发生局部开裂,导致裂纹向前扩展,并在裂纹尖端形成新的三向应力区(如图 7-40 中的 A'),促使氢向新的三向应力区内扩散聚集,此时裂纹暂停向前扩展,只有当裂纹尖端的局部氢浓度重新达到临界值时,裂纹才能进一步向前扩展。所以,氢致裂纹的扩展是一个断续的过程,其中裂纹停顿的阶段正是氢扩散聚集并达到临界浓度

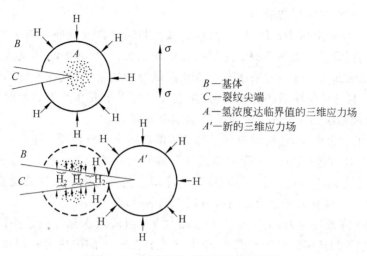

图 7-40　氢致裂纹的发展过程原理图

B—基体
C—裂纹尖端
A—氢浓度达临界值的三维应力场
A′—新的三维应力场

所需要的时间。因此,这种裂纹除带有明显的氢脆特征外,还具有延迟特征。在快速加载条件下由于位错运动很快,在氢的扩散尚未达到富集时,裂纹已迅速扩展,因此这种情况下就看不到明显的氢脆特征,此时的断口形貌为韧窝断口。这正好解释了为什么这种氢脆(即第二类氢脆)只有在加载很慢时或低于屈服应力的恒载时才能出现,此时的断口形貌为氢脆准解理断口或沿晶断口(见图 7-41)。氢脆准解理与一般的解理不同,它不是沿{100}面,而是沿{110}或{112}面。沿晶断口主要发生于高强钢的氢脆断口中,由于此时晶内产生了高强度的孪晶马氏体,使应变集中于晶界,或者由于晶界有杂质(如 P)偏析使晶界脆化。因此,氢致延迟裂纹的断口存在两种典型的形貌,即穿晶的氢脆准解理断口和沿晶断口,有时也可能是两种同时存在的混合断口。

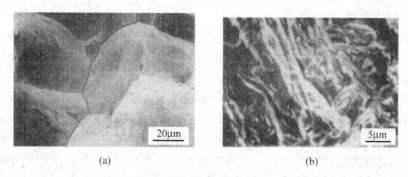

(a)　　　　　　　　　　　(b)

图 7-41　氢脆裂纹断口
(a) 沿晶断口特征;(b) 氢致准解理断口特征

（3）氢致裂纹的预防措施

① 为了降低金属中扩散氢的含量，应该控制原材料或辅助材料中的含氢量，如焊接时用低氢或超低氢焊条；采用低氢的加工工艺，如在控制气氛或真空环境中进行熔炼和焊接；焊接时采用预热方法降低冷却速度，使氢有条件逸出并能改善组织；当材料的氢脆敏感性很高时，应在加工过程中或在加工后及时进行除氢热处理，处理温度和时间对含氢量的影响如图 7-42 所示。

② 为了改善组织，选材时应尽量降低钢的含碳量或碳当量；加工一些淬硬倾向大的钢材时（如焊接时），为降低奥氏体分解时的冷却速度（延长 800～500℃ 之间的冷却时间 $t_{8/5}$）或减慢马氏体转变时的冷却速度可以采取预热或缓冷的办法；另外，也可以与除氢处理结合进行改善组织的热处理。

③ 为了降低内应力，设计和加工过程中应尽量降低零部件或结构的拘束度；加工过程中的加热和冷却应尽量均匀，以避免产生过大的内应力和组织应力；当加工过程中内应力不可避免时，应在加工后及时进行消除应力的退火处理，这种处理也能同时起到除氢和改善组织的作用。

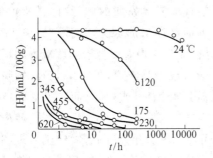

图 7-42　脱氢处理温度与时间的影响

图 7-43　冰糖状沿晶断口

2. 淬火裂纹

淬火裂纹与淬硬倾向有关，它产生于淬硬倾向大的、含碳量较高的碳钢和合金钢中，与氢致裂纹的不同之处是：淬火裂纹与氢无关。例如，真空电子束焊接大厚度中、高碳钢时，容易产生淬火裂纹。

淬火裂纹的产生原因是硬脆的片状孪晶马氏体高速生长时相互撞击或与晶界撞击时引起的微裂纹，在淬火应力或加工过程中引起的其他内应力的作用下扩展成为宏观裂纹的。这类裂纹具有明显的沿原奥氏体晶界脆性断裂的特征，断口呈典型的冰糖状形貌（见图 7-43）。这种断裂特征的形成，除了与晶内淬硬非常严重而使应变集中于晶界有关外，还与晶界偏析导致的晶界脆化有关。根据断口表面的俄歇电子能谱仪分析结果，发现它与回火脆性类似。当晶界上存在 C 和 P 等元素的偏析时就能引起晶界脆化，加大钢材的淬火开裂倾向。因此，严格控制含 P

量或加入能与 P 结合的微量稀土元素铈均可以降低淬火裂纹的倾向。另外,从孪晶马氏体的晶内强化出发,淬火裂纹都产生于最大硬度值大于 HV600 的钢材中,如含碳量大于 0.4% 的中碳钢,当 $800 \sim 500\,^{\circ}\mathrm{C}$ 之间的冷却时间 $t_{800 \sim 500\,^{\circ}\mathrm{C}} < 3.5\mathrm{s}$ 时就会产生淬火裂纹。因此,淬硬倾向越大的钢材,淬火裂纹的倾向也越大。例如,在锻造一些空冷自淬火钢(如高速钢 W18Cr4V,W9Cr4V,马氏体不锈钢 4Cr13,9Cr18 和高合金工具钢 3Cr2W8,Cr12 等)时,空冷就能生成马氏体和产生较大的组织应力,很容易形成冷裂纹。因此,锻后必须采取缓冷的措施,最好锻后及时进行退火、消除内应力。另外,在模锻时要防止冷却模具的介质喷到锻件上引起开裂。在焊接时为改善组织和缓解内应力,应采用预热和缓冷的措施,而且预热温度应随着淬硬倾向的增加而提高。

此外,由于孪晶马氏体对氢脆非常敏感,因此如在加工过程中同时有氢污染时,则淬火裂纹可能与氢致裂纹同时存在,并对氢致裂纹起诱发作用。

3. 其他冷裂纹

这类裂纹与氢脆和孪晶马氏体组织都无关,是由于其他的一些脆化因素引起的冷裂纹。根据脆化原因大致可以分为三种类型:

(1) 脆性的磷化物、硫化物和氧化物夹杂在高应力(内应力和外部拘束力)的作用下引起的裂纹。如在铸铁和铸钢件中 S,P 含量高时都能形成脆性化合物,促使冷裂纹的产生,其中 P 的作用更为严重。另外,在一些复杂的大型铸件中,当脱氧不足时,晶界上聚集有大量氧化物夹杂时也容易产生冷裂纹。

(2) 碳化物引起的脆化与冷裂。如焊接铸铁时,只要出现了白口组织冷裂纹就很难避免。又如奥氏体高锰钢在铸造和焊接时,当含碳量偏高或冷却速度太慢而在奥氏体晶界上析出脆性的网状碳化物后,就很容易产生冷裂纹。在用堆焊或激光表面合金化制造一些含有大量碳化物的耐磨层时,一般耐磨性越高的材料冷裂倾向越大。

(3) 由硬脆的金属间化合物引起的冷裂纹。如有些铬镍奥氏体不锈钢在 $900 \sim 700\,^{\circ}\mathrm{C}$ 之间缓慢冷却时,会出现脆性的 σ 相,加工过程中如不注意也会引起冷裂纹,因此锻造这类钢材时终锻温度一般都取 $900\,^{\circ}\mathrm{C}$;在对这类钢材进行多层焊时,如果在 σ 相产生的温度区间停留时间较长,也会引起脆化和裂纹。

7.2.8 应力腐蚀裂纹

应力腐蚀裂纹(SCC)是材料在特定环境下、承受拉应力时产生的一种延迟破坏现象。这是一种非常危险的裂纹,它的成长速度为 $0.03 \sim 4\mathrm{mm/h}$,与全面的均匀腐蚀相比快 $2 \sim 1000$ 倍之多。如日本曾发生过高强钢制造的液化丙烷气球罐在使用一周后就由于硫化氢应力腐蚀裂纹引起的泄漏事故。

1. 应力腐蚀裂纹形成的条件及其影响因素

应力腐蚀裂纹的产生是材质、应力和腐蚀环境三者共同作用的结果,并不是所有的材料在任何腐蚀介质中和任何应力条件下都能产生应力腐蚀裂纹。材料和介质之间的匹配是能否产生应力腐蚀裂纹的决定性因素。表 7-4 列出了一些常用材料及其相应的应力腐蚀环境。一般而言,纯金属中很少发现应力腐蚀裂纹,但只要金属中含有微量元素,在特定的腐蚀介质中就能产生应力腐蚀裂纹。从腐蚀性来看,引起应力腐蚀的介质一般都是一些较弱的介质,在没有拉应力的条件下,它只能引起极为轻微的一般性腐蚀。因此,拉应力也是引起应力腐蚀裂纹的一个必要条件,而且拉应力还必须超过某一临界值(即门槛应力)σ_{th} 后才能引起应力腐蚀裂纹。σ_{th} 的大小与腐蚀介质和金属材料的特性有关,如在 42% $MgCl_2$ 的水溶液中,奥氏体不锈钢的 $\sigma_{th} \approx \sigma_S$,而在高温高压水中 $\sigma_{th} < \sigma_S$。对于高强钢而言,它的屈服应力越高则 σ_{th} 越低,应力腐蚀开裂的敏感性越大。根据工程上对应力腐蚀开裂事故的统计,引起应力腐蚀裂纹的应力主要是加工时(如焊接、冷作变形以及锻造等)造成的残余应力,而不是外加的工作应力。因此,加工成的零件或结构在无载荷存放的过程中也会引起应力腐蚀开裂,这是一个非常严重的问题。

表 7-4 常用材料及其相应的应力腐蚀环境

材　料	腐　蚀　介　质
低碳钢	NaOH 水溶液(沸腾),硝酸盐水溶液,海水等
低合金钢	NaOH＋Na_2SiO_3 水溶液(沸腾),HNO_3 水溶液(沸腾),H_2S 水溶液,H_2SO_4-HNO_3 水溶液,HCN 水溶液,NH_4Cl 水溶液,海洋气氛,海水,液氨等
奥氏体不锈钢	氯化物水溶液,海洋气氛,海水,H_2SO_4＋氯化物水溶液,H_2S 水溶液,水蒸气,NaOH 水溶液(高温),H_2SO_4＋$CuSO_4$ 水溶液,Na_2CO_3＋0.1% NaCl,高温水,NaCl＋H_2O_2 水溶液等
铁素体不锈钢	H_2S 水溶液,高温高压水,NH_3 水溶液,海洋气氛,海水,高温碱溶液,NaOH＋H_2S 水溶液等
沉淀硬化不锈钢	海洋气氛,H_2S 水溶液等
黄铜	NH_3,NH_3＋CO_2,水蒸气等
铝合金	氯化物,海洋气氛,NaCl＋H_2O_2 水溶液等
镁合金	海洋气氛,工业大气等
钛合金	HNO_3,HF 等
镍合金	HF,氟硅酸,NaOH 等

2. 应力腐蚀裂纹的形成机理

从电化学的腐蚀过程出发,根据开裂的机制不同,可以将应力腐蚀裂纹分为两大类:

（1）应力阳极溶解开裂（APC）

这是一种在应力的作用下，由阳极上的金属以正离子形式不断向腐蚀介质中溶解形成的应力腐蚀裂纹（图 7-44(a)）。其发生于阳极的反应为

$$M \longrightarrow M^+ + e \tag{7-21}$$

这时产生的电子 e 在金属内部直接从阳极流到阴极后被腐蚀介质中的一些吸收电子的物质所吸收，去除了阴极极化现象，促使电子由阳极流向阴极，有利于腐蚀过程的进行。在大多数情况下，阴极附近的 H^+ 可以起到这一作用，在阴极上发生下列反应：

$$H^+ + e \longrightarrow H \uparrow \tag{7-22}$$

这种腐蚀机制称为氢去极化腐蚀或析氢腐蚀。当溶液中存在 O_2 时，可以产生下列吸收电子的反应：

$$O_2 + 2H_2O + e \longrightarrow 4OH^- \tag{7-23}$$

这种腐蚀过程称为氧去极化腐蚀或吸氧腐蚀。

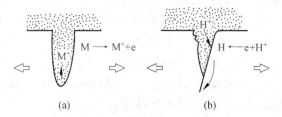

图 7-44　应力腐蚀裂纹的两种基本形式

(a) APC 型；(b) HEC 型

（2）阴极氢脆开裂（HEC）

这是发生于阴极的一种氢脆开裂过程。当阴极上进行式(7-22)的反应时，形成的氢原子在应力的作用下能被阴极所吸收，并促使阴极氢脆和开裂（图 7-44(b)），故称为应力阴极氢脆开裂。

一般情况下，高强钢容易产生 HEC 型的应力腐蚀裂纹，强度低的材料多为 APC 型的应力腐蚀裂纹（见表 7-5），但很多情况下二者同时存在。而通常说的应力腐蚀裂纹是指 APC 型的应力腐蚀裂纹。

表 7-5　材料的强度与应力腐蚀裂纹（SCC）类型举例

强度级别 σ_s/MPa	材料举例	腐蚀环境	裂纹类型
高强度材料 （$\sigma_s > 882$）	马氏体时效钢 150kg 级钢 130kg 级钢	雨水 海水	HEC 型为主 （氢脆裂纹）
中强度材料 （$882 \geqslant \sigma_s \geqslant 392$）	100kg 级钢 80kg 级钢 60kg 级钢	酸洗液 H_2S 水 液氨	

续表

强度级别 σ_S/MPa	材料举例	腐蚀环境	裂纹类型
低强度材料 ($\sigma_S<392$)	低碳钢 不锈钢	盐的高温水溶液	APC 型为主 （应力腐蚀裂纹）
	铜合金	氨水	

应力腐蚀裂纹的形成过程可以分为裂纹孕育期和扩展期两个阶段。孕育期的长短取决于金属性质、腐蚀环境特性以及应力条件（大小、集中程度），短的只有几分钟，长的可达几年到几十年。孕育期内主要是在表面形成一些稳定的腐蚀裂源，这些裂源易产生于应力集中部位（如加工中形成的冶金缺陷以及晶间腐蚀和小孔腐蚀处）。当拉应力足够大时，表面保护膜发生破裂，破裂后裸露于腐蚀介质中的金属发生阳极溶解，并同时又形成新的钝化膜；但在应力作用下钝化膜再次破裂，金属再次暴露和溶解，如此反复进行，腐蚀裂纹在应力和介质的共同作用下不断地向纵深发展，并产生分支，呈枯干树枝状或根须状（见图 7-45），这与材质、环境和应力等条件有关。在应力腐蚀过程中腐蚀裂纹能否稳定发展，钝化速度起着重要的作用。若钝化速度很快，则裂纹不能稳定发展，甚至停止；若钝化速度很慢，则横向腐蚀得不到抑制，并将成为点蚀坑。图 7-46 所示为滑移台阶超过钝化膜厚度引起的钝化膜破坏以及金属的溶解腐蚀过程。

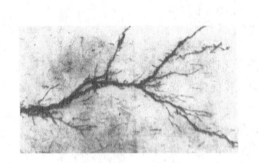

图 7-45　金属内部的 SCC 裂纹

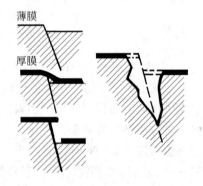

图 7-46　滑移引起"滑移阶梯"的溶解

应力腐蚀裂纹的断口有沿晶和穿晶两种形式（见图 7-47 和图 7-48），也可能两种同时存在，这主要与材质、介质有关。断口上一般都有黑色或灰色的腐蚀产物。

3. 防止应力腐蚀裂纹的措施

（1）正确选用材料

在设计时，应根据介质条件正确选用材料。例如，对含硫化氢的介质而言，钢的强度级别越高越容易产生应力腐蚀裂纹。孪晶马氏体组织对应力腐蚀最敏

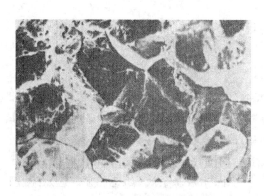

图 7-47　应力腐蚀裂纹沿晶断口形貌

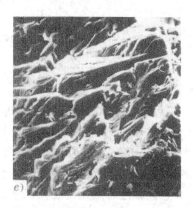

图 7-48　应力腐蚀裂纹穿晶断口形貌

感,粒状珠光体具有最好的耐应力腐蚀能力,因此同一种钢材在不同的组织状态下对应力腐蚀的敏感性也不同。应力腐蚀裂纹是高强钢焊接接头中的一个重要问题。为反映材料的应力腐蚀倾向,常采用硬度作为指标,如图 7-49 所示,当液化石油气(LPG)中的 H_2S 浓度小于 0.005% 时,最高硬度应限制在 HV300 以下。

(2) 控制腐蚀介质

这也是很重要的措施。如根据日本焊接协会对 HT50～HT80 高强钢焊接接头所做的试验结果来看,将水中 H_2S 浓度控制在 0.01% 以下时不产生应力腐蚀裂纹。此外,还可以在腐蚀介质中添加缓蚀剂来降低或消除应力腐蚀。如加入氧化性缓蚀剂(如铬酸盐)可以防止溶液中 Cl^-,O_2 的应力腐蚀作用。

(3) 避免应力集中

从结构设计和制造工艺出发,应避免产生应力集中,并且使与介质接触的部位具有最小的残余应力,最有效的措施是采取消除应力退火。如为使调质低合金钢焊接的容器能在常温常压的硫化氢饱和水溶液(H_2S 浓度为 0.3%)中不产生应力腐蚀,美国腐蚀技术协会(NACE)建议在不低于 621℃下进行消除应力退火,而且建议最高硬度 HRC≤22,屈服应力≤618MPa。

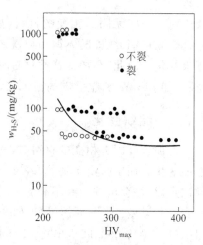

图 7-49　LPG 球罐中 H_2S 浓度与高强钢热影响区最高硬度对 SCC 的影响

7.3 加工引起的金属脆化

7.3.1 过热脆化

过热脆化是指金属加热温度过高或在高温下停留时间过长引起的粗大组织和脆化,这是热加工过程中很容易出现的一种缺陷。如在热处理和锻造时,由于操作不当或加热工艺不合理等都会造成工件的过热。在焊接和激光表面重熔等采用集中热源的加热过程中,不可避免地会在熔池周围存在一个接近于熔化温度的过热区,其过热程度与所用的加热规范有关。此外,当液态金属(如铸件和焊缝)在凝固过程中如果冷却较慢、高温停留时间较长时,也会产生过热组织。

钢材的过热倾向以及形成的过热组织与其成分有很大关系。C,Mn,S,P 等元素能增加钢的过热倾向;Ti,W,V,N 等元素可以减小钢的过热倾向。如钢中含有 0.015% Ti,$w_{Ti}/w_N=3$ 时能形成稳定的 TiN 弥散质点,起细化晶粒的作用。淬硬倾向小的钢材室温下的过热组织为魏氏组织,淬硬倾向较大的钢材室温下的过热组织为粗大的马氏体,也可能有一些粗大的中间组织(如上贝氏体)。但无论是哪一种过热组织,都能促使钢的脆化。为消除钢中的过热组织可以采用正火处理。

对于一些无固态相变的材料(如纯金属 Al,Cu,Ni,Mo 和 W 等,以及一些单相合金 α 黄铜、纯奥氏体钢和纯铁素体钢等),一旦产生过热组织,则无法通过热处理来细化。因此,在加工这类材料时要特别注意防止过热,尤其是体心立方晶格的材料(如 Mo,W 和超低碳高铬纯铁素体钢),过热后会变得很脆。

7.3.2 组织脆化

在加工有固态相变的材料时,加热温度超过相变温度后就会发生组织变化和性能变化。加工时由于加热和冷却控制不当或受工艺条件限制(如集中热源的局部加热)往往会出现一些不利的组织变化和性能变化。在钢中引起脆化的组织主要有三种类型:①不平衡组织,如孪晶马氏体、M-A 组元、上贝氏体和双相区淬火组织(F+M);②晶间析出物;③金属间化合物。

1. 孪晶马氏体引起的脆化

马氏体的硬度和韧性与其含碳量和晶体结构特点有关。含碳量低的板条状位错马氏体具有体心立方晶格,其转变温度较高,有自回火作用,具有相当好的强韧性。当含碳量大于 0.2% 时形成片状孪晶马氏体,它具有体心正方晶格结构,晶格畸变大,其中的微细孪晶亚结构破坏了滑移系,而且孪晶马氏体中还存在许多微裂纹和较大的淬火内应力,因此,孪晶马氏体的脆性很大。

2. M-A 组元引起的脆化

这是低合金高强钢中容易出现的一种不正常的组织。它产生于特定条件下（与合金成分和冷却速度有关）的贝氏体转变时,当贝氏体铁素体之间没有碳化物析出时,剩下了一部分富碳的奥氏体小岛,在随后的冷却过程中又转变为高碳马氏体(M)和残余奥氏体(A)的混合物,称为 M-A 组元(见图 7-50)。它的形成通常与无碳贝氏体的形成联系在一起,与合金的成分和冷却的速度有关。当钢的合金成分简单、合金化程度较小时,奥氏体稳定性较小,不容易形成 M-A 组元,而容易分解为铁素体和碳化物。另外,即使合金成分合适,冷却速度还要适中。如果冷却速度很快,将容易形成马氏体和下贝氏体;而冷却速度很慢时,又容易分解成铁素体和碳化物。M-A 组元的数量和冷却速度的关系如图 7-51 所示。当冷却速度快时生成的 M-A 组元少而且细小,随着冷却速度的降低 M-A 组元逐渐增加,并且由条状变为块状;当冷却速度慢到一定程度后,由于一部分富碳奥

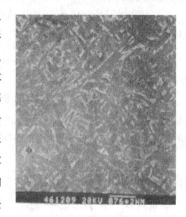

图 7-50　焊缝中的 M-A 组元
（白色,扫描电镜）

氏体分解成铁素体和碳化物而使 M-A 组元数量减少。由于 M-A 组元中马氏体的含碳量高,因此它是一种脆性组织;钢材的脆化程度随 M-A 组元的增加而增加,如图 7-52 所示,图中 $T_{rs(V)}$ 为 V 型缺口试样的脆性转变温度。

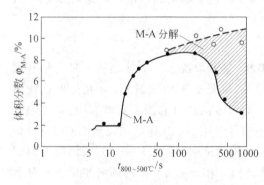

图 7-51　高强钢模拟焊接热影响区过热区中 M-A 组元与 $t_{800\sim500℃}$ 之间的关系

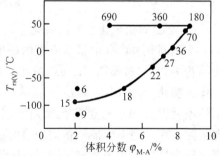

图 7-52　M-A 组元数量与 $T_{rs(V)}$ 之间的关系（图中数字为 $t_{800\sim500℃}$,单位为 s）

3. 上贝氏体引起的脆化

上贝氏体形成的温度低于无碳贝氏体的形成温度。此时碳原子的扩散能力已较低,碳原子从铁素体中脱溶后已不能通过铁素体－奥氏体相界向奥氏体中充分

扩散,因此就以碳化物的形式在铁素体板条的边上析出,呈断续的杆状分布于铁素体板条之间。由于上贝氏体的组织结构特点,其韧性较低,裂纹很容易沿着铁素体板条之间的碳化物扩展。

4. 两相区淬火组织引起的脆化

当钢材快速加热到 $Ac_1 \sim Ac_3$ 温度区间时,铁素体基本上没有变化,奥氏体主要由珠光体转变而成,因此奥氏体的含碳量很高,相当于共析成分。由此快冷后的组织为硬脆的高碳马氏体和未转变的铁素体,这也是一种脆性的混合组织。因此,即使是低碳钢加热到两相区后,快速冷却也能产生脆性的混合组织(F+M),如低碳钢的点焊和激光表面重熔时都会产生这种组织。对于一些淬硬倾向较大的钢材,则在两相区内更容易产生硬脆的混合组织,这是热加工时需要注意的一个问题。如锻造钢材时应避免在两相区内停锻后快速冷却,以免产生脆化。

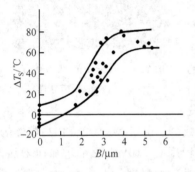

图 7-53 碳化物层厚度 B 对脆性转变温度的影响

5. 晶间析出引起的脆化

氮化物(如 AlN)在晶界呈块状析出以及晶界薄膜状的 Fe_3C 或粗大的碳化物都能引起脆化。如图 7-53 所示,脆性转变温度随碳化物层厚度的增大而升高。因此,应设法使碳化物呈细小弥散分布。例如,一些钢材(如低碳 Mo 钢)的低温回火脆性与沿马氏体板条之间析出的碳化物薄片有关,升高回火温度使碳化物聚集、长大和球化后就能消除这种低温回火脆性。

6. 金属间化合物引起的脆化

金属间化合物并非都是有害的硬脆相,主要取决于其晶体结构。具有拓扑密排结构的相,如拉弗斯(Laves)相和 σ 相等,都是有害的硬脆相。σ 相能使铬镍奥氏体钢脆化,并引起冷裂纹。σ 相的产生与合金的成分和温度条件有关,如高铬铁素体不锈钢在 $500 \sim 800℃$ 范围内长期加热会产生 σ 相,通过加热到 $900℃$ 急冷则能消除 σ 相。当奥氏体不锈钢中含有少量铁素体时,在 $600 \sim 900℃$ 长时间停留时可由铁素体转变为 σ 相或直接由奥氏体析出 σ 相。σ 相产生的倾向与化学成分有关,Cr,V,W,Mo 都能促使 σ 相产生,而 C 可以阻止 σ 相的生成。为防止 σ 相引起脆化,在加工过程中应避免在它产生的温度范围内长时间停留或冷却过慢。

7.3.3 杂质引起的脆化

前面已经介绍过,氮、氢、氧、硫和磷等杂质在钢中或其他金属中都能引起脆化。除钢中氢脆是一种特殊形式的脆化外,一般而言杂质引起脆化的原因可以归结为以下几个方面。

1. 在固溶状态下强化基体的同时引起脆化

在钛及其合金中这一现象非常严重。当工业纯钛中含氧量达到 0.3% 或含氮量达到 0.13% 时，金属变得很脆，并引起裂纹。因此，在加热钛合金锻件时要特别注意防止合金在高温下吸氧和氮，当吸收的量达到一定程度后，会在锻件表面形成一层硬而脆的、氧和氮含量高的 α 相脆化层。

2. 形成过饱和固溶体引起时效脆化

钢材的时效脆化就是由杂质元素 O 和 N 的过饱和固溶体引起的。因此，凡是脱氧充分的钢材以及含有稳定氮化物形成元素时，都能减少钢中处于溶解状态的氧和氮的含量，从而可以防止时效脆化。钢的时效脆化敏感性与其熔炼、加工条件以及它的化学成分有关。镇静钢的时效脆化倾向明显低于沸腾钢，而且用铝脱氧的镇静钢的时效脆化倾向低于用硅脱氧的镇静钢。在一些新的低合金钢中一般都含有一些能与氮形成稳定化合物的合金元素（如 Cr,V,Nb,Ti 等），因此其时效脆化倾向也较低。时效脆化主要产生于一些碳钢和强度级别较低的 C-Mn 钢中。在这类钢中，除了可能存在氮引起的时效脆化外，还可能在加工过程中（如焊接）出现一种动态应变时效，即热应变脆化。它产生于 $200\sim400℃$ 的温度范围内，在应力的作用下促使过饱和的氮原子移动和集聚，引起时效、导致脆化。因此，热应变脆化程度随自由氮含量的增多而提高；只要在钢中加入足够的强氮化物形成元素，这类脆化一般就能防止。

3. 非金属夹杂物引起的脆化

前面已经介绍过，钢中存在大量的氧化物、硫化物和硅酸盐等夹杂物时都能引起脆化，并且有可能导致裂纹的产生。

习　　题

1. 试利用相图分析合金成分对缩孔和缩松的影响，并说明如何通过调整工艺条件来控制缩孔和缩松的产生？

2. 试分析为什么在雨季铸造和焊接铝及其合金时很容易产生气孔？是什么气孔？应采取什么措施来避免气孔的生成？

3. 试分析为什么在无保护的条件下焊接钢材时在焊缝内会产生大量的气孔？

4. 钢、铜和铝中含氧量高时分别可引起哪些缺陷？为什么？

5. 当铸件的厚度相差较大时，在哪些部位容易产生裂纹？是什么性质的裂纹？为什么？应采取什么措施？

6. 试分析金属在凝固过程中出现脆性温度区间的原因，为什么共晶成分的合金在铸造和焊接时都不容易产生热裂纹？

7. 为什么钢中硫引起热裂纹的倾向随着含碳量的提高而增加？铸铁与高碳钢相比哪一种材料的热裂倾向大？为什么？

8. 试分析铸件和锻件中产生热裂纹的性质和机理的差异。

9. 试分析比较奥氏体钢和珠光体钢的热裂倾向和冷裂倾向。

10. 焊接含碳量较高的钢材时，为什么靠近焊缝的热影响区内最容易出现冷裂纹？

11. 什么叫碳当量？为什么通过碳当量可以预测钢材的冷裂倾向？

12. 具有延迟特征的裂纹有哪几种？试分析在合金钢和铝合金中可能出现哪些带有延迟性质的裂纹？

13. 氢在钢中能引起哪些缺陷？试分析其形成原因。

14. 试分析低碳钢和高碳钢在加工过程中出现脆化的机理有何不同？出现脆化后如何消除？

15. 铝合金和铬镍奥氏体钢会不会产生脆性断裂？为什么？

16. 如何判断结构中出现的裂纹性质？可以从哪些方面进行综合分析？

参 考 文 献

1　吴德海,任家烈,陈森灿. 近代材料加工原理. 北京：清华大学出版社,1997

2　陈伯蠡. 焊接冶金原理. 北京：清华大学出版社,1991

3　陈伯蠡. 金属焊接性基础. 北京：机械工业出版社,1984

4　张文钺. 焊接冶金学(基本原理). 北京：机械工业出版社,1995

5　张文钺. 焊接物理冶金. 天津：天津大学出版社,1991